机器人工程师
成长三部曲之一

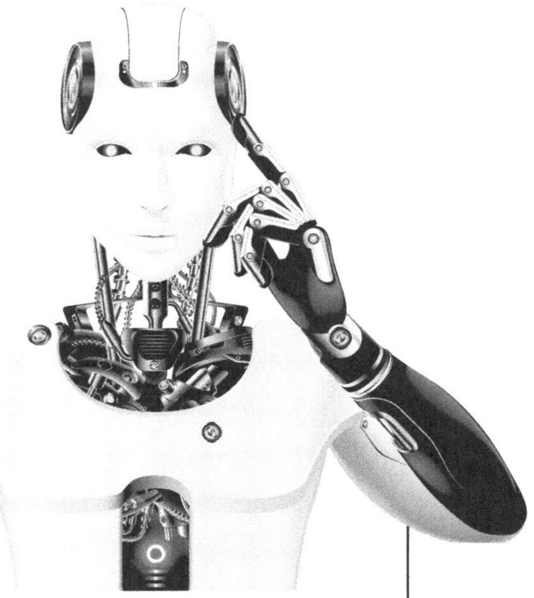
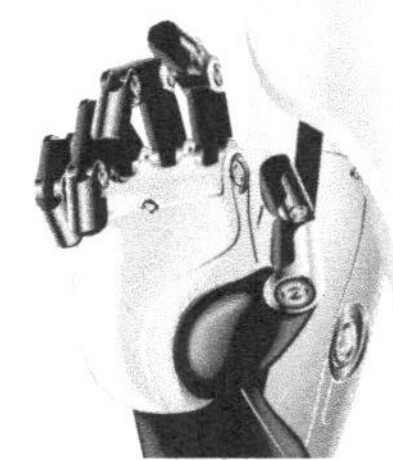

明子成　李茗妍　编著

机器人设计与制作入门

JIQIREN SHEJI YU ZHIZUO RUMEN

化学工业出版社

·北京·

内容提要

本书基于项目化的学做方式，将一个个独立功能单元设计成学习项目，带领读者完成机器人设计与制作的入门学习。

主要内容包括：如何制作“飞毛腿”机器人、构建机器人开发平台、机器人如何用灯光表达信息、机器人如何用声音传情达意、机器人如何实现移动、机器人如何感知环境、为机器人造型、机器人需要怎样的电源系统、桌面助理机器人的设计、自主移动机器人的设计。

每个项目均是作者亲自设计制作完成，过程有效，数据可靠。

书中配有二维码，扫码即可观看视频讲解。

本书可为想学习机器人设计与制作相关知识的入门级读者、初级机器人工程师提供帮助，也可供大学院校相关专业师生学习参考。

图书在版编目（CIP）数据

机器人设计与制作入门/明子成，李茗妍编著. —北京：化学工业出版社，2020.4（2023.7重印）
（机器人工程师成长三部曲：1）
ISBN 978-7-122-35919-3

Ⅰ.①机… Ⅱ.①明… ②李… Ⅲ.①机器人-设计②机器人-制作 Ⅳ.①TP242

中国版本图书馆CIP数据核字（2020）第025001号

责任编辑：贾 娜　　文字编辑：陈小滔 温潇潇
责任校对：刘曦阳　　装帧设计：刘丽华

出版发行：化学工业出版社（北京市东城区青年湖南街13号 邮政编码100011）
印 装：北京科印技术咨询服务有限公司数码印刷分部
787mm×1092mm 1/16 印张14½ 字数333千字 2023年7月北京第1版第4次印刷

购书咨询：010-64518888　　售后服务：010-64518899
网 址：http://www.cip.com.cn
凡购买本书，如有缺损质量问题，本社销售中心负责调换。

定 价：68.00元

前 言

制造业是国民经济的主体，是立国之本、兴国之器、强国之基。国务院于2015年5月印发了部署全面推进实施制造强国的战略文件“中国制造2025”，为我国制造业未来的发展设计了顶层规划和路线图，推动我国向制造强国行列前进。随着“中国制造2025”纲要的颁布实施，机器人行业迎来了大发展的良好机遇，市场和社会对机器人设计师和机器人工程师的需求正在随着机器人的快速普及应用而变得越来越旺盛。

同时，随着信息技术的发展、知识社会的来临，传统的以技术发展为导向、以科研人员为主体、以实验室为载体的创新1.0模式，正在向以用户为中心、以社会实践为舞台、以共同创新和开放创新为特点的创新2.0模式转变，也就是我们常说的创客。在机器人领域，做机器人创客，是很多人的梦想，但常常被设计制作机器人所需的机械、电子、计算机、工程和艺术设计等各方面的知识与技能的高门槛要求挡驾。

笔者经过十多年的机器人教育创新实践，探索和总结出了一套适合不同认知和技能段人群的机器人设计与制作课程，为机器人爱好者和致力于成为机器人工程师和机器人设计师的读者提供了一个新的进阶渠道。在此基础上，笔者结合近年来指导大学生参加机器人竞赛的经验，开发出了一套适合零起点读者的、从新手到高手甚至专家的，循序渐进的、学做教学模式的“机器人工程师成长三部曲”系列图书。

“机器人工程师成长三部曲”图书的特点如下。

1. 摒弃枯燥的术语和原理，基于项目化的学做方式，在做前知道要做什么，有什么用，激发读者探索的兴趣。

2. 项目过程详细，一步步带着读者做，并及时提醒可能面临的危险，让读者在行进中接受挑战和磨练，但又确保不会因为无知或失误导致难以挽回的损失和危险。

3. 三本书既可组成体系，从易到难，帮助读者完成从新手到高手的进阶过程；又可以自成一体，每本书学完后，都能获得一定的阶段性成果。

4. 书中每个项目均是作者亲自设计制作完成并验证的，过程有效，数据可靠。

本书是“机器人工程师成长三部曲”的第一部，着重于机器人设计与制作的入门级知识。对于相关知识和经验不足的入门级读者而言，模仿是首选的入门策略。机器人很复杂，但分成一个个独立单元就变得简单易实现了。本书将一个个独立功能单元设计成独立训练学习项目，让初学者不用耗费太多精力和面临过多困难就可以完成，可以看到自己的阶段性成果，在每个阶段都可以获得满足感和成就感，容易坚持。

本书由明子成、李茗妍编著。在编写过程中，得到了学校领导、同事及各位专家、朋友的大力支持与帮助，在此一并表示衷心的感谢！

由于编者水平所限，书中不足之处在所难免，敬请广大专家与读者批评指正。

编著者

目 录

第1章 如何制作“飞毛腿”机器人

一提起机器人，很多人就会联想到高科技、复杂等词，感觉机器人高高在上，难以企及。

本章从人类社会早期关于机器人的神话谈起，逐步介绍当今人们借助电子科技研制出的服务于各行各业的各式机器人。

本章，我们将亲手做出一个仅依赖毛就可在地上行走的“飞毛腿”机器人。“飞毛腿”机器人作为我们机器人学习的起点，可让我们从体验中获得进一步的认知。

1.1 从神坛走出的机器人

两千多年前，人类对科技的认知还停留在自然材料的宏观层面。比如，用动物的皮毛和竹木等简单易得的材料，制作人或动物形状的模型，然后把它们神化。

《列子·汤问》中记载：

> 一位名叫偃师的工匠，制造了一台能歌善舞的人偶（称为伶人）。
>
> 伶人以假乱真，不仅能歌善舞，而且在歌舞当中对着王妃挤眉弄眼。
>
> 周穆王怒不可遏，欲杀了偃师。
>
> 偃师赶忙解释，并拆了伶人，才得以澄清。
>
> 据书中记载，伶人是偃师用动物皮、树脂和木头等制作而成。

《墨子·鲁问》中记载：

> 公输子削竹木以为鹊，成而飞之，三日不下。

《酉阳杂俎》的叙述更神奇：

> 鲁般者，肃州敦煌人，莫详年代，巧侔造化。于凉州造浮图作木鸢。每击楔三下，乘之以归。
>
> 无何，其妻有妊。父母诘之，妻具说其故。
>
> 父伺得鸢，楔十余下，乘之，遂至吴会。
>
> 吴人以为妖，遂杀之。
>
> 般又为木鸢乘之，遂获父尸。

怨吴人杀其父，于肃州城南作一木仙人，举手指东南，吴地大旱三年。

卜曰般所为也，赍物具千数谢之，般为断一手，其日吴中大雨。

以上是有文献记载且流传比较广的故事。

如果您看过或听过《三国演义》，相信您对诸葛亮发明的“木牛流马”一定会感到好奇。

《南史·祖冲之传》关于“木牛流马”的记载：

（祖冲之）以诸葛亮有木牛流马，乃造一器，不因风水，施机自运，不劳人力。

祖冲之不仅亲眼见过木牛流马，而且又因木牛流马的启发，创造出了一种机械运行的工具，比木牛流马更胜一筹！

我们用现代科技知识很容易判断，这些故事中描述的要么只是人类向往美好的神话，要么无据可考。

值得庆幸的是，在21世纪的今天，人们再也不用借助神话来憧憬美好，而是通过现代科技，让无生命的机械变成真正可以为我们服务的“机器人”！

1.2 如何制作飞毛腿机器人

好奇心总是驱使我们，无论接触到什么新东西，都希望自己亲自动手做一做，并能够尽快看到结果。如果能够不怎么费力就做出来，我们多数人将可以继续维持这份好奇心。

就像玩游戏一样，我们希望能够轻松掌握游戏规则并进入游戏，不希望晦涩的专业术语和复杂的操作规程把我们弄得晕头转向，不敢“越雷池一步”。

笔者的机器人知识和技能是十多年前在几乎毫无基础的情况下开始自学的。初学时，特别希望有一个现成的例子，能够照着做出来。那时渴望做出自己作品的心情，几乎压倒一切。

“飞毛腿”机器人

因此，我们先来做一个非常简单有趣的“飞毛腿”小机器人。它仅凭立在桌面上的刷毛，就可以四处移动。如果材料齐备，半小时内，你的小机器人就可以在桌面上四处乱窜了。

1.2.1 制作目标

① 用所给的材料制作一个如图1-1所示的“飞毛腿”机器人。

② 机器人通电后能够只靠触地的刷毛在平坦的桌面或地面上移动，不会倾倒。

图1-1 “飞毛腿”机器人

1.2.2 制作所需材料

本项目所用材料很少，而且成本很低、极易取得，制作材料与工具清单如表1-1所示。

表 1-1 “飞毛腿”机器人制作材料与工具清单

序号	类型	名称	实物图片	说明
1	材料	振动电机（马达）		具有振动模式的手机内部都是采用振动马达。如果你有废旧手机，可以拆下来使用
2		纽扣电池		纽扣电池（像纽扣大小），输出电压有1.5V、3V等多种，本例不限电池电压，但电压高些，机器人会走得更狂野
3		牙刷		本例中只需要一个牙刷头，若要行走效果更好，建议选刷毛呈波浪形的 建议找一个废弃牙刷
4		泡棉双面胶带		如果没有泡棉双面胶带，也可以用普通双面胶带，再次之就是用透明胶带，或者你有更好的方法亦可
5		导线	可以就地取材，例如别针等都可以充当导线	用于将电池的正负两极分别连接到振动电机的两端，如有铜线更好
6	工具	斜口钳（可选，也可用其它工具）		用于剪取牙刷头和导线 只要能够剪断刷柄获得牙刷头就可以，不必拘泥于用什么工具

1.2.3 制作步骤及注意事项

笔者李茗妍用废弃的牙刷做出的“飞毛腿”机器人如图 1-2 所示。制作步骤及注意事项如下。

① 剪取牙刷头。从根部剪去牙刷手柄，留下牙刷头备用。

② 电路连线。将两根导线分别用胶带紧紧粘到振动电机的两个接线端。

注意：a. 导线金属部分必须与电机接线端的金属部分直接紧密接触。

b. 导线金属部分不能接触电机外壳金属部分，以防短路。

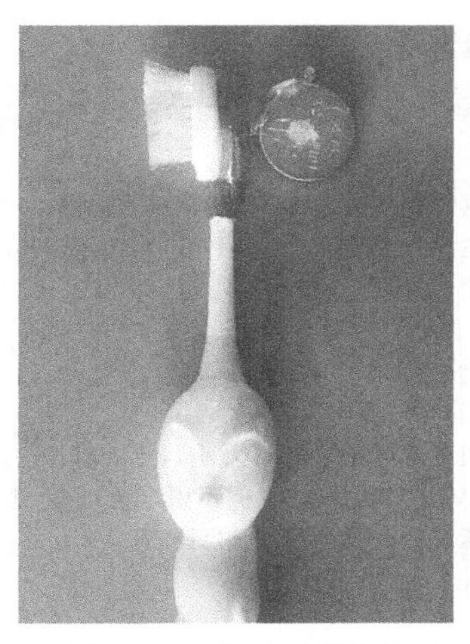

图 1-2　废弃牙刷制作的“飞毛腿”机器人

③ 用双面胶带固定。将电机固定在牙刷头顶部背面，电机接线端朝向牙刷头尾部。将电池固定在牙刷头尾部，用电机两端伸出的导线夹住电池。

注意：a. 这里不区分正负极。

b. 如果导线金属部分同时接触电池的正负极，会导致电池短路而瞬间发热甚至爆炸。

④ 一旦电池与电机导线形成良好接触，牙刷头就会急不可耐地抖动起来，将毛面朝向地面，轻轻将牙刷机器人平放到地面后，看看它会做什么。

⑤ 如果毛刷头机器人不能活跃乱跑，请分析原因，若有困难，请参考下一节的“问题与解决”。

1.2.4　问题与解决

【问题 1】 按照上面的步骤做好了，但装上电池后，机器人并没有任何动静，怎么办？

解决方法：

① 检查电池是不是没电了，如果电量低，会出现走不动或移动无力的现象。

② 确认电池端的线路连接是否可靠，如果没有连接好，会导致电机没有电。只要有一端没有连接好，就会导致电机无电而不动。

③ 如果电机端的线路没有连接好，同样会导致电机没有电。

【问题 2】 “飞毛腿”老是倒地。

解决方法：

① 检查一下机器人触地（或桌面）的毛面，建议将刷毛尽量扒散，以扩大飞毛腿的触地面积，从而使得机器人可以在地面或桌面站稳和移动。

② 检查并调整振动电机和电池的安装位置，以保持重心位置不偏移。

1.2.5　项目小结

① 通过本章学习，是否觉得要做一个可以自己走的东西并不像我们原先想象的那么难。

② 直流电机，只要在其两极施加并保持一定的电压，就会转动。

③ 只要改变直流电机中电流的方向，就可以改变电机的转向。

1.2.6　思考

① 这个毛刷头机器人可以用来做什么？

② 直流电机在什么情况下会转动？

③ 对调电机两极的电源连接线，通电后，看到了什么现象？

④ 如何让电机反转？反转后，毛刷头的移动方向有什么变化？

1.3 什么是机器人

我们刚刚亲手做了一个可以四处乱窜的“飞毛腿”，并称其为“机器人”，但事实上，如果认为机器人就是这样，相信我们自己也不敢苟同。

全自动洗衣机可以按照预定时间洗衣服，有的洗衣机甚至具备一定的人工智能（模糊控制算法），可以自动识别衣服的脏污程度并进行洗衣服程序。尽管全自动洗衣机比我们刚刚制作的“飞毛腿”要复杂和高级得多，但也从没有人认为它是机器人。

那么，到底什么是机器人呢？

我们现在经常谈论“机器人”，经常看到“机器人”。关于机器人的定义，目前为止，国际上还没有统一的定义，但人们形成了以下这些共识。

① 具有人的某些技能，比如自行移动，或者能抓取和移动物品。

② 它能够为主人做出某些行动，执行并完成特定的任务。比如房间地面吸尘，进入核电站检测和排除核泄漏故障等。

③ 外观不一定要像人，只要能自主完成人类所赋予的任务与命令即可。因此，它可以像一个人，也可以像一条虫，甚至一辆车或其它什么东西。

④ 机器人要有感知环境的能力。

a. 比如可以感知光的强弱、物体表面的颜色或灰度、前方障碍物的距离等。

b. 机器人能够通过不同传感器的感测组件采集所需的人、物及环境信息，并转换得到计算机能够识别和处理的信息。

当前的机器人需要依靠电脑（以后的机器人也许可以依靠光脑或蛋白质脑）进行数据处理和判断决策，这个部分称为机器人的主控制器。

本书中选择 Arduino UNO 控制板作为机器人控制器，它能够：

a. 存储我们为它设计的控制程序，并执行程序。

b. 根据程序指令读取传感器，进行决策，发出控制指令等。

机器人需要移动身体的一部分或全部到另一个地方，这个可移动部分称为机器人的运动机构，目前主要采用电机驱动，借助于齿轮组等可以让机器人具有足够的行动力。

以上的说法较为全面地解释了什么是机器人，但对机器人研究而言，缺少严谨性。日本大阪大学教授白井良明在《机器人工程》中是这样描述机器人的。

① 能代替人进行工作。机器人能像人那样使用工具和机械，因此，数控机床和汽车不是机器人。

② 有通用性。既可简单地变换所进行的作业，又能按照工作状况的变化相应地进行工作。因此，一般的玩具机器人不能说有通用性。

③ 直接对外界做工作。不仅是像计算机那样进行计算，而且能依据计算结果对外界产生作用。

对于机器人的构造，从解剖学的观点，可以把机器人的组成部件分为如表 1-2 所示的几类。

表 1-2　机器人的组成部件

序号	名称	类比人类	功能
1	主控制器	大脑	信息接收、处理与决策中心。要保证这些工作成功进行，一般主控制器还内置了程序存储器和数据存储器
2	传感器	感觉器官	感测周围环境的状况，比如温度传感器，就是将传感器所处位置的温度转变为计算机可以识别和处理的信息
3	执行器	手脚关节	接收主控制器发来的指令，并根据指令产生各种动作行为
4	电源	食物	机器人跟人类一样，需要能量才能让各个部件启动和运行，这些能量要么通过外接电源获得，要么通过自备电池提供保障
5	造型结构	骨架系统	支撑和安置以上部件，以科学的造型和结构确保机器人可以有效执行各种任务
6	导线	血管和神经	传送电能和数据信息，分为电源线和信号线两大类

我们现实生活中接触到的机器人，常常按以下方式进行工作。

机器人通常会以光信号的形式向我们展示其处理的信息，无论是以单一的光点“亮”“灭”传递状态的有无，还是以点阵方式展示复杂的文字或图形，都是机器人与人交互过程中几乎必备的功能。如果没有这些功能的辅助，机器人与人类的沟通质量和沟通效率将大打折扣。

机器人通常以声音的形式向人类传送音频信息。无论是单调的蜂鸣音，还是可以乱真的仿人语音，也都是为了实现更友好的人机交互。如果没有了声音信息，机器人与人类信息交流的给人的体验也将会有很大的缺憾。

当然，人们研究开发机器人的目的，不仅仅是闪闪光或亮亮声，而是终究要替人类做事的，比如去做人类不易做到、不能做或不愿做的工作。

1.4　本书中要介绍的机器人

本书要将大家带往何方？

图 1-3 给出了本书要学到的机器人的电子系统略图。

注意：图 1-3 只是说明本书可能涉及的知识，不具备严格的指向关系。

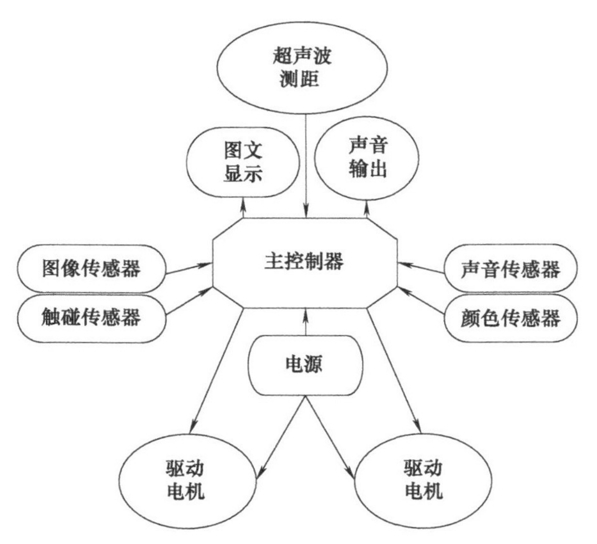

图 1-3 本书要学到的机器人的电子系统略图

1.5 本章小结与思考

本章带领大家从了解古人对机器人的向往，过渡到自己动手制作一个“飞毛腿”机器人。还学习了如何为自己制作的“飞毛腿”机器人进行简单调试及故障排除。

本章其实还让大家认识了振动电机，知道了让电机运转的方法。

不知道你的认识是否刷新？原来，机器人也可以这么简单！

但我们也发现，“飞毛腿”机器人这一物件，除了能够带给我们一丝成功的喜悦，它可以为我们做的真的不多。

开发更复杂的、具备更多功能的机器人，正是我们后续章节要学习的内容。

第2章 构建机器人开发平台

机器人开发设计与制作，需要用到诸多学科的知识和技能，它是机械、电子、计算机和众多科学与技术的融合。

对于这样一个复杂的综合体，机器人的设计、开发、制作、调试和测试，每个环节都需要相关的工具和环境。我们该从哪里起步呢？

俗话说，擒贼先擒王，机器人的“王”就是其大脑——主控制器。为机器人选择合适的大脑，将为后期开发工作的顺利开展扫除很多麻烦。不同的主控制器，可能意味着迥异的开发环境。配置开发环境，是机器人开发前期无法回避的任务。

2.1 机器人的主控制器

人类，无论是什么人种，都有着共有的特征。比如，都有头、躯干和四肢。机器人也一样，无论是什么样的机器人，都有自己的司令部——主控制器。

不同厂家开发的机器人，甚至同一个厂家，不同系列的机器人产品，也都有自己区别于别人的主控制器。比如，图2-1所示的乐高（Lego）积木式教育机器人，其早期产品为RCX，然后是NXT，现在是EV3，无论是外形、接口还是性能都有显著的差异。

由于机器人形状各异，其主控制器外形和接口也会随之千变万化。

但无论如何变化，目前绝大多数机器人的主控制器核心就是电脑！更直观一点讲，就是一块集成了CPU和存储器等的电路板，故又常常称为单板机。我们看到的有漂亮外壳的各式各样的控制器，只不过是穿了铠甲的单板机而已。

我们学习机器人，就从机器人的大脑——单板机开始。

那么，有哪些单板机适合作为我们学习机器人的主控制器呢？

(1) 树莓派（Raspberry Pi）**电脑板**（图2-2）

树莓派电脑板由注册于英国的慈善组织“Raspberry Pi 基金会”开发，英国剑桥大学埃本·阿普顿（Eben Epton）为项目带头人。2012年3月正式发售，堪称当时世界上最小的台式机，又称卡片式电脑，外形只有信用卡大小，却具有电脑的所有基本功能。

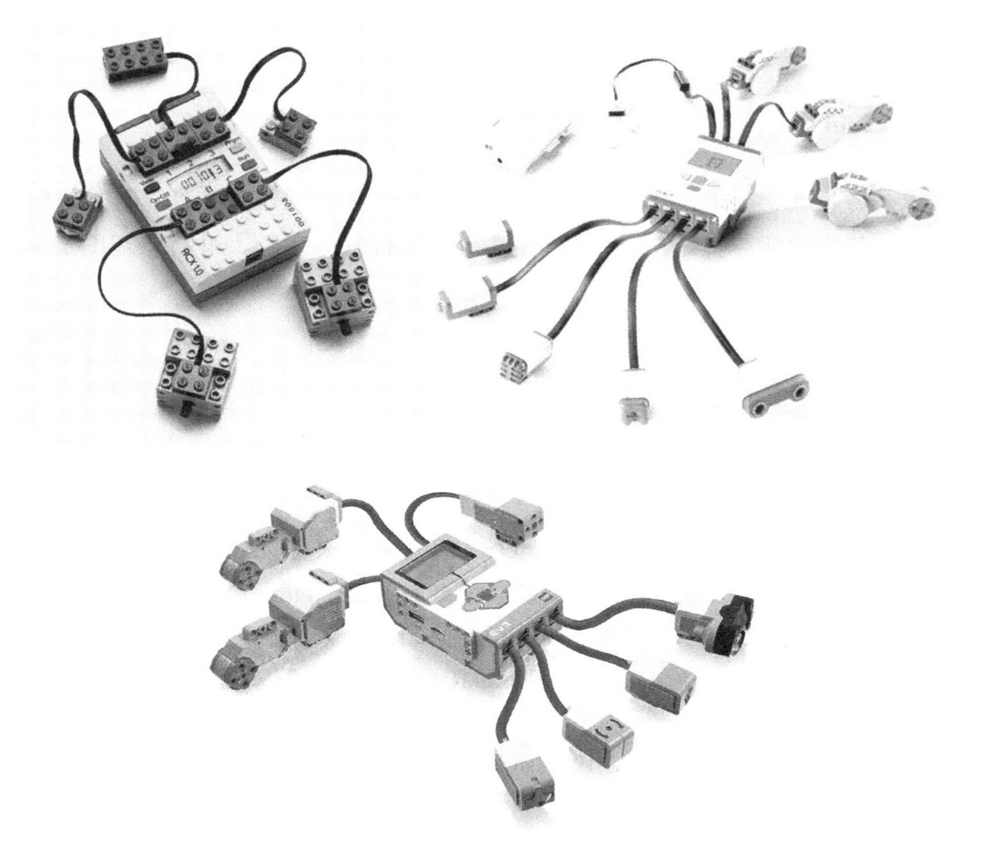

图 2-1　乐高（Lego）积木式教育机器人的主控制器与周边设备

（2）Arduino（UNO）控制板（图 2-3）

Arduino 控制板具有以下特点。

① Arduino 是一款便捷灵活、方便上手的开源电子原型平台。

② 包含硬件（各种型号的 Arduino 板）和软件（Arduino IDE）。

③ Arduino 能通过各种各样的传感器来感知环境，通过控制 LED 灯、蜂鸣器、电机和其它的装置来反馈信息、改变自身状态及影响环境。

④ Arduino 平台完全开源，Arduino 控制板价廉物美，入门和操作都比较容易。

本书将使用 Arduino 平台作为机器人主控制器，并贯穿全书。

图 2-2　树莓派（Raspberry Pi）电脑板

图 2-3　Arduino（UNO）控制板

2.2 配置机器人开发环境

机器人是融机械、电子、计算机等多学科知识于一体的系统，其设计与制作包括结构、造型、电路和软件设计与制作，需要用到包括 3D 建模软件工具、电路原理图及 PCB 设计软件工具、程序设计工具和机器人软件开发环境等。

2.2.1 PC 端 Arduino 软件开发环境

首先，需要准备一台电脑，以便与 Arduino 连接上传程序。

① 系统支持

■ Arduino IDE 支持 Windows、Mac OS 和 Linux 操作系统。

■ 本书内容均基于 Windows 操作系统，故建议下载 Windows 版本（选择：Windows ZIP file for non admin install）。如果您使用其它操作系统，配置环境时，建议去 Arduino 官方网站（www. arduino. cc）下载相关版本，按照提示安装配置即可。

② 对电脑的配置要求

■ 预装 Windows 操作系统，建议 Windows7 及以上，推荐 Windows10 操作系统。

■ 有一个空闲的 USB 接口。

然后，下载 Arduino IDE（集成开发环境），官方免费下载地址：https://www. arduino. cc/en/Main/Software。

本书采用的是 Arduino 1. 8 版本。选择 Arduino 的官方网站，可以得到最新的版本，如果您是毫无经验的初学者，建议使用本书使用的版本，以便减少因版本不同而带来使用上的困惑。

考虑到初学者对于新涉足的领域知之甚少，我们对该集成开发环境进行了适当的优化，增加了部分库和范例，以便于您能够在学习实践中不受太多杂乱因素的干扰而影响进度。您只需按照本书所给的文档说明，找到相应的压缩包解压到您的电脑硬盘上（建议放在根目录下，目录中不要出现中文字符或符号）即可。

Arduino UNO 驱动程序的安装也是不可或缺的，同样按照使用文档的说明进行操作即可。

知识拓展

Arduino 程序为什么被称为草图（Sketch）？ 因为 Arduino 诞生的初衷就是为艺术家、设计师等人进行互动设计而开发的。 草图对于艺术家而言显得更容易理解和接受，而不是一个神秘的“术语”（我们很多人学计算机半途而废，板着面孔的“专业术语”们可谓“功不可没”）。

Arduino 的目的是让艺术/设计人员用来实现作品，所以给“程序”这个令人望而生畏的术语外表裹上一个更易理解的名称，以便人们容易从心理上接受它。

2.2.2 Tinkercad 在线开发环境

Tinkercad 是一款免费的融在线 3D 设计、电子设计和应用编程软件于一体的集成开发环境。适合教师、孩子、业余爱好者和设计师，从创意到设计，分分钟搞定！还支持程序在电路中运行仿真，可以在实物调试前先将部分问题暴露和解决。

Tinkercad 由以下三个部分组成。

① 3D 设计：支持用户轻松实现创意、设计，只要能想到的东西，几乎都可将其变为 3D 模型图。

② 电子设计：支持用户进行电路搭建、在线编程、和电子系统仿真。

③ 代码块（Codeblocks）：支持用户用代码来设计 3D 对象。

使用 Tinkercad 在线环境学习 3D 建模、电路搭建、程序设计和系统仿真，无需在本地电脑上做任何软硬件的配置。本地电脑只需通过 Web 浏览器（建议使用 Google 的 Chrome 浏览器）访问 https：//www. tinkercad. com/，一切操作都在浏览器中进行，只需动动鼠标和键盘，就可以完成创作。您的创作将直接保存在 Tinkercad 的云端。下次打开浏览器并登陆自己的账号就可以查看并访问之前创建的文件。当然，您也可以随时将文件导出到本地电脑上。

用程序点亮 LED

2.3 通过程序点亮 LED

这一部分，我们需要准备 Arduino UNO 控制板 1 块，和 USB 数据线 1 根，如图 2-4 所示。当然，一台电脑也是必不可少的。

在电脑上，首先通过 Arduino IDE（Arduino 集成开发环境）编写程序，控制 LED 的亮/灭交替闪烁，然后将程序编译后，通过 USB 数据线将目标代码（Arduino IDE 自动完成，我们实际上是看不到这个目标代码的，但我们也无需干预它）上传到 Arduino UNO 控制板。

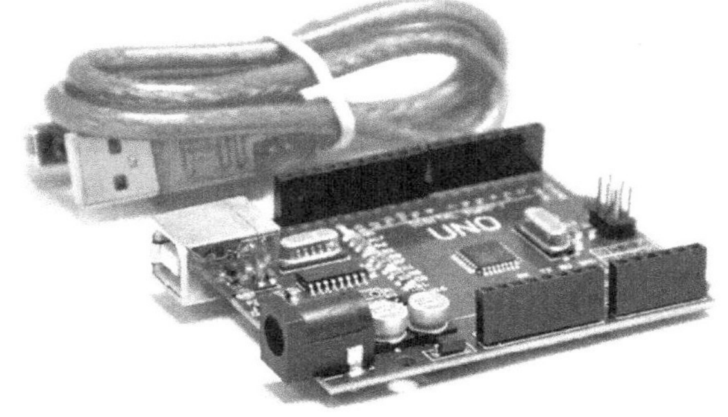

图 2-4　Arduino UNO 控制板和 USB 数据线

上传完毕就可以看到 Arduino UNO 上内建在数字口 13 的 LED 灯有规律地闪烁。下面是具体的操作步骤。

第 1 步：启动 Arduino IDE。启动后的界面如图 2-5 所示。

① 刚刚开始学习，建议经常访问工具栏，这样可以尽快熟悉各个工具的功能和用法。

② 标签 1：代码编辑区。第一次打开，通常会看到如图 2-5 所示的界面。

我们还没有编程，里面竟然就有代码了！这里的代码实际上是以下两个空函数。

图 2-5　Arduino IDE 界面

a. setup 函数

• 函数内的代码都只运行一次。

• 对 Arduino UNO 控制器模块分配给外部设备的端口进行工作模式设置、定时器/计数器、串口参数等的设置，一般都放置在这里。

• 程序中只需要运行一次的代码（不需要反复执行多次），也都放置在 setup 函数中！

b. loop 函数

• 函数里的代码将无限循环。

• 这些代码描述系统的控制是如何实现的。

③ 标签 2：编译信息窗口。一旦编译了代码，这个区域就会产生相关编译信息。

这部分会给我们很多有价值的信息，可以帮助我们快速定位程序语法错误。

④ 标签 3：工具栏。这部分的工具尽管都可以在菜单栏里找到，但从这里取用更快捷方便。

a. √：只对程序代码进行编译，不上传。这个功能非常有用，常用于无需连接 Arduino 主控制器的情况下，尤其是代码刚刚完成，需要排错的时候。在编译的同时，它会保存代码。

b. →：对程序代码进行编译，编译成功后，将编译上传的目标文件上传到 Arduino 主控制器上的 Flash 存储器。上传成功的前提是 Arduino 主控制器与电脑已经连接，并且驱动程序正常，Arduino IDE 工具中“开发板”和“端口”正确配置。

⑤ 标签 4：下拉菜单右边有一个向下的箭头，点击会产生一个下拉菜单。其中的“新建标签”这个功能对于较复杂的程序非常有用，我们在用到的时候再详细介绍。

第 2 步：编程。

现在，对于 Arduino IDE 编程，除了图 2-5 这个冰冷的界面，初学者关于程序指令还几乎是一无所知，即使知道怎么解决实际问题，也难以用代码表达出来。

这个工具的开发者们为我们考虑到这个问题了！

打开示例程序 Blink 的步骤如图 2-6 所示，按照标号①～④的顺序选择，点击 Blink 即可打开程序。

第 3 步：用 USB 数据线连接 Arduino UNO 与电脑，端口配置如图 2-7 所示。

标号①：在 Arduino IDE 菜单栏点击“工具”，出现下拉菜单。

标号②：在下拉菜单中，找到开发板，选择“Arduino/Genuino Uno”。

标号③：在下拉菜单中，找到端口。这里是要选择连接 Arduino 的串行端口号，第一次连接可能发现“COMx”前没有打“√”，请点击“COMx”（笔者电脑上连接 Arduino UNO 后显示的端口号是 COM8，您的电脑上可能不是 8），再次按照图 2-7 所示顺序打开端口，看看“COMx”前是否有“√”，如标号④所示，如果有就表明配置成功了。

第 4 步：检查程序，如图 2-8 所示。图 2-8 中最左边的数字为代码行的序号。

图 2-6　在 Arduino IDE 中打开示例程序 Blink

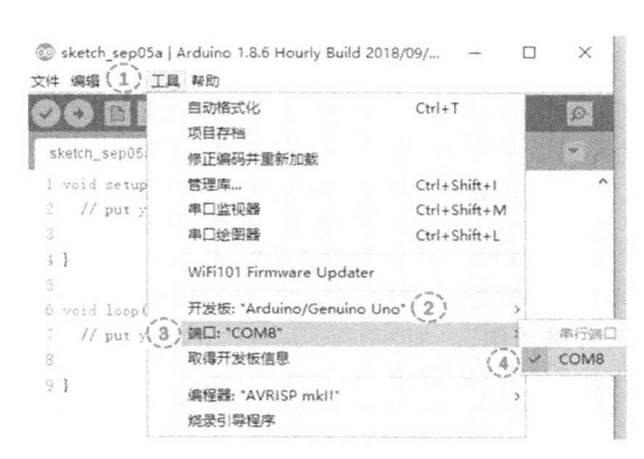

图 2-7　Arduino IDE 中 Arduino UNO 控制板的端口配置

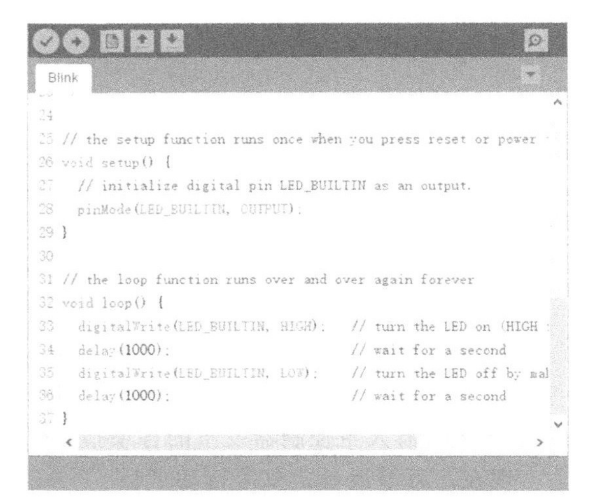

图 2-8　Arduino IDE 中示例程序 Blink

提示：如果 Arduino IDE 上最左边没有看到行号，请在 Arduino IDE 的菜单栏点击“菜单”，在下拉菜单中选择首选项，在弹出窗口中设置。如果觉得编辑区中的文字太小，也可以在这个首选项窗口中进行设置。

① 第 28 行：表示设置 Arduino 控制板的数字口 13（连接到板上内建的 LED）为输出。

② 第 33 行：将数字口 13 置为高电平，实际上就是给数字口 13 供电（5V 左右），该口连接的 LED 得电会点亮。

③ 第 34 行：延时 1000ms，实际上就是 1s。

第 5 步：编译并上传目标代码到 Arduino 控制板内。

单击菜单栏“项目”→“上传”或者在键盘上用快捷键“Ctrl＋U”。等待编译和上传，如果成功，Arduino 板上“L”旁边的 LED 会有规律地闪烁（周期 2s）。

2.4 Fritzing（电路搭建工具）

设计机器人过程中一个非常重要的步骤就是电路设计。机器人实际上就是一个以计算机为核心的应用系统。复杂的机器人接入很多传感器，还有很多输出设备，比如触摸传感器、颜色传感器、LED、LCD、蜂鸣器、直流减速电机、舵机、步进电机等，接口种类繁多，电路异常复杂。即使普通的玩具机器人，其电路结构也足以令普通人眼花缭乱。对于初学者而言，电路设计是一个比较麻烦的事情。

作为一款电子设计自动化软件，Fritzing 采用了开源路线，支持艺术家、设计师和设计爱好者从物理原型到实际产品的开发，旨在使电子产品成为任何人的创意材料。Fritzing 不仅提供了一个软件工具，还有一个基于 Processing 和 Arduino 的社区网站，致力于培育一个创造性的生态系统，让用户可以记录其电路原型，与他人分享，甚至设计和制造专业级的 PCB。

本书中很多实物电路连线图和原理图均采用 Fritzing 绘制。

2.5 本章小结与思考

不同的机器人主控制器有着不同的软件开发环境。

本书采用的机器人主控制器主要是 Arduino，软件开发环境是 Arduino IDE。

机器人的电路类似于人类的血液循环系统和神经系统，具体功能如下。

① 为机器人的各个电子模块提供电能，确保各部分正常运行。

② 为机器人主控制器从传感器获取信息提供传输通道。

③ 将机器人主控制器发出的各项指令传送到相应的执行部件。

现在，万事俱备，只等行动了！

跟着本书继续往下做吧！

第3章 机器人如何用灯光表达信息

第 2 章中，我们已经配置好软件开发环境，并且尝试写入一个程序，让 Arduino 控制灯光进行亮/灭交替闪烁，了解了机器人程序的完整开发过程。

从本章起，我们开始学习如何为机器人设计软件和编写程序。要想让机器人为我们提供服务，首先得让它学会如何以人类可以理解的方式向我们表达信息。

人类有哪些表达方式呢?

杜甫的诗句“烽火连三月，家书抵万金”，脍炙人口，至今流传不衰。尽管诗的本意是在战火纷飞的年代，一封报平安的家信就是人们最大的期盼，但换个角度看，这句诗还无意中记述了在 1300 多年前，我们的祖先就已经使用火光这种媒介传递军情了。

随着科技的发展，光影已经成为人们表达信息的一种重要媒介。现代生活的方方面面，包括家用汽车、警车、消防车和救护车等的灯光都被以不同的亮/灭交替闪烁形式用作特定含义的信号，而为人们所共知。

我们在设计机器人的时候，也面临着如何让机器人向我们表达信息的问题。鉴于人类生活的经验，对于机器人信息表达方面的很多问题，灯光同样可以大有作为。比如机器人自身电池电力不足的时候，可以通过特定的灯光信号——红色光闪烁——提醒我们需要给它充电了。

发光的设备从发光二极管（LED）到七段数码管（LED 的简单组合），再到 LED 点阵（多个 LED 按照阵列形式的集成），从黑白液晶显示屏（LCD）到彩色 LCD，这些年又涌现了 OLED、等离子等显示设备。

本章将介绍在机器人设计中应用最多最普遍的 LED、七段数码管、点阵 LED、LCD 等，通过实例项目，介绍如何使用它们实现信息的显示。本章中，您将学到：

① 如何用 LED 显示心跳的感觉。

② 如何用 LED 显示灯光求救“SOS”。

③ 如何用 LED 模仿呼吸的过程。

④ 如何用七段数码管显示数字符号。

⑤ 如何用七段数码管显示不断变化的内容。

⑥ 如何用点阵 LED 显示自定义的符号。

⑦ 如何用点阵 LED 显示“I Love U”。

⑧ 如何用 LCD 显示见面语“Hello，robot!”。
⑨ 如何用 LCD 满屏显示“To a new world!”。

3.1 用灯光显示心跳的感觉

本项目任务：用 Arduino UNO 作为控制器，编程控制 LED 灯的亮/灭闪烁，闪烁的频率要与人类正常心跳频率基本一致。

3.1.1 用程序实现心跳的感觉

用灯光表示心跳的感觉

(1) 项目分析

这个项目的实现非常容易，尽管操作有点繁琐，比如要在本地电脑上编程、编译并上传到 Arduino UNO 控制板等，但只要照着所给的步骤一步步去做，就很容易成功。

根据成人心跳和呼吸等生理活动的试验数据，我们设计了 LED 亮灭的时间对照表，见表 3-1。

表 3-1 LED 亮灭的时间对照表

LED 闪烁方式	闪亮延时/s	熄灭延时/s	备注
快速闪烁	0.2	0.2	急迫感
心跳频率闪烁	0.45	0.45	成人心跳每分钟 60～100 次
呼吸频率闪烁	1.5	1.5	成人每分钟呼吸 20 次左右

(2) 电路设计

本项目中，我们要用 Arduino UNO 控制板通过程序模仿人类心跳的律动，只需要一个 LED，即可模拟显示效果。

① 材料准备。心跳的感觉项目器材清单见表 3-2。

表 3-2 心跳的感觉项目器材清单

序号	名称	功能	备注
1	Arduino UNO	主控制板	用数字口 13 的 LED 按心跳频率闪烁
2	个人电脑	上位机	编程、编译、上传目标代码
3	USB 数据线	数据通信	连接 Arduino 和上位机，并为 Arduino 供电

在 Arduino UNO 控制板上，其数字口 13 已经内建了一个 LED，完全可以用于本项目的模拟显示。因此，电路非常简单，无需额外设备和搭建，只要准备一块 Arduino UNO 控制板和一根配套的 USB 数据线即可。

② 参考电路。将 Arduino 控制板通过 USB 数据线与电脑相连，完成电路连接，如图 3-1 所示。

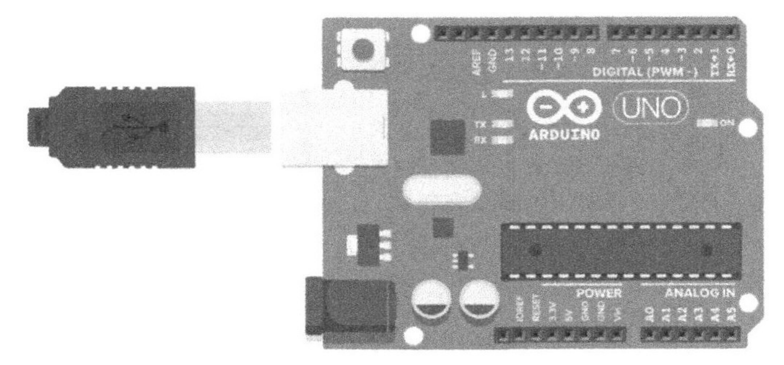

图 3-1　用 Arduino 内建 LED 模仿心跳的电路连接图

既然是电路，就需要供电，才能正常运行。Arduino UNO 控制板是微功耗电路板，只需通过 USB 数据线从电脑 USB 端口取电，即可满足正常运行。包括后续的项目，没有特殊说明，都无需另配电源，即可正常运行。

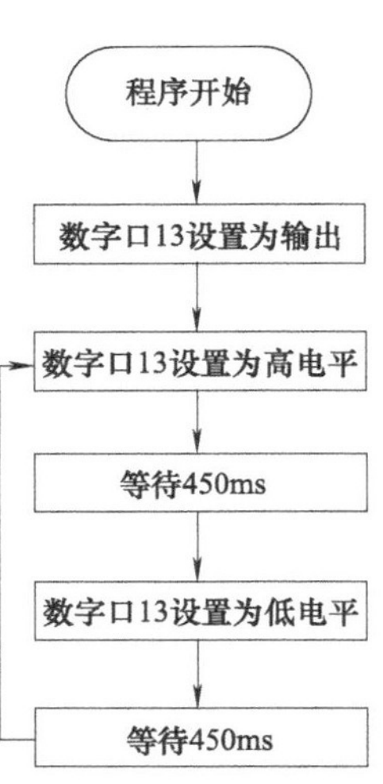

图 3-2　用 LED 模仿心跳程序流程图

(3) 程序设计

在这个用 LED 模仿心跳效果的任务中，我们可以把动作过程分解为两个部分：心脏舒张的过程，对应 LED 点亮和维持的过程，维持约 0.45s；心脏收缩的过程，对应 LED 熄灭和维持的过程，维持约 0.45s。以 0.9s 为周期控制 LED 亮/灭交替变化的循环，变化的频率与人类正常心跳基本一致。

如何用指令和数据设计程序？

计算机或机器人（核心指挥中心实际上就是计算机）是根据所给的程序，从头开始，一条条执行指令。以本项目为例，产生频率接近人类心跳的灯光闪烁效果，程序流程图如图 3-2 所示。

(4) 参考程序

根据以上分析，可以参照流程图编写程序代码。代码开发在 Arduino IDE 中进行。

```
25 // setup函数在按下RESET键或Arduino板上电后，只运行一次
26⊟void setup() {
27   // 初始化数字引脚 LED_BUILTIN，设置为输出
28   pinMode(LED_BUILTIN, OUTPUT);
29 }
30
31 // loop函数：无限循环
32⊟void loop() {
33   digitalWrite(LED_BUILTIN, HIGH);   // LED供电 (HIGH是高电平)
34   delay(450);                        // 等待450ms
35   digitalWrite(LED_BUILTIN, LOW);    // LED断电 (LOW为低电平)
36   delay(450);                        // 维持450ms
37 }
```

程序中，最左边一列为程序代码行号，函数 pinMode、digitalWrite 和 delay 的意义及用法可参考表 3-3～表 3-5。

- 函数 pinMode（pin，mode）：用于设置数字引脚的输入输出模式。
- 函数 digitalWrite（pin，level）：用于设置被指定引脚的电平（HIGH 或者 LOW）。
- 函数 delay（dly）：用于等待 dly ms，然后再执行接下来的语句。

表 3-3 函数 pinMode（pin，mode）

<table>
<tr><th>序号</th><th>参数名</th><th>功能</th><th>备注</th></tr>
<tr><td>1</td><td>pin</td><td>引脚编号，比如本例中的 LED_BUILTIN（别名，在程序编译前还原成它所代表的那个数据），是指 Arduino UNO 的数字口 13</td><td rowspan="2">第 28 行，该函数的意义是将 Arduino 控制板上编号为 LED_BUILTIN 的数字引脚设置为输出模式</td></tr>
<tr><td>2</td><td>mode</td><td>引脚的输入输出模式</td></tr>
</table>

表 3-4 函数 digitalWrite（pin，level）

<table>
<tr><th>序号</th><th>参数名</th><th>功能</th><th>备注</th></tr>
<tr><td>1</td><td>pin</td><td>引脚编号，比如本例中的 LED_BUILTIN（别名，在程序编译前还原成它所代表的那个数据），是指 Arduino UNO 的数字口 13</td><td rowspan="2">第 33 行的语句，设置别名为 LED_BUILTIN 的引脚输出高电平。可以理解为从这个引脚输出 5V 电压，也可以理解为 Arduino UNO 对这个引脚而言就是一个直流 5V 的电源</td></tr>
<tr><td>2</td><td>level</td><td>实际使用时用 HIGH 或者 LOW 代替这个词。HIGH 表示高电平，也可以理解为 5V 电平。LOW 表示低电平，也可以理解为 0V 电平。注意：这里用“理解为”表示在实际电路中，HIGH 或 LOW 情况下，是在 5V 或 0V 附近的一个范围内</td></tr>
</table>

表 3-5 函数 delay（dly）

序号	参数名	功能	备注
1	dly	正值，单位为 ms	第 34 行，CPU 执行该指令时就开始空等 450ms

在这个项目中，如果只是看程序代码，没有电路图同步对照进行联系分析，即使有足够详细的注释，我们还是有可能不清楚它到底在干什么。

为了实现一个模仿心跳的功能，只需要用 LED 灯“亮—灭—亮—灭……”，对应于心跳的状态“舒张—收缩—舒张—收缩……”。尽管我们认为这里的每个状态已经非常简单，甚至不可再分解了，但对于计算机而言，还是太复杂了。因为我们现在使用的计算机采用的是开关电路逻辑，计算机指令实际上就是命令相关的开关电路“接通”或“断开”，因此要让计算机实现一个我们认为非常简单的动作，需要很多条指令才能做到。

计算机指令、运行结果、人类理解这三个层次之间的对应关系如图 3-3 所示。如果我们大脑不能在这三者之间建立关联，那就可能无法继续深入学习计算机。而且计算机最底层的汇编语言程序指令比这个程序实现起来更为繁琐，这也正是很多人难以学好和掌握计算机编程的一个重要原因。

当然，可能您并不认为这个程序有多难以理解，只要稍下功夫，理解还是不太困难的。但是，如果这样的代码增加到数百上千行或更多，我们从程序中要弄明白它到底要做什么，就相当费劲了。一个简单动作被分得过细，而且不断重复出现的开关操作，对于人类思维习惯而言，枯燥无意义的原始指令重叠，令人难以参透。

试想一下，一个非常简单的动作（人类思维角度）要通过数行甚至数十行代码实现，而且还必须时刻翻看对应的电路原理图，一天的时间几乎都耗在几个小的动作或行为上了，

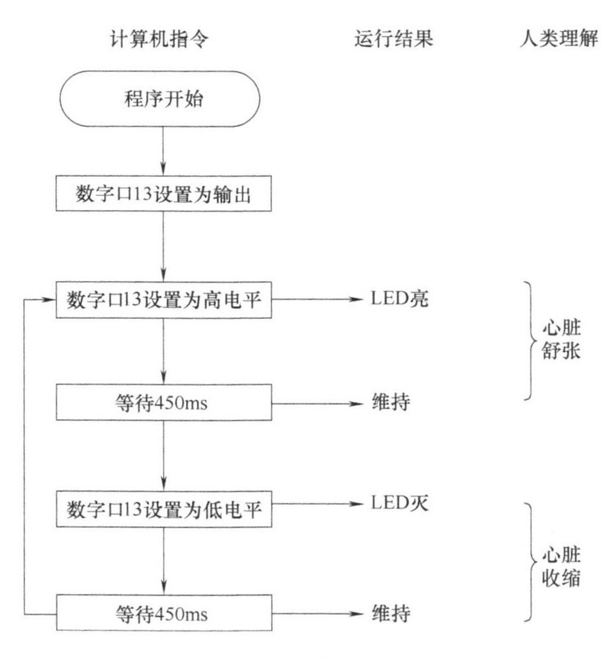

图 3-3 计算机指令、运行结果与人类理解的关系对照

整个项目如何实现，有问题如何排查？

如果我们将一个简单行为或动作过程作为一个模块进行管理和调用，每个模块对应人类思维习惯的一个行为或活动，即用人类习惯的表达方式来编写程序，那么，程序代码的可读性又会如何呢？下面，我们就来尝试这种表达方式。

3.1.2 在 Arduino IDE 中实现模块化开发

在这个项目中，我们用两个文件来管理程序代码，分别是主程序文件“3-1-Heartbeat. ino”和驱动程序文件“LED _ drv. ino”。其中，程序的入口就在“3-1-Heartbeat. ino”文件内。一个项目只有一个主文件，其它的都是硬件驱动及辅助功能内容。

本书将每个硬件模块视为一个独立对象，在项目中为其建立独立的文件，内部包含 Arduino 控制器为其分配的端口设置、硬件初始化函数、硬件功能函数（比如传感器的读值函数、LED 或蜂鸣器的控制函数等）。

以下程序将分段展开和解析，您在编程时，只需按照以下代码顺序原样（包括格式，建议将注释也键入）输入到 Arduino IDE 中，并注意按照文件名和代码所在的行号编辑程序。以后的项目均以这样的形式展示，您也只需按照同样的方式在电脑上原样输入，即可完成程序的编辑。

(1) 主程序文件“3-1-Heartbeat. ino”的代码剖析

主程序为采用基于人类正常思维的行为模块作为指令，按照任务执行的顺序形成的代码集。每个行为模块都是一个独立函数。

```
3-1-Heartbeat  LED_drv
1 /*
2  * 名称：心跳的感觉
3  * 功能：用LED以心跳相同的频率进行闪烁，模仿人类心跳
4  * author: mzc
5  * date: 2018.08.31
6  */
```

头部注释：项目名称，项目功能简介，软件制作者及创作日期等。

```
8 void setup(){
9   Init_LED(); //Arduino分配给LED的端口初始化
10 }
```

函数 setup 是整个项目程序的总入口，程序运行的起点。在 setup 函数中的内容只按顺序执行一次，最后一行执行完后，会跳入 loop 函数中继续执行 loop 函数内的代码。

第 9 行：函数 Init _ LED 是在“LED _ drv. ino”文件中声明的，其含义是将 Arduino UNO 控制 LED 的数字口 13 设置为输出模式。这个函数也可以理解为对 LED 端口初始化，具体是对什么进行什么样的初始化，要看函数 Init _ LED 的内容。

```
12 void loop(){
13   beat(); //心，跳吧！
14 }
```

函数 loop 是 setup 函数执行完毕后接着要执行的部分。loop 内部的代码将按顺序无限循环。

第 13 行：执行 beat 函数，并无限循环该函数的指令。

(2) 在项目中添加新文件

LED 的驱动和操作采用独立的文件呈现在项目中。在项目中添加新标签文件的操作如图 3-4 和图 3-5 所示。

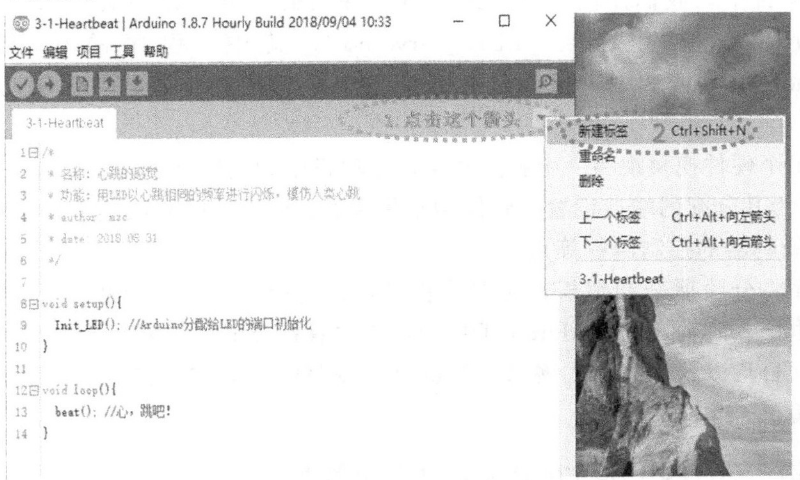

图 3-4　在 Arduino IDE 中创建新标签

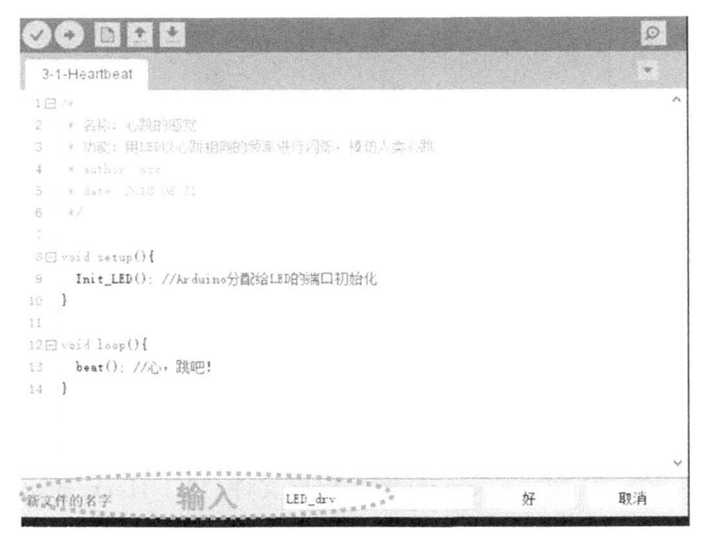

图 3-5　在 Arduino IDE 中为创建的新标签命名

(3) 驱动程序文件“LED _ drv. ino”的代码剖析

```
3-1-Heartbeat   LED_drv
1 /*
2  * LED端口设置及驱动
3  * author: mzc
4  * date: 2018.10.27
5  */
```

头部注释：该文件的名称、功能简介、制作者及开发日期等。

```
7 | #define LEDin 13 //LEDin 为 Arduino 内建 LED，连接到数字口 13
```

第 7 行：为项目中即将启用的模块分配端口号。这里是为 Arduino 的数字口 13 取别名 LEDin，便于程序数据管理和提高程序可读性。

```
 9 //Arduino分配给LED的端口初始化
10 void Init_LED(){
11   pinMode(LEDin, OUTPUT);
12 }
```

第 11 行：将 Arduino 控制板上别名为 LEDin 的引脚（Arduino 数字口 13）设置为输出模式。

```
13 /*
14  * 函数：LED驱动 *
15  */
16 void LED_On(){  //给LED供电
17   digitalWrite(LEDin, HIGH);
18 }
19 void LED_Off(){ //切断LED供电
20   digitalWrite(LEDin, LOW);
21 }
```

第 16 行：函数 LED _ On 用于点亮 LED。

第 17 行：将 LEDin 引脚设置为高电平，可以理解为通过该引脚向外输出 5V 电压，也可以理解为给该引脚所连接的 LED 供电。

第 19 行：函数 LED _ Off 用于关闭 LED。

```
23 /*
24  * 模拟心跳函数
25  */
26 void beat(){
27   LED_On();
28   delay(450);
29   LED_Off();
30   delay(450);
31 }
```

第 26 行：函数 beat 用 LED 的亮/灭显示模拟人类的一次心跳过程。

第 27、28 行：点亮 LED，并维持 450ms（0.45s）。注意 delay 所带参数的单位是 ms。

第 29、30 行：熄灭 LED，并维持 450ms（0.45s）。

(4) 运行“心跳的感觉”程序

① 将驱动程序文件“LED_drv.ino”和主程序文件“3-1-Heart beat.ino”编辑好，并保存在名为“3-1-beat”的文件夹中。

② 按下键盘“Ctrl+R”组合键，或者点击工具栏上的图标“√”，即可启动对程序的编译/验证操作。修改程序中的语法错误，直到编译通过。

③ 将 Arduino UNO 通过 USB 数据线与电脑连接。

④ 配置好 Arduino IDE 的“工具—开发板—端口”。

⑤ 然后按下键盘上的“Ctrl+U”组合键或者点击工具栏上的图标“→”进行上传。

⑥ 观察 Arduino 上“L”附近的 LED 状态变化情况：

a. 如果在闪烁，请静心观察 LED，并感受是否与你的心跳频率接近；

b. 如果感觉有差异，可以适当调整 delay 函数括号内的参数，直到感觉与你的心跳频率基本一致。

3.1.3 问题与思考

【问题 1】 LED 是否在闪烁？

解决方法：

① 如果 LED 不亮，请检查 Arduino 控制板上标示为“ON”的 LED（电源指示灯）是否亮着，如果不亮，请检查 Arduino 控制板的供电。

② 本项目中 Arduino 是通过 USB 直接从电脑取电，检查连接是否正常。

【问题 2】 LED 的亮和灭的时长各是多少，是否与程序中设置的参数大小一致？

解决方法：

如果你认为亮灭间隔时长不对，请检查刚刚上传到 Arduino 上的源程序（在 Arduino IDE 中）：

① 查看上传的程序是否有误；

② 查看程序中的延时参数值的大小。

【问题 3】 对于较复杂的项目如何进行多人团队开发管理？

解决方法：

① 一个项目可以同时支持多个代码文件，使得分离的源代码便于管理。但只有 1 个主文件作为程序的入口，也就是存放 setup 和 loop 函数的文件。

② 让主文件控制程序的开始直到结束的全过程，把 Arduino 控制板的所有 I/O 端口连接的设备，分别以独立文件呈现和管理，每个端口的设备对应一个程序文件（内容是该设备的驱动程序代码），文件内包含 Arduino 对应端口的运行模式设置，端口所连接的外设可能涉及的数据及结构，对外设的管理和控制方法。具体的细节封装成单个模块，方便项目的管理和功能重用。

3.2 让机器人以灯光的形式发送“SOS”求救信号

危险甚至灾难总是不期而遇，而当事者往往仅凭一己之力难以应对。

3.2.1 求救信号简介

求救就是要寻求外力的支援，那怎么让外部知道我们遇到麻烦了呢？

古人筑建烽火台，在遇到紧急情况时，用烟火向远方报信或求助。

现代社会中的我们从小就被告知了国际电码遇险信号“SOS”。这个求救信号首先进入德国政府的无线电法规，并于 1905 年 4 月 1 日生效。1909 年 8 月，美国轮船“阿拉普豪伊”号轮船，因尾轴断裂导致无法继续航行，向邻近海岸和过往船只拍发了世界上第一个“SOS”无线电信号。

1912 年 4 月的“泰坦尼克”号沉船事件，因为一部电影而著名。这个悲剧的发生同样与求救信号有关。虽然在 1908 年，国际无线电报公约组织已经明确规定，使用“SOS”作为海难求救信号。但是，当时很多人还是只知道“CQD”（很多人认为是“Come Quickly-Danger”的首字母缩写），直到整条泰坦尼克号快没入海洋时，才有人意识到国际公认的求救信号是“SOS”，而不再是“CQD”，但此时已经无力回天了。

那么如何表示“SOS”呢？

在莫尔斯电码中，“SOS”是三短三长三短，即“•••---•••”，简短、准确、连续而有节奏，易于拍发和阅读，也很易懂。在荒野开阔地上，当遭遇灾难的时候，可以摆上大大的“SOS”等待救援，头顶上飞过的飞机无论从哪个方向飞来都能立刻辨认出来。

那我们设计的机器人在遇到紧急情况（内部故障或外部威胁）时，如何向人类或其他机器人求救呢？可以借鉴莫尔斯电码的表达方式，通过灯光，“短闪 3 次，长闪 3 次，短闪 3 次”。也可以在点阵 LED 显示屏上直接显示“SOS”，当然，这要求显示的字符足够大。

用 LED 发送“SOS”信号

3.2.2 用灯光发送“SOS”信号

(1) 本项目的任务

用 Arduino UNO 控制板内建的 LED，模仿莫尔斯电码的表达方式，显示“SOS”求救信号。

(2) 设计思路

这里需要考虑以下三个问题：

- 如何用 LED 的亮/灭交替变化，分别表示“S”“O”“S”？
- 如何表达一个完整的“SOS”求救信号？
- 如何实现周期性不间断发送“SOS”求救信号？

①“S”：用 LED 快速闪烁 3 次表示。

- 具体方法是：LED 亮 0.2s，灭 0.2s，作为一次快速闪烁过程，即信号“S”。

②“O”：用 LED 慢速闪烁 3 次表示。LED 亮 0.5s，灭 0.5s，作为一次慢速闪烁过程，即信号“O”。

③“S”：方法同步骤①。

④ 一次“SOS”信号发送完毕，LED 熄灭，并等待 2s。

⑤ 回到步骤①重新开始执行。

(3) 电路设计

① 本项目中，模仿“SOS”只需要一个 LED 灯，用开关（只有两种状态，分别用“0”和“1”表示）信号进行控制即可满足。因此我们使用 Arduino UNO 控制板内建的 LED 作为信号灯。

②“SOS”电路图：只需一块 Arduino UNO 板即可满足需求，电路图可参考图 3-1。

(4) 程序实现

每发送一次“SOS”必须暂停一段时间，以便有效区分和识别。下面是“SOS”灯光求救项目的程序代码，采用项目管理的模式。本项目中有两个程序文件，分别是主程序文件“3-2_SOS. ino”和函数模块文件“LED _ drv1. ino”。

① 主程序文件“3-2 _ SOS. ino”的代码剖析

```
3-2_SOS   LED_drv1
1  /*
2  * 名称：3-2_SOS.ino
3  *     用快速闪烁表示“S”，用慢速闪烁表示“O”
4  *     一个完整求救信号流程：“S”-“O”-“S”
5  *     每发完一个“SOS”求救信号，等待2s
6  *     继续发送“SOS”。
7  * author：mzc
8  * date：2018.09.07
9  */
```

主程序文件头部说明，包括项目名称、程序基本原理和算法、制作者及开发日期等。

```
11 void setup(){
12   Init_LED(); //Arduino分配给LED的引脚初始化
13 }
```

第 12 行：将 Arduino 分配给 LED 的端口设置为输出模式，以实现对 LED 的亮灭控制。

```
15⊟void loop(){
16  SOS('S');  //显示S
17  SOS('O');  //显示O
18  SOS('S');  //显示S
19   delay(2000); // 等待2000ms(2s)
20 }
```

本程序中，用户只需要调用 SOS 函数三次，每次完成一个元素的表示和信号展示，依次是“S”“O”“S”，完成一个 SOS 求救信号的展示，第 19 行延时 2000ms（2s），延时结束后重新开始发送求救信号，如此反复循环。

② LED 驱动与操作程序文件“LED _ drv1. ino”的代码剖析

a. LED 模块程序文件头部说明

```
3-2_SOS   LED_drv1
1⊟/*
2  * 名称：LED_drv1.ino
3  * 功能：
4  *  1.给LED分配和初始化Arduino端口
5  *  2.SOS信号元素对应的灯光实现
6  *  Author：mzc
7  *  date：2018.10.28
8  */
```

LED 模块程序文件头部说明，包括名称及提供的功能等信息。

b. 端口分配

```
10 //为Arduino给LED分配的引脚取别名
11  #define LED 13
```

■ 为 Arduino 数字口 13 取别名，有助于改善程序可读性，也便于端口管理和后期程序重用。

c. 端口初始化设置

```
13 //Arduino给LED分配引脚，并设置引脚为输出
14⊟ void Init_LED(){
15   pinMode(LED, OUTPUT);
16  }
```

■ 将 Arduino 上名字为 LED 的端口（数字口 13）设置为输出模式（第 15 行）。

d. 用程序为“SOS”信号编码

```
18⊟ /*
19   * 函数名：SOS
20   * 功能：
21   *   用LED不同频率的闪烁信号分别代表“S”和“O”
22   * 参数：
23   *   letter：字符型变量
24   */
```

e. 函数 SOS 代码的实现

```
25 void SOS(byte letter){
26   switch(letter){
27     case 'S': //用3次周期为0.4s的LED闪烁代表“S”
28         for (int counter = 0; counter < 3; counter++) {
29           digitalWrite(LED, HIGH);
30           delay(200); // 等待 200 ms
31           digitalWrite(LED, LOW);
32           delay(200); // 等待 200 ms
33         }
34         break;
```

```
35      case '0'://用3次周期为1s的LED闪烁代表“0”
36          for (int counter = 0; counter < 3; counter++) {
37            digitalWrite(LED, HIGH);
38            delay(500);
39            digitalWrite(LED, LOW);
40            delay(500);
41          }
42          break;
43      default:break;
44   }
45 }
```

用 switch/case 语句实现对参数 letter 不同值的匹配。这样的程序简洁，可读性好，也有良好的可扩展性，比如可以继续添加新值及其对应的算法。

第 34、42 行：break 表示程序对此不再继续往下执行，而是跳出 switch 语句，转到第 45 行后的语句继续执行。

第 43 行：default 处理 case 语句未列出的值，这里不做任何处理。如果需要，也可以进行异常警示，以便提醒开发人员或用户，该函数调用时赋值是未知的。

③ 程序上传和调试

将 Arduino UNO 通过 USB 数据线与电脑连接，将上述程序“3-2-SOS”上传到 Arduino。上传结束后，保持 Arduino 与电脑之间 USB 的连接，以便让 Arduino 通过 USB 从电脑取电和维持正常运行（正常状态是 Arduino 控制板上的“ON”LED 常亮）。观察 Arduino 上标示为“L”的 LED 运行情况。正常运行现象是：“L”处的 LED 依照“0.4s 为周期闪烁 3 次（“S”）—1s 为周期闪烁 3 次（“O”）—0.4s 为周期闪烁 3 次（“S”）—等待 2s”的过程顺序运行，并反复循环。

3.3 让机器人展示呼吸的样子

让机器人展示呼吸的样子

这里所讲的呼吸，是像人类那样很自然地进行呼吸，我们用机器人展示的是通过 LED 灯光的强弱渐变来模拟呼吸的过程。

让 LED 的灯光在程序控制下，完成由暗到亮以及由亮到暗过程的渐变。这个过程有很广泛的应用，比如，很多智能手机前面板上有一个 LED，如果手机有新信息未读或有未接来电等，手机上的灯就会这样“呼吸”，起到较好的视觉警示效果。

3.3.1 用 PWM 控制 LED 模仿呼吸

LED 的控制是由 Arduino 控制板的数字 I/O 端口控制的，数字端口一般情况下只能输出“0”或“1”。实际上，Arduino 控制板的引脚只能输出低电平（0V 左右，对应程序中的“0”）或高电平（5V 左右，对应程序中的“1”）两种情况，对应于 LED 的控制就是断电熄灭和通电发出光亮，无法让 LED 呈现半亮（介于全灭和最亮之间）的效果。正如一瓶水，要么一口喝完，要么不动，这是计算机通常的做法。

只要您使用的是数字电子计算机，采用二进制计数法，则用于记录其 CPU 读入和输出信号的符号就只有两个，即符号“0”和符号“1”。这个事实无法改变，除非发明新的计算机系统。

那么，有没有什么办法，可以让 LED 灯发出既不是最亮也不是完全熄灭状态的亮光，也就是说，让 LED 的发光亮度可以改变呢？

计算机的运算速度之快是我们大家所公认的，计算机可以毫不费力地在 1s 内发出 100 个“1”或“0”。这个“1”在 CPU 的输入输出引脚上（本书中 Arduino 控制板的数字引脚或模拟引脚）代表高电平，对应的端口电压大约是 5V。“0”在 CPU 的输入输出引脚上代表低电平，对应的端口电压大约是 0V。如果此端口连接到 LED，则 LED 几乎可以获得该端口的所有供电。

在 1s 之内，如果我们只给 LED 提供 0.01s 5V 供电，其它 0.99s 断电，LED 在这 1s 内只获得电源 1%的供电，电量不足以点亮 LED；但如果 LED 在 1s 内获得 0.5s 5V 供电，这时候 LED 获得了 5V 电源约一半的电量（相当于图 3-6 中 50%的占空比，即一个周期内，前半周期为高电平 5V 供电，后半周期为低电平 0V 断电），我们就会看到大约为最大亮度一半的亮光。如果按照 1s 为单位这样的方式控制 LED 的供电，实际上是 1s 发生一次这样的调整，调整的频率是 1Hz。人们通过试验发现，如果这个频率低于 100Hz，人眼会感觉到 LED 灯光有明显的闪烁。因此，为了达到良好的调光效果，这个频率必须高于 100Hz。

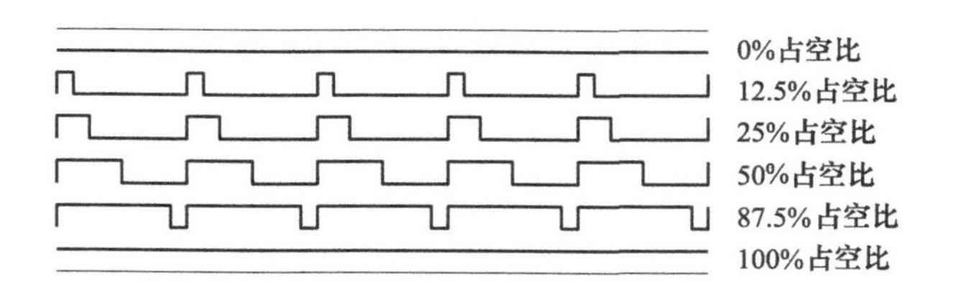

图 3-6 PWM 的占空比

我们以固定的频率（比如 1000 次/s，即 1kHz）发送这种脉冲宽度可以调制的方波，通过调整其占空比，就可以实现对被控设备（比如 LED 的亮度、舵机的转角等）的实时调整。这实际上就是 PWM（脉冲宽度调制）方法。

知识拓展

关于 PWM

（1）脉冲宽度调制（PWM）是一种通过数字（离散变化）方式获取模拟（连续变化）结果的技术。

① 数字控制用于创建方波，信号在通电（信号为“1”）和断电（信号为“0”）之间切换，完全遵循和符合计算机的二进制逻辑。

② 只要控制每个周期内通电和断电的时长分配，就可以实现端口供电量大小的改变，这种改变是完全可以用数字来量化的。

（2）PWM 的其它用途：

① 控制扬声器（蜂鸣器、喇叭）发出声音。

② 调节电机的转速。

③ 控制舵机的角度。

……

知识拓展

关于 Arduino 与 PWM

（1）在 Arduino UNO 控制板上配有 6 个 PWM 端口，分别是数字端口中的 3，5，6，9，10 和 11。

（2）函数 analogWrite(pin, dutyCycle)：向 Arduino 引脚 pin 写一个模拟值（PWM 波）。

① pin 必须在支持 PWM 的引脚中做选择，对于 Arduino UNO，可以使用的引脚有 6 个：3，5，6，9，10，11。

② dutyCycle（占空比）的值在 0～255 之间，0 为占空比 0%，255 为占空比 100%。

③ 调用 analogWrite 后，引脚 pin 会产生一个稳定的方波，这个方波的占空比一直持续到下一次对同一个引脚调用 analogWrite，或者 digitalRead 或 digitalWrite 为止。

④ 在 Arduino UNO 板上，只有引脚 5 和 6 的频率接近 980Hz。 3，9，10 和 11 引脚上 PWM 信号的频率都接近 490Hz。

⑤ 在调用 analogWrite 前，无需调用 PINMode 设置引脚为输出。

⑥ analogWrite 函数与模拟引脚或 analogRead 函数尽管都有 analog，但它们之间没有任何关系。

3.3.2 呼吸灯的控制电路设计

呼吸灯

Arduino UNO 控制板上支持 PWM 功能的数字引脚有 6 个，分别为：3，5，6，9，10，11（在控制板端口数字编号前有“～”标志），见图 3-7。

要实现 LED 亮暗渐变的呼吸效果，需要从这 6 个支持 PWM 的引脚中选择一个。

图 3-7　Arduino UNO 控制板上支持 PWM 功能的引脚

(1) 元器件清单

本项目中电路搭建需要用到 Arduino UNO 以外的元器件，要借助面包板完成电路连接。呼吸灯项目元器件清单见表 3-6。

表 3-6　呼吸灯项目元器件清单

序号	名称	说明
1	Arduino UNO	主控制板
2	面包板	用于快速电路搭建
3	杜邦线	需要公对公(线两头都是插针)3 根
4	电阻	建议用 220Ω(用万用表 Ω 挡测量),1 个
5	LED	区分阴阳极,新 LED 一般是长脚为阳极,接 Arduino 数字口

面包板的结构如图 3-8 所示。用面包板作为汇线排，可以快速实现电路搭建。

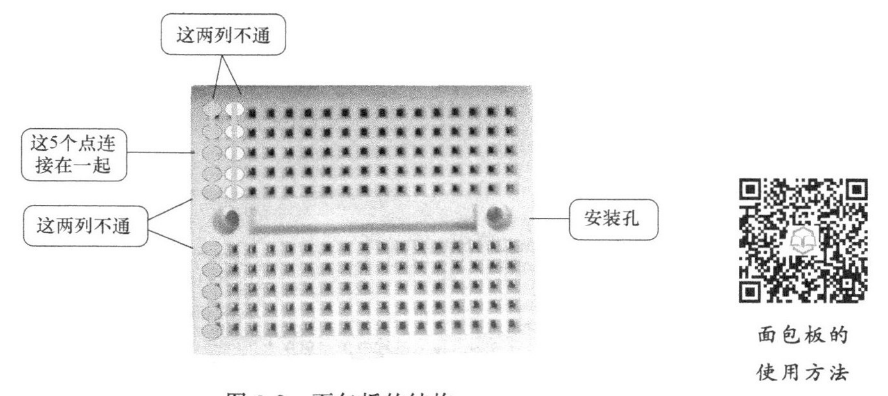

图 3-8　面包板的结构

关于 LED 的阴阳极判断，可以参照图 3-9。观察 LED 帽中的金属极，大端所引出的脚线为阴极，为了便于记忆，只要记住“大副（轮船上地位仅次于船长的人，大——负)”就可以了。

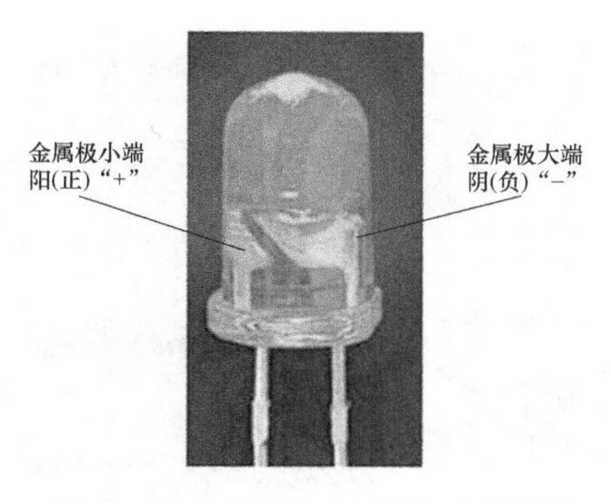

图 3-9 LED 阴阳极（正负极）判断方法

知识拓展

LED

发光二极管一般工作电压在 1.8~3.3V（视 LED 规格而定），如果超过此电压，可能因为电流过大导致 LED 烧毁。因此，在接入 5V 供电的电路时，必须串联一个电阻，以保护 LED。

(2) LED 呼吸灯项目电路连接

参照图 3-10 完成电路搭建。

图 3-10 LED 呼吸灯项目电路接线图

注意：① LED 的阴极通过一个 220Ω（建议范围：100～500Ω）的电阻接地（Arduino 控制板上标有 GND 的引脚都表示“接地”）。

② LED 的阳极与 Arduino UNO 的数字口 11（支持 PWM）直接相连。

3.3.3 呼吸灯的程序设计

在这个项目中，需要用程序通过 Arduino UNO 控制 LED 灯进行渐变显示。因此，首先对 Arduino UNO 控制板分配给 LED 灯的端口进行初始化设置，以确定控制 LED 灯的端口运行模式（输出、输入模式）。

这个项目程序过程如下：

① 设置 Arduino UNO 分配给 LED 灯的端口工作模式为输出模式；

② 将 Arduino UNO 分配给 LED 灯的端口 PWM 占空比从 0 开始，直到占空比为 100%（PWM 值为 255），每一个占空比值持续一定时长；

③ 将 Arduino UNO 分配给 LED 灯的端口 PWM 占空比从 100%（PWM 值为 255）开始，直到占空比为 0，每一个占空比值持续一定时长；

④ 回到步骤②继续循环运行。

按照项目管理模式设计 LED 呼吸灯控制程序。这个项目的程序由两个文件组成，分别是主程序文件“3-3-LED-PWM. ino”和 LED 驱动程序文件“LED _ drv. ino”。

(1) 主程序文件“3-3-LED-PWM. ino”的代码剖析

```
3-3-LED-PWM    LED_drv
1 /*
2  * 项目名称：LED呼吸灯
3  * 功能：LED灯从暗逐渐变亮，然后从亮逐渐变暗
4  * 使用的函数：
5  *    breath(len);//len为当前亮度维持的时长
6  * author：mzc
7  * date：2018.09.07
8  */
```

程序头部说明：从文件名栏可以看出，本项目由两个代码文件组成，当前显示的“3-3-LED-PWM. ino”是主文件，程序入口在此文件中。

```
10 void setup() {
11   Init_PWM(); //  为LED分配的PWM端口初始化
12 }
```

对 Arduino UNO 将要用到的 PWM 端口进行初始化设置。

第 11 行：对用于控制 LED 呼吸显示的端口初始化，设置为输出模式。

```
14 void loop() {
15   // 呼吸灯效果:
16   breath(20);
17 }
```

第 14 行：主循环程序，loop 表示该函数内容将无限循环。

第 16 行：运行 LED 呼吸函数，产生呼吸灯效果。

(2) 驱动程序文件“LED _ drv. ino”的代码剖析

```
2-3-LED-PWM   LED_drv
1 /*
2  * LED驱动与操作函数
3  * 功能:
4  *  1. Arduino为LED分配PWM端口
5  *  2.实现呼吸函数
6  *  author:mzc
7  *  date 2018.10.29
8  */
```

当前显示的是 LED 驱动程序文件“LED_drv. ino”的内容。

第 1～8 行：描述关于该文件的相关信息，便于读者快速了解该文件的基本功能。

```
9  //给Arduino的数字口11引脚取别名，LED
10 #define LED 11
11 void Init_PWM(){   // 将控制LED灯的端口设置为输出:
12   pinMode(LED,OUTPUT);
13 }
```

第 10 行：给 Arduino 数字口 11 取别名“LED”，以便提高程序的可读性和后续维护管理。

第 11～13 行：对 Arduino UNO 控制板上要用到的 I/O 引脚进行初始化设置，此处是将别名为“LED”的引脚设置为输出模式。

```
15 /*
16  * name: breath
17  * func: LED渐渐变亮,然后渐渐变暗
18  *  参数:
19  *       len: 表示单个亮度的时长
20  */
21 void breath(int len){
22   //LED渐渐变亮
23   for(int cnt = 0; cnt < 256; cnt++){
24     analogWrite(LED, cnt);  //LED端口输出PWM信号
25     delay(len); //特定亮度值维持lenms
26   }
27   //LED渐渐变暗
28   for(int cnt = 255; cnt >= 0; cnt--){
29     analogWrite(LED, cnt);
30     delay(len);
31   }
32 }
```

将控制 LED 灯呼吸过程的功能包装成一个函数。

第 21 行：函数头，函数名为“breath”，参数“len”有效取值范围是 0～65535 [0～$(2^{16}-1)$]，用于控制一个呼吸周期的长短。

第 23～26 行：控制 LED 灯从熄灭状态开始逐渐变到最亮。

第 24、29 行：Arduino UNO 给名为“LED”的端口发送指令，让端口名为“LED”的引脚可以得到指定的电平。函数 analogWrite 用于向 PWM 引脚输出一个 PWM 波（脉冲电压），其功能和用法见表 3-7。

表 3-7 函数 analogWrite（pin，value）

序号	参数名	功能	备注
1	pin	待写入的引脚号，在 UNO 支持 PWM 的数字口 3,5,6,9,10 和 11 中选择一个	analogWrite(11,127)：占空比为 50%，表示 Arduino UNO 控制板数字口 11 输出大约 2.5V 电压；对应 LED 表示中等亮度
2	value	占空比，范围 0(关断)～255(全开)，允许的数据类型：int	

第 25、30 行：延时指定时长，以让“LED”端口有足够时间执行（获得并维持），以达到期望的效果。

第 27～31 行：控制 LED 灯从最亮状态开始逐渐变暗，直到熄灭。

（3）编译代码

如果编译通过，说明改写成功。如果编译出错，请按照出错提示信息进行查错和修改，一般编译错误多是拼写等语法错误。

说明：一个复杂的工程项目，往往需要多人组成的团队共同参与，用这种方法，可以实现清晰的分工，然后将这些程序文件放入同一个文件夹中，即可实现自动组装。

（4）编程中需要注意的地方

① 一个项目中只能有一个主程序文件，在这个文件中包含 setup 和 loop 两个函数，其它文件中不得再出现这两个函数。

② 尽量少用全局变量，因为在多人合作的复杂项目中，很难把握这个全局变量何时在何处被修改，何时会导致新旧数据的不一致，为项目的可靠运行埋下隐患。

③ 在模块的函数中尽量少用延时（CPU 空转），或者可能导致延时（CPU 陷入）的指令。因为在实时性要求较高的系统中，有可能 CPU 正在“认真地”空转，而这时外部传感器检测到紧急情况发生，机器人因为 CPU 空转，无暇顾及这个传感器的信息，导致严重的后果。每年的机器人竞赛，这样的情况反复上演，一直没有断过。

3.4 机器人如何进行文字符号表示

用单个 LED 灯光信号能够表示和传达的信息毕竟非常有限，而用多个独立的 LED 又会让电路变得复杂凌乱。基于对复杂信息的表达需求，人们设计出了七段数码管，并在此基础上又进行组合，制作出两位、四位七段数码管。采用七段数码管，机器人可以将获取到的或运算的结果以文字符号的形式表示出来。

3.4.1 数码管与数码的表示

(1) LED 数码管

用 8 个 LED 制作分组而成，外形如图 3-11（a）所示。其中，7 个 LED 构成一个外形“8”的方块字，在“8”的右下角有一个 LED 代表小数点。七段 LED 数码管一般有两种接线法，共阳极和共阴极，如图 3-11（b）和（c）所示。各个显示段的位置关系如图 3-11（d）所示。

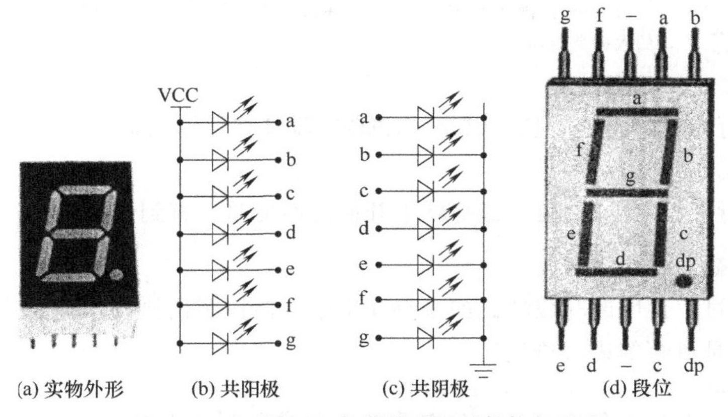

图 3-11 七段 LED 数码管的外形结构与组成

共阳极数码管和共阴极数码管从外形上无法区分，可以用下列几种方法进行区分。

① 查看数码管上的型号，然后上网查询该型号对应的产品参数。

② 用万用表的电阻挡或二极管挡检测一下（二极管的单向导电性）。

③ 可以在购买时跟店家指定需要哪一种结构、尺寸和显示颜色等。

(2) 用 LED 数码管显示十六进制数字符号

从 LED 数码管的形状布局来看，只要让“8”的外框各段 LED 点亮，即只留 g 和 dp 熄灭，就可以显示符号“0”，其它符号以此类推即可。如果用“1”表示点亮，“0”表示熄灭，以共阴极七段数码管为例，各个符号的编码如表 3-8 所示。

表 3-8 共阴极七段数码管的十六进制符号表示

符号	共阴极数码管段位								十六进制
	a	b	c	d	e	f	g	dp	
0	1	1	1	1	1	1	0	0	0xFC
1	0	1	1	0	0	0	0	0	0x60
2	1	1	0	1	1	0	1	0	0xE2
3	1	1	1	1	0	0	1	0	0xF2
4	0	1	1	0	0	1	1	0	0x66
5	1	0	1	1	0	1	1	0	0xB3
6	1	0	1	1	1	1	1	0	0xBE

续表

符号	共阴极数码管段位								十六进制
	a	b	c	d	e	f	g	dp	
7	1	1	1	0	0	0	0	0	0xE0
8	1	1	1	1	1	1	1	0	0xFE
9	1	1	1	1	0	1	1	0	0xF6
A	1	1	1	0	1	1	1	0	0xEE
B	0	0	1	1	1	1	1	0	0x3E
C	1	0	0	1	1	1	0	0	0x9C
D	0	1	1	1	1	0	1	0	0x7A
E	1	0	0	1	1	1	1	0	0x9E
F	1	0	0	0	1	1	1	0	0x8E

注：此处 dp 管可以悬空（没有电路连接）。

如果是共阳极，该怎么表示呢？

将表 3-8 中数码管的 a～g 各位编码依次取反，即“0”变为“1”，“1”变为“0”。

3.4.2 控制 LED 数码管从“0”到“9”滚动显示

(1) 项目要求

用 Arduino 控制一个共阴极 LED 数码管，每隔 1s 显示一个数字，显示的数字从“0”至“9”，然后回到“0”重新开始循环。

(2) 项目分析与设计思路

一个 LED 七段数码管有 8 个 LED，需要 8 个端口进行控制。因此，我们可以安排 Arduino UNO 的数字引脚 2～9，依次连接到 LED 数码管的 a～g（dp 悬空，不用）。将 LED 数码管的公共极通过一个电阻接地。电阻建议取值范围 100～300Ω，本例中取 220Ω。通过给 Arduino UNO 的数字引脚 2～9 输出相应的电平，让 LED 数码管显示特定的字符。数字引脚 2～9 输出电平的高低，以前文所讨论的“0”至“9”的编码为准。

(3) 电路设计

① 本项目中需要用到的元器件见表 3-9。

表 3-9 七段数码管的控制电路元器件清单

序号	名称	说明
1	Arduino UNO	主控制板
2	面包板	
3	杜邦线	需要公对公(线两头都是插针)9 根
4	电阻	220Ω,1 个,连接数码管阴极与地
5	七段数码管	本项目中选用 03611A 型数码管,共阴极,1 个。其它型号的数码管引脚位置可能有差异
6	USB 数据线	实现 Arduino 与电脑的通信,并给 Arduino 供电

② 电路连接

先对照表 3-9，检查器材是否准备妥当。在面包板上插入 LED 数码管，数码管不可以随意插，要注意面包板上的孔位分布，可参照图 3-12 搭建电路（还有一种不使用面包板的方法，使用公对母杜邦线连接 Arduino 与数码管引脚，只需按图 3-12 的顺序连线，可以省去面包板）。

图 3-12　03611A 型（共阴极）数码管控制电路连接图

注意：不同型号的 LED 数码管引脚位置不同，请注意连线。

03611A 型（共阴极）数码管管脚结构如图 3-13 所示。结合图 3-12，根据引脚与管脚对应关系，列出 Arduino UNO 的 I/O 引脚、数码管的引脚和数码管的显示位置发光二极管的管脚之间的对应关系表，如表 3-10 所示。由表 3-10 可知，不同型号的数码管，工作原理都是一样的，但管脚位置可能不同。在电路搭建时必须弄清关系，并制作引脚连接关系对

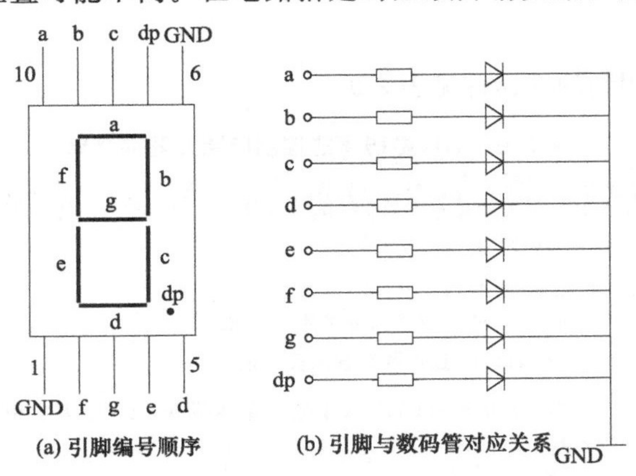

图 3-13　03611A 型（共阴极）数码管管脚结构

照表，以供参考及备查。

表 3-10 Arduino 与共阴极数码管的引脚连接关系对照表

序号	数码管显位	Arduino UNO	Fritzing 数码管	03611A 引脚
1	a	2	10	10
2	b	3	9	9
3	c	4	7	8
4	d	5	5	5
5	e	6	4	4
6	f	7	2	2
7	g	8	1	3
8	dp	—	6	7
9	GND	GND	3,8	1,6

(4) 程序设计

这个项目虽然只有一个被控设备——七段数码管，但它与我们此前接触的被控设备有很多不同，这个被控设备需要使用 Arduino UNO 的 7 个 I/O 引脚。

根据 3.3 节提供的项目管理方法，在代码设计时，我们将七段数码管驱动和显示相关的信息用独立文件进行存放和管理。因此，本项目将包含两个文件，分别是主程序文件和七段数码管驱动及显示操作的文件。在主程序文件中要做的事情如下：

① 在 setup 函数中，对 Arduino UNO 的 I/O 端口中分配给七段数码管的端口进行初始化，即根据运行要求进行工作模式等的设置。

② 在 loop 循环中，根据项目任务要求，调用七段数码管的显示函数，按照要求显示相关信息。

在七段数码管驱动和显示管理文件中，需要实现以下功能。

① 初始化函数：对 Arduino UNO 分配给七段数码管的端口进行初始化设置，以独立函数形式，方便调用。

② 符号库：七段数码管可以显示的符号对应的编码库，以便于在显示函数中调用。

③ 显示函数：可以根据用户需求显示指定的符号。

用七段数码管滚动显示十进制符号的项目中包含两个文件，主程序文件“3-4-Seg.ino”和七段数码管驱动程序文件“Seg _ drv.ino”。

① 主程序文件“3-4-Seg.ino”剖析

a. 主程序文件头部说明

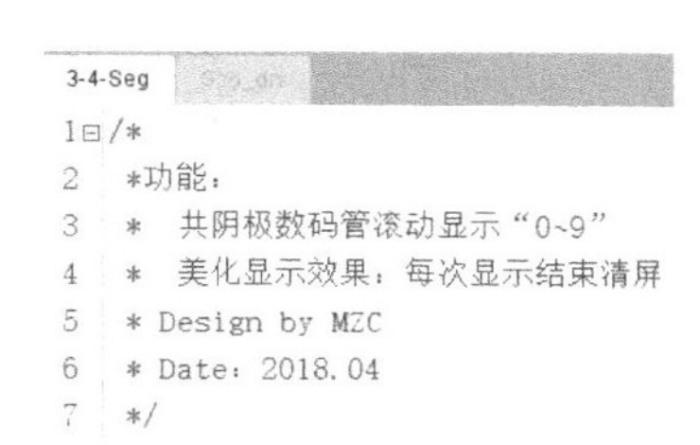

```
3-4-Seg   Seg_drv
1 /*
2  *功能：
3  *  共阴极数码管滚动显示“0~9”
4  *  美化显示效果：每次显示结束清屏
5  * Design by MZC
6  * Date: 2018.04
7  */
```

顶行显示，本项目由两个文件“3-4-Seg.ino”和“Seg_drv.ino”组成，当前显示的是

“3-4-Seg. ino”文件内容。

b. 硬件初始化设置

```
 9 void setup() {
10   Init_seg(); //Arduino对数码管的端口初始化
11 }
```

Arduino 控制数码管在运行前，需要为分配给数码管的每个 I/O 引脚设置工作模式。

c. 主循环程序

```
13 void loop() {
14   //0-9数字依次显示
15   for(int cnt = 0;cnt <= 9; cnt++){
16     display_Num(cnt);  //显示指定的字符
17     delay(1000);   //字符显示1000ms(1s)
18     //显示内容切换期间，执行清屏
19     Clean_scrn(30);
20   }
21 }
```

清屏处理，防止重叠显示而导致切换期间花屏。

② 七段数码管驱动程序文件“Seg_drv. ino”

a. 数码管驱动程序文件信息

```
3-4-Seg   Seg_drv
 1 /*
 2  * 项目名称：数码管驱动和显示
 3  * 功能：
 4  *   1.数码管相关的硬件初始化函数；
 5  *   2.数码管常用显示的字符编码库；
 6  *   3.数码管显示函数
 7  *   4.数码管清屏函数
 8  * author:mzc
 9  * date:2018.10.30
10  */
```

顶行：当前显示的文件是“Seg_drv. ino”。

第 2 行：本程序文件的名称。

第 3～7 行：本程序文件的功能。

b. Arduino UNO 控制数码管的端口分配和初始化设置方法

```
11 //将Arduino控制数码管的端口初始化
12 const byte pins[] = {9,8,7,6,5,4,3,2}; //分配给数码管的数字引脚
13 void Init_seg(){
14   for(int i=0;i<8;i++){
15     pinMode(pins[i], OUTPUT); //设置为输出模式
16   }
17 }
```

将与数码管的显示控制相关的 Arduino 端口初始化的内容和过程封装成一个函数。凡是需要使用数码管前，均可调用此函数进行端口初始化设置。

第 12 行：const 表示该数值的元素在程序执行过程中不允许变更。

第 13～16 行：用循环依次对 Arduino 分配给数码管的相关管脚初始化设置。

c. 数码管可显示字符的编码库

```
18 //用字节数组存储0-9数字所对应符号编码
19 byte DIGI_DISP[] = { // 前缀B 表示二进制数
20   B11111100, //= 0(自左向右依次对应a,b,c,d,e,f,g,dp)
21   B01100000, // 1
22   B11011010, // 2
23   B11110010, // 3
24   B01100110, // 4
25   B10110110, // 5
26   B10111110, // 6
27   B11100000, // 7
28   B11111110, // 8
29   B11110110, // 9
30 };
```

这里仅列出了符号“0～9”的编码，您可以在数值中继续添加其它字符或符号形状的编码。

d. 数码管字符显示方法

```
31 /*
32  * 名称：Display_Num
33  * 功能：显示
34  * 参数：
35  *  num：用户需要显示的符号
36  *        取值范围：0~255
37  */
38 void display_Num(byte num){
39   for(int cnt=0;cnt<8;cnt++){
40     //读出每一位，并输出到对应引脚
41     digitalWrite(pins[cnt],bitRead(DIGI_DISP[num],cnt));
42   }
43 }
```

用户可以直接使用该函数显示指定的字符，但待显示的字符必须是字符编码库中有对应编码的，否则将无法正常显示。

e. 数码管的清屏函数

清屏实际上就是关闭屏幕显示，该函数中并未指定清屏所需时长，因此用户在使用时需要在该函数后酌情施加延时，没有延时或延时过短，都会导致清屏效果不明显。因此可以在该函数中加入延时，具体延时时长由用户指定。清屏函数可以写成以下形式。

```
44 /*
45  * 数码管清屏函数
46  * 参数：
47  *  dly：清屏所需时长
48  *  单位：ms
49  */
50 void Clean_scrn(int dly){
51  for(int cnt=0;cnt<8;cnt++){
52   //所有位都置为低电平，LED都断电
53     digitalWrite(pins[cnt],0);
54   }
55   delay(dly);
56 }
```

如果不需要延时，可以将参数“dly”置为 0。

注意：这里只要参数“dly”不为 0，对系统的实时性都将造成影响，在清屏延时开始到延时结束期间，系统将不理睬任何除中断控制外的传感器信息，由此可能带来不可预知的后果。

(5) 思考与实践

① 本项目中，字符编码库（需要显示控制的数据）是以二维数组的形式作为全局数据存放，显示函数每用必调编码库，这种做法的优点是内容管理条理清晰；缺点是每次要用到数码管驱动模块时，都要将数码管能够显示符号的编码库加载到内存中，会消耗较多的内存资源。

② 本程序中采用二维数组来管理字符编码，这种方法虽然比较直观，但代码输入信息较多。

是否可以用一维数组来表示，数组的每个元素对应一个符号，用字节码来表示（8 位二进制数，可以用二进制数书写，也可以用十六进制数表示）。

3.5 用 8×8 点阵 LED 显示更复杂的图形

我们用七段数码管实现了十进制的 10 个符号编码表示和滚动显示。为了简化电路连线，LED 数码管一般采用共阴极或者共阳极的连接方式，大大减少了电路连接中的引脚数目，方便用户使用。但 8 个 LED 能够表达的信息还是非常有限，稍微复杂点的符号或图形就无能为力了。因此，人们把更多的 LED 聚集到一块板上，做成 8×8 的点阵 LED 显示屏。

3.5.1 8×8 点阵 LED 显示屏简介

8×8 点阵 LED 显示屏，8×8 意味着 64 个 LED。如果各自独立进行电路搭建，意味着需要 128 根连接导线；如果仿照数码管的方法，采用共阴极或者共阳极的连接方法，需要 65 根线。

有人想出用矩阵连接方法，这样引脚数目就锐减到 16 个，而又不影响对每个 LED 的单独控制。图 3-14 为 8×8 点阵 LED 显示模块的实物图。8×8 点阵 LED 显示模块共有 16 个引脚，将模块正面朝向自己，左下角的第一个引脚为 1，右下角的引脚为 8，右上角的引脚为 9。其引脚编号及 LED 管位分布对照关系如图 3-15 所示。在图 3-15 中，左上角的 LED 管位是 11 [表示第 1 行（C1）第 1 列（R1）]，右上角的 LED 管位是 18 [表示第 1 行（C1）第 8 列（R8）]。

8×8 点阵 LED 显示屏的内部线路原理图如图 3-16 所示。8 条行线和 8 条列线，每条行线与每条列线之间连接一个 LED。要注意图中的引脚编号，在实际电路搭建连线时，引脚必须正确对应连接，否则显示的将是让人烦躁的乱码。如果您在调试过程中，发现显示屏上不是指定的图形，除了检查程序代码外，还要检查引脚电路的连线与程序内的设置是否一致。

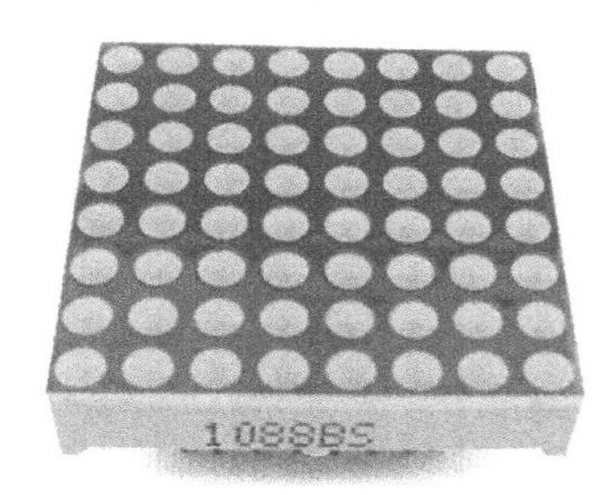

图 3-14　8×8 点阵 LED 显示模块实物图

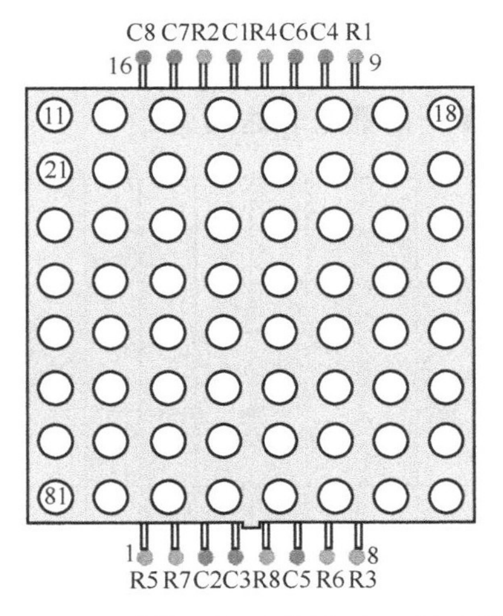

图 3-15　8×8 点阵 LED 引脚编号与管位关系图

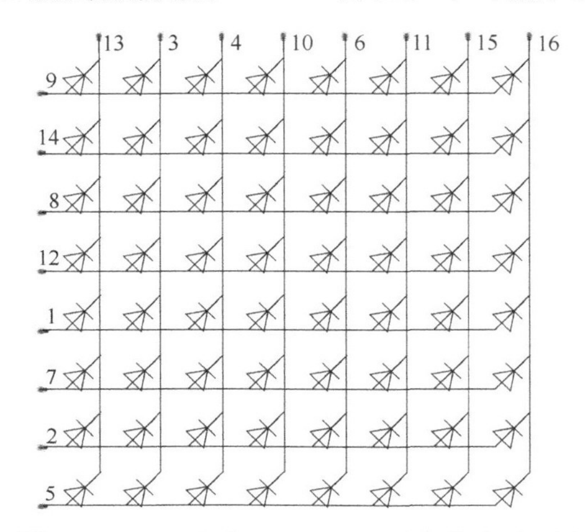

图 3-16　8×8 点阵 LED 显示屏内部线路原理图

3.5.2　用 8×8 点阵 LED 显示屏显示“I Love U”

(1) 任务要求

① 在现实生活中我们一般用“♥”代替“Love”，用 8×8 点阵 LED 依次滚动显示“I”“♥”“U”。

② “♥”要有跳动感。

(2) 设计分析

设计中需要考虑的几个问题：

① 如何显示三个字符“I”“♥”和“U”?

② 如何分别以动画的形式显示这些字符?

③ 如何消除字符切换时的余辉?

在 LED 显示屏上，要让人感觉到“♥”的跳动，实际上可以用一大一小两个“♥”形图案以一定的频率轮回显示。大“♥”的图形可以用图 3-17 表示。小“♥”的图形可以用图 3-18 表示。根据图 3-17 和图 3-18，模仿“0”的数组表达式，不难完成“1”、大“♥”和小“♥”的数组表达式。

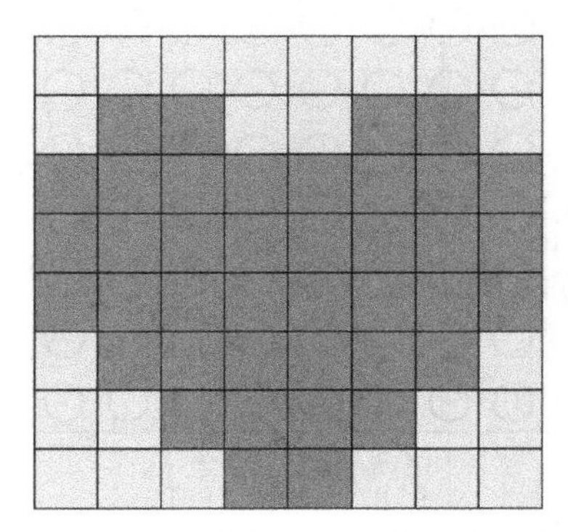
图 3-17　字符大“♥”的表示方法

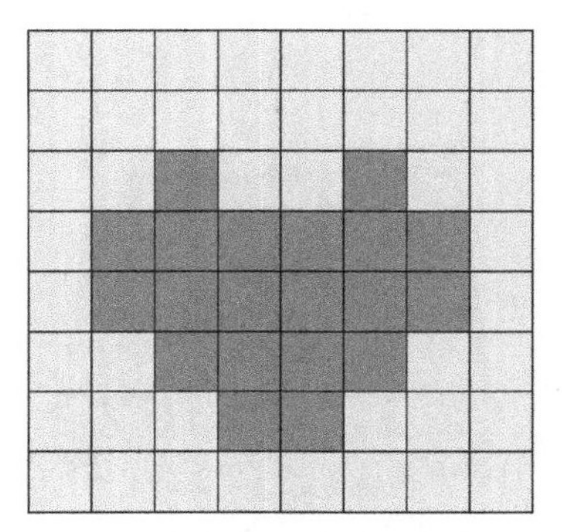
图 3-18　字符小“♥”的表示方法

(3) 程序设计思路

有了数据，下一步就是程序模块的构建。在构建程序模块之前，需要思考程序如何进行，我们的任务实际上是要求：

① 显示字符“0”，并维持一段时间（如果没有这个维持时间，我们就无法看到显示）。

② 显示字符“1”，并维持一段时间。

③ 进入循环：显示小“♥”，维持 0.45s；显示大“♥”，维持 0.45s。

④ 回到步骤③继续运行。

这里“显示字符”这个活动，在每次要显示一个字符时就要用到一次，如果把“显示字符”做成一个模块，程序不仅变得简洁，而且程序的可读性也大有改进。

(4) 电路设计

① 本项目中，线路连接主要是 Arduino UNO 的 I/O 引脚与点阵 LED 显示屏各个引脚之间的连线，为了确保电路连接、程序控制指令的一致性，以及后续维护的便利，需要编制引脚连接关系对照表，如表 3-11 所示。

表 3-11　Arduino 与 8×8 点阵 LED 显示屏的引脚连接关系对照表

点阵 LED 引脚	Arduino UNO 引脚	点阵 LED 引脚	Arduino UNO 引脚
1	D2	9	D10
2	D3	10	D11
3	D4	11	D12
4	D5	12	D13
5	D6	13	A2(=D16)
6	D7	14	A3(=D17)
7	D8	15	A4(=D18)
8	D9	16	A5(=D19)

说明：

a. 表中 D10 对应 Arduino UNO 板上的数字 10，表示数字引脚，其它类推。

b. 表中 A3 对应 Arduino UNO 板上的 A3，表示模拟引脚，其它类推。

c. 本项目中，所用到的模拟引脚，在程序中，均作为数字口使用。

d. 模拟端口 A0～A5 对应的数字端口号是 14～19。

② 电路原理图。电路原理图如图 3-19 所示，图中连线颜色没有特殊含义，因线路复杂，采用了不同颜色，便于识别。

图 3-19 中 8×8 点阵 LED 显示屏型号为 LBT2088AH，边缘的“1～16”编号是该显示屏的引脚号。市场上大部分 8×8 点阵 LED 显示屏的引脚编号都是一致的，如果您使用的是个别型号的 8×8 点阵 LED 显示屏，引脚顺序可能会有变化，因此，在调试时如果显示的内容出现乱码，就要考虑可能是引脚连接顺序不同而导致的。严格来讲，这个电路设计是有问题的，8×8 点阵 LED 显示屏的 LED 两端不能直接通过 5V 电压，容易烧毁 LED。本处略去，是因为使用 USB 直接从电脑取电。如果使用其它外接电源，请在每个 LED 电路上串联一个 100～500Ω 大小的电阻（可以选用 8 电阻的 200Ω 电阻排）。

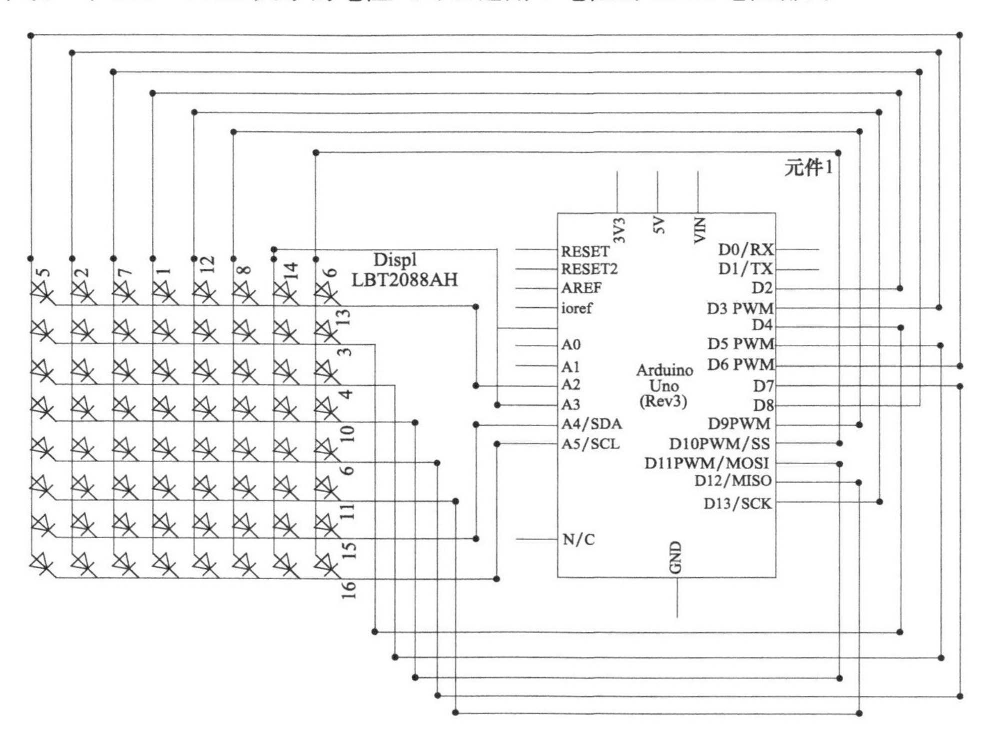

图 3-19　8×8LED 点阵显示“♥”电路原理图

在搭建这种电路时，建议选用杜邦排线，以便按序接插线。

对于小尺寸的 8×8LED 点阵模块，只需要使用一块小面包板就可以完成搭建，如图 3-20 所示。如果是较大尺寸的 8×8LED 点阵模块，需要用到两块小面包板，搭建的参考方法如图 3-21 所示。

尽管 8×8 LED 数码管由 64 个发光二极管组合而成，但其正常发光运行时功耗很小。用 USB 从电脑取电即可满足本项目的供电需求。

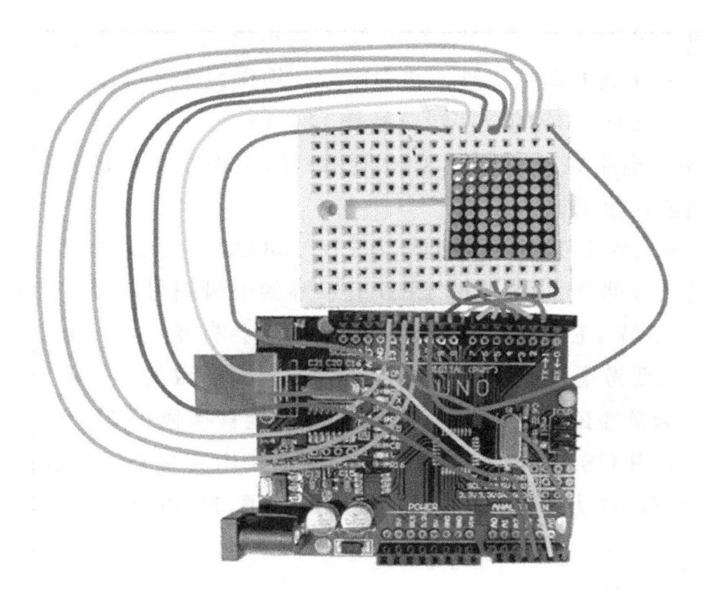

图 3-20　8×8LED 点阵显示“♥”电路接线图

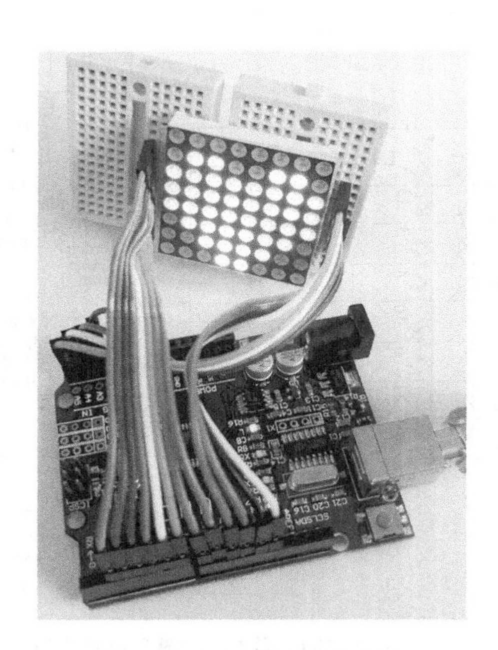

图 3-21　8×8LED 点阵显示
“♥”实物电路图

(5) 程序设计

本项目包括主程序文件“3-5-8x8LED. ino”和 8×8 点阵 LED 显示模块驱动和控制程序“8x8LED_drv. ino”两个文件。

① 主程序文件“3-5-8x8LED. ino”剖析

a. 程序头部说明

```
3-5-8x8LED   8x8LED_drv
1⊟/*
2  * 项目名称：8×8点阵
3  *      动画显示“I”“♥”“U”
4  * author:mzc
5  * date:2018.04.28
6  */
```

顶部信息显示，本项目包含两个文件，分别是“3-5-8x8LED. ino”和“8x8LED_drv. ino”，当前处于激活状态的是“3-5-8x8LED. ino”，即本项目的主程序部分。

这个部分告诉读者，该项目实现的功能是用动画形式显示“I♥U”。

b. Arduino UNO 控制板端口初始化设置

```
8⊟void setup() {
9      Init_8x8LED();//Arduino分配给8x8点阵LED显示模块的端口初始化
10 }
```

调用硬件初始化函数设置端口工作模式，如果需要修改 Arduino 分配给点阵 LED 显示模块的端口，需要进入到该模块的驱动程序文件中更改。

c. 主循环程序

```
12⊟void loop() {
13   /******************* “I” **************************/
14⊟    for(int cnt = 0 ; cnt < 40 ; cnt++){        //循环显示40ms(0.04s)
15         Disp_8x8('I');                     //显示 小“I”
16     }
17     delay(500);
18   /******************动画形式“♥”跳1次**********************/
19⊟   for(int cnt = 0 ; cnt < 40 ; cnt++){        //循环，显示40ms(0.04s)
20        Disp_8x8('1');                     //显示 小“♥”
21    }
22⊟   for(int cnt = 0 ; cnt < 40 ; cnt++){        //循环，显示40ms(0.04s)
23        Disp_8x8('L');                     //显示 大“♥”
24    }
25     delay(500);
```

根据 Disp_8x8 原函数算法，估算该函数执行一次所需时长约 0.001s。由于 8×8 点阵 LED 显示屏的显示是串行点亮的，每一帧显示的时长大约是 0.001s，这个时长实际上是无法完全点亮显示屏的，因此程序中给了约 40ms（0.04s）的每帧重复刷屏时间（同一帧内容刷了 40 次），以确保内容有足够时间清晰呈现。然后维持 500ms（0.5s），等待下一个图像符号的显示。

第 19～24 行：先用约 40ms（0.04s）的时间显示一次小“♥”符号，然后用约 40ms（0.04s）的时间显示一次大“♥”符号，达到人眼看到的跳动效果。

```
26   /******************* “U” **************************/
27⊟   for(int i = 0 ; i < 40 ; i++){         //循环，显示40ms(0.04s)
28        Disp_8x8('U');                   //显示 大“U”
29    }
30
31   /********************暂停2s *************************/
32    Clear();
33    delay(2000);
34 }
```

第 32～33 行：一次显示完成后，需要清屏等待 2s，以达到内容的完整呈现效果。

② 8×8 点阵 LED 显示模块驱动和控制程序文件“8x8LED_drv. ino”剖析

该文件包含了 8×8 点阵 LED 显示模块驱动、显示控制及可显示的图形图像编码库等程序，作为一个独立的文件，在后期需要使用时，可以轻松移植（将该文件复制到新项目同一文件夹中），除了端口可能根据实际需要进行调整外，其它部分基本无需修改，直接调用即可。

a. 程序文件头部说明

```
8x8LED_drv
1 /*
2  * 8x8LED显示模块驱动与控制
3  * 功能:
4  *  1.Arduino UNO的I/O端口分配给8x8LED
5  *  2.UNO分配给8x8LED的端口初始化函数
6  *  3.符号编码库
7  *  4.8x8LED显示函数
8  *Author: mzc
9  *date: 2018.10.31
10 */
```

请注意顶行的文件名，显示当前激活状态的文件是“8x8LED_drv. ino”。

b. Arduino UNO 控制板为 8×8 点阵 LED 显示模块各个引脚分配的端口

```
11 //8x8LED模块行选      9,14,8,12,1,7,2,5
12 const byte Row[] = {10,17,9,13,2,8,3,6};//Arduino UNO, 17->A3
13 //8x8LED模块列选       13,3,4,10,6,11,15,16
14 const byte Column[] = {16,4,5,11,7,12,18,19};//Arduino, 16->A2,18->A4
```

由于本项目中控制 LED 显示用的 Arduino UNO 控制板的数字口，Arduino UNO 控制板 0～13 共有 14 个数字口，其中 0 和 1 引脚用于 Arduino UNO 控制板与电脑进行 USB 通信，一般情况下建议不要占用，以防程序无法上传到 Arduino UNO 控制板。这样如果只按控制板上标识的数字口分配端口，将缺少 4 个端口引脚。根据 Arduino UNO 控制板的文档说明，板上标示为 A0～A5 的引脚为模拟（输入）端口，但这些端口也可以用作数字口，在用作数字口时，编号依次为 14～19。比如，上述代码第 12 行中的 17 就对应的是 Arduino UNO 的模拟口 A3。如果硬件端口需要调整，请在第 12、14 行中选择和修改相关数字即可。

c. 用 8×8 点阵 LED 显示模块显示的图像编码

```
16 unsigned char Sym_I[] ={       //大“I”
17   0x3c,//B00111100,
18   0x3c,//B00111100,
19   0x3c,//B00111100,
20   0x3c,//B00111100,
21   0x3c,//B00111100,
22   0x3c,//B00111100,
23   0x3c,//B00111100,
24   0x3c,//B00111100,
25 };
```

0x3c 是十六进制编码，其中“0x”前缀代表其后的数值是十六进制的。B00111100 表示的是二进制编码，前缀“B”表示其后的数值是二进制的。0x3c 是二进制值 B00111100 的十六进制表示，两种写法，计算机都能识别。图像形状如“//”右侧的“0”“1”构成的图形，这些图形编码不是标准，如果您有更好的设计，可以修改相应编码，使得所显示的图形更美观。

```
26 unsigned char Sym_i[8] ={        //小“I”
27    0x00, //0, 0, 0, 0, 0, 0, 0, 0,
28    0x00, //0, 0, 0, 1, 1, 0, 0, 0,
29    0x18, //0, 0, 0, 1, 1, 0, 0, 0,
30    0x18, //0, 0, 0, 1, 1, 0, 0, 0,
31    0x18, //0, 0, 0, 1, 1, 0, 0, 0,
32    0x18, //0, 0, 0, 1, 1, 0, 0, 0,
33    0x00, //0, 0, 0, 1, 1, 0, 0, 0,
34    0x00, //0, 0, 0, 0, 0, 0, 0, 0,
35 };
```

第 26 行：名为“Sym_i”的数组，共有 8 个元素。每个元素由 8 位二进制数（2 位十六进制数）组成，共有 64 个位，对应点阵 LED 显示模块的 64 个 LED 灯。

每一个二进制位对应点阵 LED 显示模块中的一个 LED，其在数组中的位置对应点阵 LED 显示模块上相同位置的 LED。每个元素的二进制表示中，“0”表示该位对应的 LED 熄灭，“1”表示该位对应的 LED 点亮。

第 27～34 行：表示点阵 LED 显示模块每一行的显示数据。

```
37 unsigned char Sym_bigheart[8] ={   //大“❤”
38    0x00, //0, 0, 0, 0, 0, 0, 0, 0,
39    0x66, //0, 1, 1, 0, 0, 1, 1, 0,
40    0xff, //1, 1, 1, 1, 1, 1, 1, 1,
41    0xff, //1, 1, 1, 1, 1, 1, 1, 1,
42    0xff, //1, 1, 1, 1, 1, 1, 1, 1,
43    0x7e, //0, 1, 1, 1, 1, 1, 1, 0,
44    0x3c, //0, 0, 1, 1, 1, 1, 0, 0,
45    0x18, //0, 0, 0, 1, 1, 0, 0, 0,
46 };
```

如果想要实现心跳的动画效果，可以用两个形状相同而大小有异的心形图像交替显示，产生一个跳动的视觉效果。

```
47 unsigned char Sym_smallheart[8] ={  //小“❤”
48    0x00, //0, 0, 0, 0, 0, 0, 0, 0,
49    0x00, //0, 0, 0, 0, 0, 0, 0, 0,
50    0x24, //0, 0, 1, 0, 0, 1, 0, 0,
51    0x7e, //0, 1, 1, 1, 1, 1, 1, 0,
52    0x7e, //0, 1, 1, 1, 1, 1, 1, 0,
53    0x3c, //0, 0, 1, 1, 1, 1, 0, 0,
54    0x18, //0, 0, 0, 1, 1, 0, 0, 0,
55    0x00, //0, 0, 0, 0, 0, 0, 0, 0,
56 };
57 unsigned char Sym_U[8] ={        //大“U”
58    0xc3, //1, 1, 0, 0, 0, 0, 1, 1,
59    0xc3, //1, 1, 0, 0, 0, 0, 1, 1,
60    0xc3, //1, 1, 0, 0, 0, 0, 1, 1,
61    0xc3, //1, 1, 0, 0, 0, 0, 1, 1,
62    0xc3, //1, 1, 0, 0, 0, 0, 1, 1,
63    0xc3, //1, 1, 0, 0, 0, 0, 1, 1,
64    0xff, //1, 1, 1, 1, 1, 1, 1, 1,
65    0xff, //1, 1, 1, 1, 1, 1, 1, 1,
66 };
```

```
67 unsigned char Sym_u[8] ={        //小“U”
68   0x00, //0,0,0,0,0,0,0,0,
69   0x66, //0,1,1,0,0,1,1,0,
70   0x66, //0,1,1,0,0,1,1,0,
71   0x66, //0,1,1,0,0,1,1,0,
72   0x66, //0,1,1,0,0,1,1,0,
73   0x7e, //0,1,1,1,1,1,1,0,
74   0x7e, //0,1,1,1,1,1,1,0,
75   0x00, //0,0,0,0,0,0,0,0,
76 };
```

d. Arduino UNO 分配给 8×8 点阵 LED 显示模块的端口引脚初始化设置

```
78 /*
79  * Arduino UNO分配给8x8点阵LED的端口设置
80  *  共16个端口引脚，均需设置为输出模式
81  */
82 void Init_8x8LED(){
83   //循环定义行、列PIN 为输出模式
84   for(int i = 0;i<8;i++) {
85     pinMode(Row[i],OUTPUT);
86     pinMode(Column[i],OUTPUT);
87   }
88 }
```

对分配给点阵显示模块的 16 个端口引脚逐一进行初始化设置，工作模式均设置为输出。

第 85 行：将 Arduino UNO 控制板用于控制点阵 LED 显示屏上的行线的端口引脚设置为输出。

第 86 行：将 Arduino UNO 控制板用于控制点阵 LED 显示屏上的列线的端口引脚设置为输出。

e. 根据图形符号编码格式显示图像

```
89 /*
90  * 根据符号编码库（数组）显示图像
91  */
92 void Disp_sym(unsigned char sym[]){
93   for(int c = 0; c<8;c++) {
94     digitalWrite(Column[c],LOW);//选通第c列
95     for(int r = 0;r<8;r++){
96       digitalWrite(Row[r],bitRead(sym[c],r));
97     }
98     delay(1);
99     Clear();   //清屏，很重要！
100   }
101 }
```

第 93 行：循环 8 次，依次选中点阵显示屏上每一列线进行处理。

第 94 行：将选中的列线置为“0”（低电平）。

第 95 行：循环 8 次，依次选中点阵显示屏上每一行线进行处理。

第 96 行：将图形符号编码数组中的每一个元素（二进制 8 位数，对应点阵显示屏上的

1行共8个LED）的每一个二进制位依次输出到相应端口，控制对应LED的亮（对应位为“1”）或灭（对应位为“0”）。

第98行：延迟1ms，是为了便于显示时间的控制。

第99行：完成一帧图像的显示后，需要做一次清屏处理。否则就像在写满字的黑板上继续写字画图，会出现混乱不清的图像。因此，这里的清屏指令非常重要。您可以将此指令注释掉，观察屏幕显示的图像是否正常。

f. 实现图形符号编码库中的符号显示

```
102 /*
103  * 显示指定符号
104  * 参数：symbol
105  *  取值：
106  *   'I' ：显示大I
107  *   'i' ：显示小I(图形大小不同，形状相同)
108  *   'L' ：显示大❤
109  *   'l' ：显示小❤
110  *   'U' ：显示大U
111  *   'u' ：显示小u
112  */
```

将图形编码库中的图形与常用的符号对应，用户只需使用此函数（Disp_8x8），根据用户手册给定的符号（替换参数“symbol”）即可在点阵显示屏上显示对应的图形。

本例中，仅提供了大“I”等6个图形符号的编码，用于本项目的显示。您可以根据自己的需要在此文件的第77行开始插入新的图形编码，然后在用户文档中加入该图形并做相应的编号，在此函数（Disp_8x8）的“switch/case”中添加相应的case实例，用户即可用新编码显示图形了。

```
113 void Disp_8x8(unsigned char symbol){
114   switch(symbol){
115     case 'I':
116       Disp_sym(Sym_I);
117       break;
118     case 'i':
119       Disp_sym(Sym_i);
120       break;
121     case 'L':
122       Disp_sym(Sym_bigheart);
123       break;
124     case 'l':
125       Disp_sym(Sym_smallheart);
126       break;
127     case 'U':
128       Disp_sym(Sym_U);
129       break;
130     case 'u':
131       Disp_sym(Sym_u);
132       break;
133     default:break;
134   }
135 }
```

第 115～132 行：根据符号显示相应的图形。

第 133 行：default，对于 case 中未列出的编号，不做处理。为了让程序更有亲和力，您也可以作相应的异常处理，比如，用户给的参数在 case 中未列出，就显示一个悲伤的表情。

g. 清屏处理

```
136 //清屏函数
137 void Clear() {                              //清空显示
138   for(int i = 0;i<8;i++) {
139     digitalWrite(Row[i],LOW);
140     digitalWrite(Column[i],HIGH);
141   }
142 }
```

这个函数对于显示图形符号似乎没有直接的帮助，因为它并不能显示任何亮光。正如黑板擦一样，尽管它不能在黑板上写字，但没有它，我们将可能面临一个糟糕的局面。

(6) 思考与创新

我们常常看到街上的电子广告或公告屏，显示的内容是从左向右滚动显示的，从而让有限的屏幕显示更多的完整信息。请思考并编程实现："I♥U" 从左向右滚动显示，不断循环。

3.6 用 LCD 显示屏滚动显示一段文字

LCD 是液晶显示屏 liquid crystal display 的英文首字母缩写。液晶显示屏的应用非常广泛，比如电子表、目前大部分的手机（现在有些新款手机开始使用 LED 屏）等都用到了 LCD。

3.6.1 LCD1602 简介

知识拓展

液　　晶

液晶是液晶显示屏的关键部件。关于液晶的诞生还有一段有趣的故事。

公元 1888 年，奥地利植物学家菲德烈 · 莱尼泽（Friedrich Reinitzer）从植物中提炼出一种称为螺旋性甲苯酸盐的化合物。在加热这种化合物时，意外地发现它有两个不同温度的熔点。它的固态晶体加热到 145℃时，便熔成浑浊的液体。继续加热到 175℃时，再次熔化，变成清澈透明的液体。德国物理学家列曼把处于"中间地带"的混浊液体，叫做液晶。液晶自从被发现以后，人们并不知道它有什么用途。直到 1968 年，美国无线电（RCA）公司（收音机与电视的发明公司）沙诺夫研发中心的工程师们发现液晶分子会受到电压的影响。液晶在正常情况下，分子排列秩序井然，清澈透明。但是，加上直流电场后，分子的排列被打乱，使得射入的光线产生偏转，导致液晶变得不透明且有颜色变化。工程师们利用这一发现，发明了世界上第一个液晶显示屏（LCD）。

LCD1602 液晶显示模块如图 3-22 所示，是一种字符型（适用于显示字母、数字和标点等文字符号）液晶显示屏，可以同时显示 2 行 16 列，共 32 个字符。

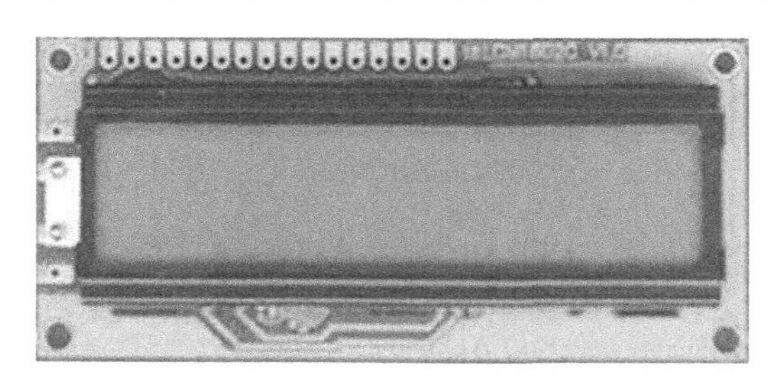

图 3-22　LCD1602 液晶显示模块

注意：一个汉字占用两个字符空间。正如点阵 LED 显示屏一样，LCD1602 是由 5×7 或 5×11 等点阵字符位组成，字符之间有一个点距间隔。

(1) LCD1602 的引脚功能

LCD1602 引脚如图 3-23 所示，功能描述见表 3-12。

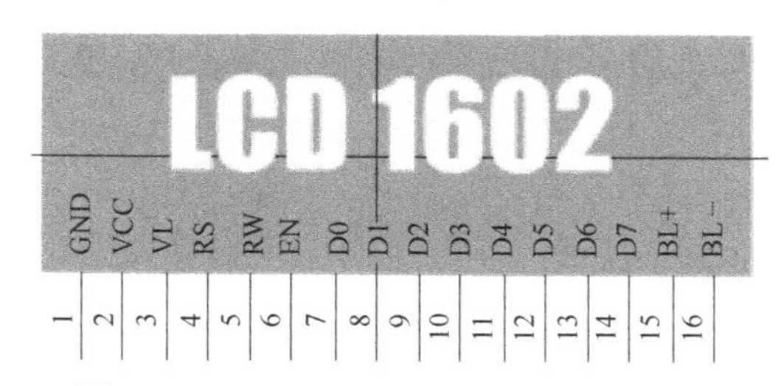

图 3-23　LCD1602 液晶显示模块的引脚图

表 3-12　LCD1602 引脚与功能对照表

引脚	符号	功能
1	VSS/GND	电源地(有些显示模块上是 VSS,有些是 GND,功能相同)
2	VCC/VDD	外接＋5V 电源
3	VL	对比度调整,接＋5V 时对比度最弱,接地时最高(对比度过高会产生“鬼影”,常用一个 10kΩ 电位器调整对比度)
4	RS	寄存器选择,1——选择数据寄存器,0——选择指令寄存器
5	RW	读写信号线,1——读操作,0——写操作
6	E/EN	使能,1——读信息,负跳变时执行指令
7～14	D0～D7	8 位双向数据总线
15	BL＋	背光电源正极
16	BL－	背光电源负极

(2) 关于 LCD1602 的使用和相关函数

LCD1602 有两种工作方式，8 位双向数据总线可以只使用 4 线，也可以使用全部的 8 线。4 线方式只使用 D4～D7，D0～D3 引脚不做任何处理。如果 LCD 只作为显示用，5 脚

RW 接地。关于函数 LiquidCrystal（rs，rw，enable，d0，d1，d2，d3，d4，d5，d6，d7）的各个参数用法见表 3-13。

表 3-13 函数 LiquidCrystal 参数与用法对照表

序号	参数	用法	缺省情况
1	rs	rs 连接到的 Arduino 的引脚编号	
2	rw	可缺省，rw 连接的 Arduino 的引脚编号	缺省时，硬件接地，模块只做输出显示(r)用
3	enable	enable 连接到的 Arduino 的引脚编号	
4	d0～d3	可缺省，连接的 Arduino 的引脚编号	缺省时，都悬空，闲置不用
5	d4～d7	连接的 Arduino 的引脚编号	

用 LCD 显示文字（一）

3.6.2 用 LCD 显示“Hello， robot! To a new world! ”

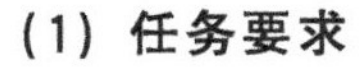

(1) 任务要求

① 设计电路，用 Arduino UNO 控制 LCD1602。

② 编写程序，在液晶屏上第一行显示“Hello，robot!”；在第二行显示“To a new world!”

用 LCD 显示文字（二）

(2) 电路设计

本项目使用的元器件见表 3-14。

表 3-14 LCD 显示项目使用的元器件

序号	名称	规格	数量
1	Arduino	UNO	1
2	液晶模块	1602	1
3	可调电阻	10kΩ	1
4	面包板	不小于 20×8 孔	1
5	杜邦线	公对公，可直插	若干

电路元器件引脚连接对照表见表 3-15。LCD1602 液晶显示模块控制电路如图 3-24 所示。

表 3-15 LCD 显示项目电路元器件引脚连接对照表

引脚对应		1	2	3	4	5	6	7	8	9
1	Arduino	12	11	5	4	3	2	GND	5V	—
2	液晶块	RS	E	D4	D5	D6	D7	R/W，K，VSS	VDD，A	Vo
3	电位器	—	—	—	—	—	—	1	3	2

图中相关引线颜色说明：红线，连接+5V 电源，连接 Arduino 板上的 5V；黑线，接地，连接到 Arduino 板上的 GND；黄线，数据总线和控制信号线（对应函数 LiquidCrystal 中的 6 个参数）。

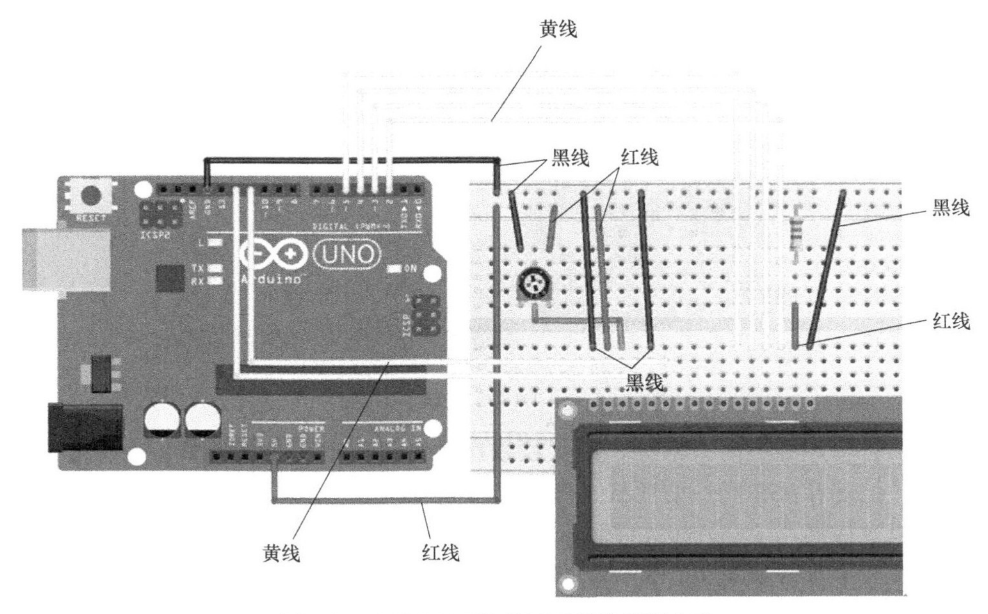

图 3-24　LCD1602 液晶显示模块控制电路

LCD1602 液晶显示电路原理图如图 3-25 所示。

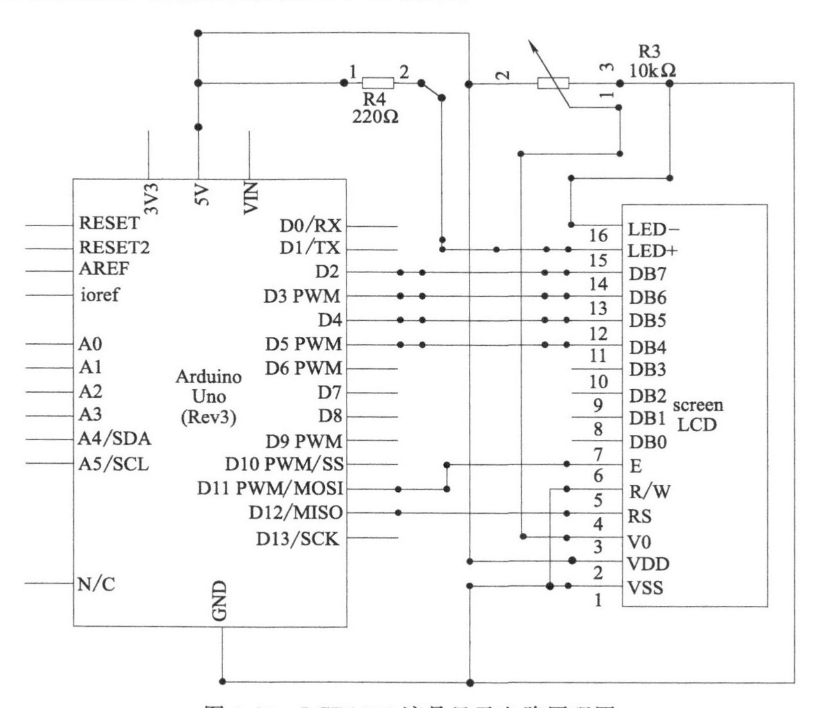

图 3-25　LCD1602 液晶显示电路原理图

LCD1602 液晶显示电路如图 3-26 所示。

(3) 程序设计

模块化的程序有较好的可读性和可移植性，本项目继续采用模块化的程序设计理念。

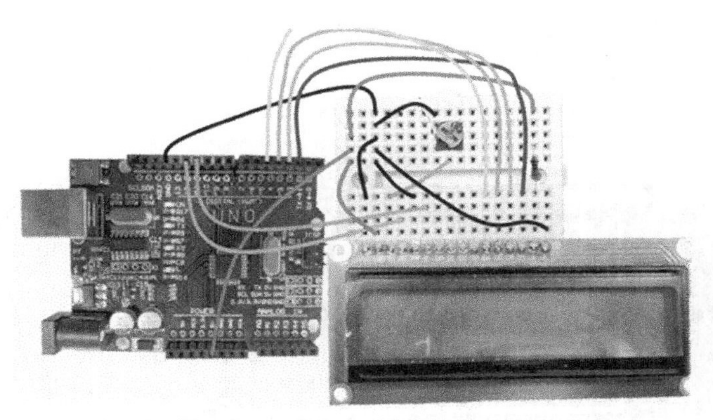

图 3-26　LCD1602 液晶显示电路

我们把整个项目程序分为两个部分，即主控程序和外设驱动与控制程序，分别由两个独立的文件组成，但都存放在同一个项目文件夹内。

尽管可以直接调用 LCD1602 的第三方驱动库，但繁杂的设置和步骤让初学者望而却步。即使是经验丰富的程序员，这样的程序使用起来也很繁琐，导致心烦意乱，甚至会影响正常开发。因此，我们需要对 LCD 显示方法做一个全新的包装，使其成为一个独立的文件，让程序代码编写更加便捷，可读性更好。

本项目由两个文件组成，即主程序文件“3-6-LCD. ino”和 LCD 驱动与显示程序文件“LCD_drv. ino”。

① 主程序文件“3-6-LCD. ino”剖析

a. 程序头部说明

```
3-6-LCD    LCD_drv
1 /*
2  * LCD 1602驱动和测试程序
3  * 显示2行：
4  *    第一行：Hello, robot!
5  *    第二行：To a new world!
6  * author:mzc
7  * date: 2018.09.10
8  */
```

主程序头部说明，概要介绍该程序的主要目的和功能，及相关开发信息。

```
10 void setup(){
11   Init_LCD();
12 }
```

第 10 行：setup 是主程序的入口。

第 11 行：首先对 Arduino UNO 分配给 LCD 的端口各个引脚进行初始化，设置各自的工作模式。

```
14 void loop(){
15   /**************************显示屏上的第1行******************************/
16  //设置液晶开始显示的指针位置，0列0行
17   Disp_LCD(0,0,"Hello,robot!");//注意：如果输入中文字符或标点，就会显示乱码！
18   /**************************显示屏上的第2行******************************/
19   Disp_LCD(0,1,"To a new world!");
20   delay(1000);          //延时1000ms
21 }
```

第 14 行：loop 函数内部的代码将依次运行，无限循环。

第 17、19 行：显示函数 Disp_LCD 有三个参数。从左至右依次是：第一个参数取值范围是 0～15，表示 LCD 显示的起始位，比如指定为 0，就是从最左边的一位开始，向右依次显示；第二个参数取值是 0 或 1，表示内容显示在 LCD 的哪一行，比如指定为 0，就是从上往下数第一行；第三个参数将需要显示的内容放在“ ”内，在“ ”内的内容将原样显示，即使是空格也不例外。

第 20 行：维持一段时间，此处延时不是必需的。

② 液晶显示模块驱动程序文件“LCD_drv. ino”剖析

友情提醒

在选购电子模块时，请先向店家咨询和索取驱动库资料。确认模块合用、资料完整后再下单购买。

```
SSLCD  LCD_drv
1  /*
2   * LCD1602显示驱动和控制
3   * 功能：
4   *    1. 导入LCD驱动的第三方库文件
5   *    2. 创建LCD应用实例
6   *    3. Arduino UNO控制板对LCD初始化
7   *    4. 显示函数
8   * author: mzc
9   * date: 2018.10.31
10  */
11  #include <LiquidCrystal.h>
```

顶行显示当前激活的程序文件是“LCD_drv. ino”。

本项目中 LCD 驱动采用了第三方库，因此首先要导入第三方库文件，并创建 LCD 对象的显示实例。在后续的程序中即可直接使用该库中的所有函数。

第 11 行：引入液晶显示模块的第三方的库文件。

```
12 ******************************************
13 *     LCD模块与Arduino的连接关系
14 ******************************************
15 #define rs 12 //Register Select，连接Arduino数字口12
16 #define en 11 //enable，连接Arduino数字口11
17 #define d4 5  //数据总线，下同
18 #define d5 4
19 #define d6 3
20 #define d7 2
```

第 15 行：将 Arduino UNO 的数字口 12 重新命名为“rs”。“rs”是 LCD 模块用于控制寄存器选择的引脚，这里也可以理解为将 LCD 的“rs”引脚连接到 Arduino UNO 控制板的数字口 12。

第 16 行：LCD 的“en”（enable，使能），高电平时读取信息，负跳变（下降沿）时执行指令。

第 17～20 行：数据总线，LCD 模块通过数据总线，接收来自 Arduino UNO 控制板送来的待显示数据。

```
22 //构造LiquidCrystal的一个实例lcd
23 LiquidCrystal lcd(rs, en, d4, d5, d6, d7); //用Arduino数字口：12, 11, 5, 4, 3, 2
24
25 void Init_LCD(){
26   lcd.begin(16, 2);      //初始化LCD1602：每行16个字符，共2行
27   lcd.clear();         //液晶清屏
28 }
```

知识拓展

LCD1602 模块中有哪些寄存器可以由用户在程序中时指定?

——指令寄存器和数据寄存器

如何选择寄存器?

——rs 引脚：高电平（1）时选择数据寄存器、低电平（0）时选择指令寄存器。

第 23 行：构造一个 LCD 对象的实例，以便在本项目中调用。

第 26 行：LCD1602 模块显示屏，可以显示 2 行信息，每行可以显示 16 个字符。注意，一个汉字占用 2 个字符空间，因此，如果用于显示汉字，每行最多支持 8 个汉字。

第 27 行：对 LCD1602 显示屏清屏，以干净的屏幕准备显示接收到的信息。

```
29 /*
30  * 名称：Disp_LCD
31  * 功能：在指定行，从指定列开始显示
32  * 参数：
33  *  1.row：行选，选择在哪一行显示
34  *     取值范围：0, 1
35  *     0：第0行，对应LCD显示屏上面的一行；
36  *     1：第1行，对应LCD显示屏下面的一行；
37  *  2.line：列选，选择从那一列开始显示
38  *     取值范围：0~15
39  *     顺序：自左向右，对应0~15
40  *  3.Str[]：字符数组，待显示的内容
41  *     可以直接用将需要显示的内容放在双引号（""）中
42  */
43 void Disp_LCD(byte row, byte line, char Str[]){
44   lcd.setCursor(row, line);     //设置液晶开始显示的指针位置，0列0行
45   lcd.print(Str);//注意：如果输入中文字符或标点，就会显示乱码！
46 }
```

第 43 行：用一个函数实现在 LCD 显示屏上指定位置的信息显示。首先指定在哪一行显示，然后指定从哪一列开始显示，最后指定显示什么内容。

第 44 行：调用第三方的库函数，实现在指定行和从指定位置开始显示信息。

第 45 行：调用第三方的库函数，实现显示。

注意：不可以输入中文字符，否则只能显示乱码。如果要正确显示中文字符，需要导入中文字库。之所以能显示英文字符，是因为 LCD1602 模块中在出厂时已经内置了 ASCII 字符库。

该程序在 Tinkercad 在线仿真的运行结果如图 3-27 所示。

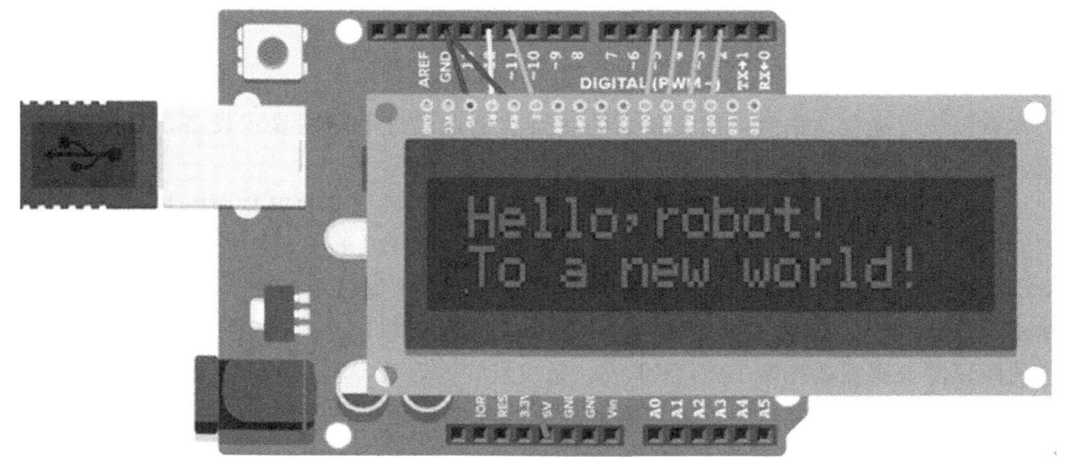

图 3-27　LCD1602 液晶显示模块输出显示运行结果

(4) 关于 LCD 调试中可能出现的问题

以上电路和程序准确完成后，可能除了看到 LCD 显示屏亮了之外，看不到 LCD 液晶显示屏上有任何显示。遇到这样的情况该怎么办呢？以下是解决这个问题的实例，希望能对受此问题困扰的朋友有所帮助。

步骤一：检查实物引脚与代码是否对应（图 3-28）。

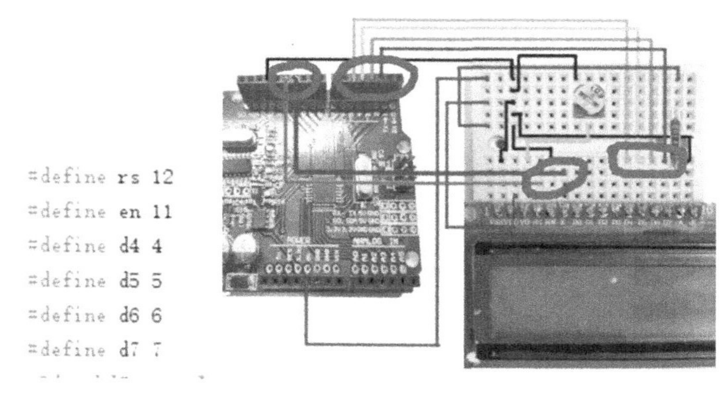

图 3-28　LCD1602 液晶无法显示的问题排查：接插错误

步骤二：调节对比度（图 3-29）。

对比度设置不在有效范围内。其调节可以用螺丝刀来操作，一般往左边旋转调节是调小阻值，往右边旋转调节是调大阻值。我们需要不断地调节可调电阻，反复试验，直到显示出清晰的画面。

图 3-29　LCD1602 液晶无法显示的问题排查：调节对比度

(5) 拓展创新与实践

如何在 LCD 上让显示的内容从右向左滚动显示？如何让屏幕上的内容从上往下滚动显示？

3.7 本章小结与思考

本章围绕灯光表达信息，用一系列的项目实例，通过不同的显示设备，介绍如何表达信息。

单个LED不仅可以表达简单的成对信息，比如“开与关”“黑与白”等，还可以通过编码方式表达更复杂的信息，比如单个灯光经过编码，可以生成和发送“SOS”求救信号。日常生活中，很多场合需要用到比较简单的信息展示，比如显示温度、湿度或者电话号码，这些都可以用多个LED组合成的七段数码管来实现，简单经济，具有很广泛的应用。再复杂些的图形图像则需要更多LED的集成，做成点阵的形式，本章介绍了8×8点阵显示屏，这个部分的设计内容同样适合更多点阵的显示和控制原理。液晶显示，即LCD，目前仍然是应用最广泛的信息显示技术和设备。第6节介绍了LCD1602的基本知识和显示编程方法，关于LCD的进一步应用方法，将在后续章节或进阶教程的应用项目中讲解。

第4章 机器人如何用声音传情达意

人类的生存和发展离不开声音，如果没有通过声音的语言交流、音乐声的熏陶，很难想象我们的生活会是怎样的。因此，学习和掌握如何让机器人发出声音，发出有意义的声音，是机器人开发工程师必备的技能。

本章中，您将学到：

① 机器人一般用什么装置发出声响。

② 如何用计算机记录和合成声音。

③ 如何制作一个可以发出警笛声的机器人。

④ 如何让机器人演奏音乐。

⑤ 如何将音乐简谱变成音乐程序。

⑥ 如何制作声光共舞的机器人。

4.1 声音和发声装置

我们生活的这个世界，声音无处不在，有人耳可以感知和识别的（频率在20～20000Hz的波），更多是人耳无法捕捉的（低于20Hz的次声波，超过20kHz的超声波）。无论人耳是否能够感知到，声波的产生都是由物体机械振动或气流扰动引起的。振动引起空气或类似介质密度和压力的变化，并使其向周围空间推进，形成声波。

不同的声源发出的声音频率不同，人能够直接发出的声音频率为85～5000Hz，狗吠叫声频率为450～1080Hz。

声波的范围很广，只有人或动物所能够感知到的声波才称为声音。不同生物可以听到的声音频率差异很大，人耳可以感知到的声音频率范围为20～20000Hz，猫狗等动物可以听到的声音频率为15～50000Hz。

讨论这些，是希望我们制作的机器人能够以声音与我们交流。机器人要能够发出声音，那它必须有声源——振动的东西。那么，可以使用哪些设备作为机器人的发声装置呢？

4.1.1 机器人常用的发声装置

目前的机器人都是基于电子的，依靠电力驱动。要让机器人发出声音，就必须解决如何用电控制发出声音的问题。

电控发声，就是要将电能转换为发出声音的机械能，首先是要让发声部件振动，以引起空气振动。原理很简单，就是给线圈通电，产生磁场，如果在线圈中间插上铁芯，铁芯就会在磁场的作用下移动。如果电流不断变化，磁场会跟着变化，铁芯也会不断地移动。

利用这一原理制作的发声设备有很多种，主要是基于不同的需求而出现了市场的细分。如果需要逼真的声音还原效果，可以选择价格昂贵的高档扬声器（一般用于语音机器人）。如果只需要有声音，对声音的品质没有特殊要求，可以选择价格低廉的蜂鸣器。图 4-1 为常见的电动发声设备。本书选用蜂鸣器为主要发声装置，如果您在制作过程中对音质有特别追求，可以考虑自行选用手机内置的那种扬声器。

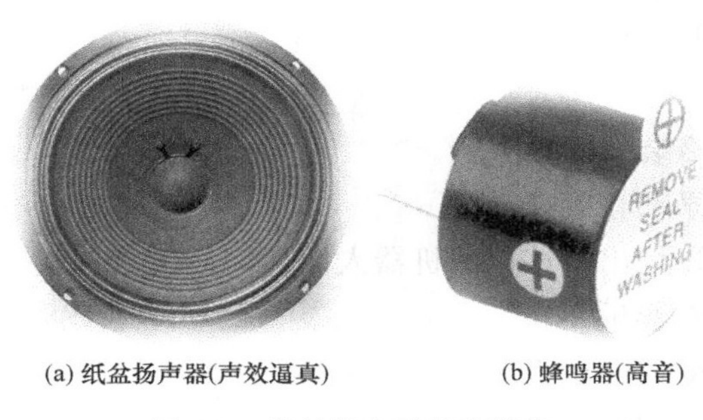

(a) 纸盆扬声器(声效逼真)　(b) 蜂鸣器(高音)

图 4-1　常见的电动发声设备

4.1.2 蜂鸣器的种类及发声方法

蜂鸣器通过振荡信号驱动压电蜂鸣片振动，从而发出声音。蜂鸣器的有效发声频率范围比较窄，在这个狭窄的频率范围内，其发声效果也有显著差异，具体关系可参照表 4-1 蜂鸣器的频率与发声效果对照表。

表 4-1　蜂鸣器的频率与发声效果对照表

序号	频率范围/Hz	发出的声响
1	1～200	声音很小
2	200～300	有声音
3	400	嘟
4	500	嘀(有点闷)
5	600～800	音调变高
6	2730	嘀嘀(尖锐)
7	3000	最刺耳,声音大

(1) 蜂鸣器分为有源和无源两种

这里的“源”不是指电源，而是指振荡源。有源蜂鸣器内部集成了振荡源，只要通直流电就能产生声音，并且声音是固定的。无源蜂鸣器由于没有内部振荡源，需要外部输入2000～5000Hz的方波才能驱动它发出声音。无源蜂鸣器正极接PWM数字口，负极直接接地。通过软件延时不同频率的方波信号即可产生不同频率的声音。

(2) 如何区分蜂鸣器是有源还是无源的

① 有源蜂鸣器高度约为9mm，无源蜂鸣器高约8mm。

② 将蜂鸣器的引脚朝上，看到有绿色电路板的是无源蜂鸣器。

③ 用万用表电阻挡R×1测试，黑表笔接蜂鸣器“+”引脚，红表笔在另一只引脚上来回碰触。如果触发“咔咔”声，且电阻只有8Ω（或16Ω）的是无源蜂鸣器。如果能发出持续声音，且电阻在数百欧，是有源蜂鸣器。

有源蜂鸣器和无源蜂鸣器如图4-2所示。

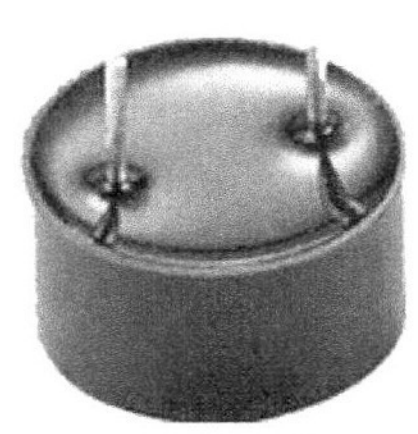

(a) 有源蜂鸣器

(b) 无源蜂鸣器

图4-2　蜂鸣器

(3) 如何让蜂鸣器发出声音

蜂鸣器是电控发声的，让蜂鸣器发出声音的方法，类似于用锤子敲击墙面。一个简单易行的测试方法：用一个9V方形电池，一个220Ω的电阻（分压限流，防止烧坏蜂鸣器），与蜂鸣器（必须是有源蜂鸣器）串联（如图4-3所示），一旦形成闭合电路，蜂鸣器就会立即鸣叫。

注意： 电阻的阻值大小会影响蜂鸣器发出声音。阻值太小可能会烧毁蜂鸣器；阻值过大，可能会导致蜂鸣器因供电不足发不出声音。

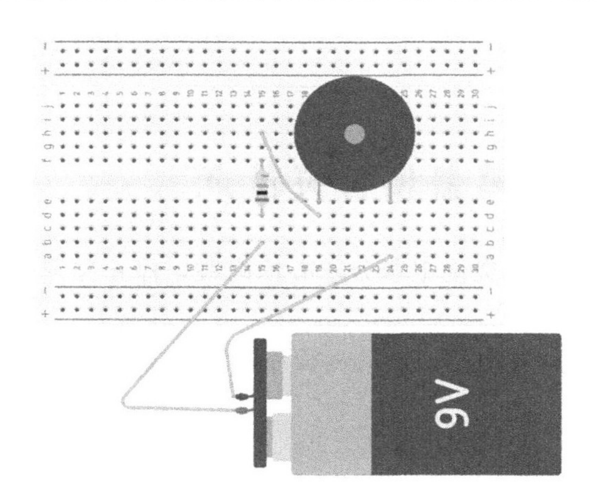

图4-3　有源蜂鸣器的简单发声电路

(4) 如何通过程序控制蜂鸣器发声

① 只需从机器人控制器（比如Arduino控制板或树莓派控制器）引出一个数字引脚，

并连接到蜂鸣器（蜂鸣器的另一端接地）。

② 将该数字引脚设置为输出。

③ 快速并反复不断向该引脚送出高（“1”）低（“0”）电平。

这实际上就是 Arduino IDE 中 tone 函数的工作原理。

4.1.3 用计算机记录和合成声音

(1) 要产生和发出不同的声音，需要具备哪些要素

① 响度。是人耳对声音强弱的主观感受。响度与声波振动的幅度有关。比如：用力敲鼓，鼓面振动的幅度大，发出的声音就响亮；如果轻轻敲鼓，发出的声音就会比较弱。

② 音调。人耳对声音高低的感觉，比如男高音歌唱家可以唱出很高的音调。这主要是他的声带以很高的频率振动而产生的。我们敲皮鼓和敲铜锣时，可以明显感觉到铜锣的音调要远高于皮鼓。因为，金属的振动频率远超过皮革。

③ 音色。是人们对具有相同响度、相同音调的两个声音的不同感受，是人耳对各种频率及各种强度声波的综合反应。它与声音的频谱结构有关。

(2) 如何用计算机表达这些要素

① 响度的表达方法。响度是声波振动幅度的强弱程度，给发声设备提供的电能越多，设备产生越大的振动幅度。因此，我们只要通过控制传递给发声设备的电能就可以控制设备发出的响度。Arduino IDE 中，类似于第 3 章中呼吸灯的控制原理，可以通过 PWM 方法实现。

② 音调的表达方法。音调是声音频率高低的程度。计算机通过时钟分频或倍频，可以实现不同频率的表示。我们只要将不同的音调用相应的频率值表示即可实现音调的计算机表达。Arduino IDE 中，可以通过 tone 函数实现将不同的频率转换为相应的音调。

③ 音色的表达方法。对于音色的感受因人而异，看个人的喜好。这不在本书讨论之列，不再赘述。

4.2 用程序控制蜂鸣器模仿警笛声

日常生活中，警报声往往会使犯罪分子心惊肉跳，停止犯罪并快速离开，为人们解除危险。

现在，我们一起来探讨如何用 Arduino 程序控制蜂鸣器模仿警笛声，并持续鸣叫。

4.2.1 如何发出警笛声

通过对警用铃声的音段和频率进行分析，我们发现警笛声可以分成两个变化的音段。

① 第一个音段是音调（频率，在一个特定频段内）由低到高不断上升的过程。

a. 起始频率约为 200Hz；

b. 以 1Hz 为步长，逐步升高到 800Hz 左右；

c. 每个频率需要维持数毫秒；

d. 到达最高频率 800Hz 左右，停止跳频；

e. 维持最高频率数秒。

② 转入第二个音段（频率由高逐步回落）：

a. 起始频率 800Hz 左右；

b. 以 1Hz 为步长，逐步降低到 200Hz 左右；

c. 每个频率需要维持数毫秒；

d. 到达最低频率 200Hz 左右，停止跳频；

e. 维持最低频率 200Hz 左右一段时间。

③ 回转到第一个音段，重新开始。如此往复，就可以发出持续不断的警笛声。

4.2.2 电路部分设计

用程序控制蜂鸣器模仿警笛声电路设计步骤如下。

① 发声装置可以选用 5V 无源蜂鸣器，使用 Arduino UNO 控制器运行警笛声模仿程序，控制蜂鸣器鸣叫。所需元器件清单见表 4-2。

表 4-2 警笛声模仿项目元器件清单

序号	名称	规格	说明
1	蜂鸣器	无源	声源，通过 Arduino UNO 直接驱动，本项目中，无需额外电源
2	Arduino	UNO	运行程序，根据程序要求检测按钮状态，并根据获得的数据决策，控制数码管的显示
3	杜邦线	公对公	2 根
4	面包板	170 孔	1 块

② 无源蜂鸣器可以直接连接到 Arduino UNO 控制板的 PWM 引脚和地（GND），电路如图 4-4 所示。

注意蜂鸣器上的极性标志：

• 标有“＋”的一端：连接到 Arduino 的 PWM 引脚（Arduino 的数字口 11）。

• 标有“－”的一端：连接到地。

③ 电路搭建步骤：按照表 4-2 的元器件清单准备电路材料，按照图 4-4 搭建的布局和线路连接搭建电路。

完成搭建并检查无误后，打开电脑准备编程（在 Arduino IDE 环境中）。

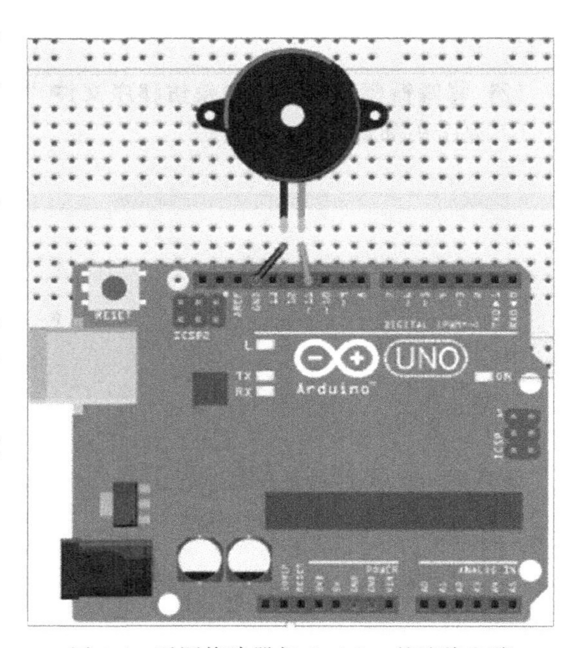

图 4-4 无源蜂鸣器与 Arduino 的连接电路

4.2.3 程序设计

根据模块化设计思想，我们将蜂鸣器

驱动及蜂鸣器运行相关信息以独立程序文件呈现。因此本项目由两个文件组成：分别是主程序文件“4-2-siren. ino”和蜂鸣器驱动与警笛声模仿程序文件“buzzer_drv. ino”。

(1) 主程序文件“4-2-siren. ino”代码的剖析

① 程序头部说明

```
4-2-siren  buzzer_drv
1 /*
2  * 名称：模仿警笛声控制程序
3  * 功能：用程序控制蜂鸣器模仿警笛声
4  * author：mzc
5  * date：2018.08.30
6  */
```

规范的开头意味着良好的开端。尽管此项目可能非常简单，但也不要急于求成，忘了规范。

② 硬件初始化设置

```
8  void setup(){
9    Init_buzzer();
10 }
```

第 9 行：对 Arduino 分配给蜂鸣器的 I/O 口进行初始化设置，要了解如何实现设置，请参阅 Init_buzzer 函数。

③ 主循环程序

```
12 void loop(){
13   siren();  //发出警笛声
14 }
```

第 13 行：函数 siren 可以实现一次警笛声模仿，放在 loop 函数中将无限循环，不断鸣叫。

(2) 蜂鸣器驱动与警笛声模仿程序文件“buzzer_drv. ino”剖析

① 程序头部说明

```
4-2-siren  buzzer_drv
1 /*
2  * 名称：蜂鸣器驱动和警笛模仿程序
3  * 功能:
4  *   1.Arduino给蜂鸣器分配端口
5  *   2.对Arduino用于控制蜂鸣器的端口初始化
6  *   3.模仿警笛声算法实现
7  * author：mzc
8  * date：2018.12.31
9  */
```

顶行显示，当前激活的是“buzzer_drv. ino”文件。

② Arduino 与蜂鸣器的连接

```
10 #define buzzer 11  //Arduino的11（PWM）连接到蜂鸣器，并命名为buzzer
```

为 Arduino 分配给蜂鸣器的端口用一个有意义的词重新命名，或者理解为将蜂鸣器连接到 Arduino UNO 控制板的指定端口。

第 10 行：这个宏指令有两个好处，其一是为枯燥而难懂的数字取别名，让程序可读性大大改善；其二是将控制端口（Arduino UNO 控制板的数字引脚 11）与被控设备（蜂鸣器）建立连接关系，让电路在程序中变得“可视”。

③ 对 Arduino UNO 控制板分配给蜂鸣器的端口初始化

```
11 void Init_buzzer(){
12   pinMode(buzzer,OUTPUT);
13 }
```

第 12 行：由于使用了新的命名，指令的意义变得一目了然。Init_buzzer 这个函数的作用就是要将连接到蜂鸣器的端口设置为输出。

④ 模仿警笛铃声函数

```
15 /*****************警笛声模仿程序************************/
16 void siren(){
17   for(int Hz=200;Hz<=800;Hz++){     //频率从200Hz 增到800Hz，步长1
18     tone(buzzer,Hz);                //向蜂鸣器输出当前频率值
19     delay(5);                       //维持5ms
20   }
21   delay(4000);                      //最高频率下维持4000ms(4s)
22   for(int Hz=800;Hz>=200;Hz--) {
23     tone(buzzer,Hz);
24     delay(10);
25   }
26 }
```

第 17～19 行：模仿产生由弱变强的警笛声效果，音调频率起点是 200Hz，终点是 800Hz，频率以步长为 1 递增，在每个频率值维持 5ms（0.005s），因此，警笛声第一阶段耗时约 3000ms（3s）。

第 21 行：让蜂鸣器在最高频率 800Hz 维持鸣叫 4000ms（4s）时间。

第 22～24 行：模仿产生由强变弱的警笛声效果，音调频率起点是 800Hz，终点是 200Hz，频率以步长为 1 递减，在每个频率值维持 10ms（0.01s），因此，警笛声第一阶段耗时约 6000ms（6s）。

说明： 以上程序已经过测试，如果您在运行时出现异常，请参考并对照代码进行排查。

4.2.4 运行与观察思考

(1) 在 Arduino IDE 中编译并上传

① 按照 4.2.3 编写程序代码完成后，编译并根据出错提示修改错误。

② 编译通过后，用 USB 数据线连接 Arduino UNO 控制板。

③ 上传程序，上传结束后，程序即开始运行，就可以听到发出的声音了。

(2) Tinkercad 在线仿真

① 用蜂鸣器模仿得到的声音可能会变调，主要是由于蜂鸣器本身频域范围窄的缺陷

导致。

② 如果追求逼真的效果，可以在 Tinkercad 中仿真，这个仿真用的是计算机的扬声器，比蜂鸣器的频域宽广很多，音调更丰富，声音效果会有一定的改善。但这个频率段蜂鸣器鸣叫基本无障碍，因此音效取决于个人选择。

如果追求音色，可以将蜂鸣器换成手机用的扬声器，声音听起来会感觉有明显的改善。

(3) 发声函数 tone（音调）

函数 tone（pin，frequency，duration）用于向引脚 pin 输出频率为 frequency 的波，持续 duration ms，其用法见表 4-3。

表 4-3 函数 tone（pin，frequency，duration）

序号	参数名	描述
1	pin	Arduino 上与蜂鸣器相连的引脚编号，本项目中是数字口 11
2	frequency	频率，单位 Hz，即每秒周期数。频率越高，音调就越高 可以调整这个参数的大小，以获得满意的声音效果
3	duration	①单位是 ms ②注意，这个持续时间是通过 ArduinoUNO 控制器的硬件定时器实现的。因此，在延时持续期间，不影响程序指令向下继续执行（delay 函数在延时持续期间，程序一直停留在 delay，直到延时结束才接着往下执行。） ③这个参数不是必需的 ④如果程序中忽略此参数，蜂鸣器就会持续不断地鸣叫 ⑤如果想让它停下来，在程序中添加一个静音函数就可以了

本例中，可以将函数 siren 中的第 18、19 两行合并为一行：tone（buzzer，Hz，5）吗？

① 请实测一下。

② 如果不行，为什么？

4.3 如何让机器人演奏音乐

世界很奇妙，不同的民族、国家或地区，语言文化各异，导致相互间交流困难。但音乐却没有国界和种族之分，让人类能够相互理解和包容，成为不同国度、不同种族相互间的情感纽带。

快乐的音乐让人轻松愉快，而忧伤的音乐让人郁郁寡欢。要做一个受人欢迎的机器人，怎么能缺了音乐！

4.3.1 计算机中的音乐是怎么产生的

要想为机器人“制造”音乐，我们需要用符号表达和记录音乐，然后用计算机指令来控制发声设备运行，产生音乐。

人们通常用一组音符作为描述音乐的基本单位，每个音符代表一个特定的频率。在发声装置，比如蜂鸣器或其它发声设备上，以特定的时长按次序连续演奏这些音符，就会发出悦耳的音乐声。

(1) 音符是怎么产生的

每个八度之间的频率是双倍。正常情况下音名 A3 的频率是 440Hz，因此，音名 A4 就是 880Hz。但音频相应值的计算不是线性的，而是一种指数关系。每个八度有 12 个半音，即：A，A＃，B，C，C＃，D，D＃，E，F，F＃，G，G＃（＃代表升半音）。

每个八度之间的系数为 2，因此，每两个半音频率之比为：$2^{1/12}\approx 1.05946$。例如：

从“A”到“C＃”有 4 个半音阶。要得到“C＃”的频率，只需计算 $440\times(2^{1/12})^4$。因此，“C＃”≈ 554Hz。

(2) 如何让蜂鸣器演奏音符

前面提到，声音的组成有三要素，但对于特定的发声设备，其频域范围已经固定，因此一般只需考虑两项：声音的高低与声音的大小。

① 如何用电子信号控制声音的高低与大小。

a. 声音大小的控制，靠的是在发声器件（蜂鸣器）两端施加的电压大小。

b. 高低音的控制，靠的是脉冲信号的频率。

② 如何让蜂鸣器唱歌。

要让蜂鸣器唱歌，实际上就是控制蜂鸣器产生不同频率的声音。

Arduino IDE 函数库中提供了两个（一对）函数：tone 和 noTone。我们通过这两个函数就可以达到让蜂鸣器唱歌的目的，由指定的 Arduino 引脚（pin）发出特定频率（duty cycle ＝ 50％，PWM）的方波一段时间。

③ 程序代码中如何处理频率与音阶。

如果我们知道音乐是怎么演奏出来的，自然就可以通过代码来进行编排了。

④ 如何演奏单音符。

一首乐曲由若干音符组成，每个音符包含两个部分——音调（频率）和演奏时长。如果我们知道每个音符相对应的频率，那么只要让 Arduino UNO 控制板输出这些频率到蜂鸣器，蜂鸣器就会发出相应的声音。音符与频率的对应关系具体可参考表 4-4～表 4-6。

表 4-4 低音音符与频率对照表　　单位：Hz

音符	$1_{\#}$	$2_{\#}$	$3_{\#}$	$4_{\#}$	$5_{\#}$	$6_{\#}$	$7_{\#}$
A	221	248	278	294	330	371	416
B	248	278	294	330	371	416	467
C	131	147	165	175	196	221	248
D	147	165	175	196	221	248	278
E	165	175	196	221	248	278	312
F	175	196	221	234	262	294	330
G	196	221	234	262	294	330	371

确定了音符的频率后，下一步就是控制音符的演奏时间。

⑤ 如何确定每个音符演奏的单位时间。

表 4-5　中音音符与频率对照表　　单位：Hz

音符	$1_{\#}$	$2_{\#}$	$3_{\#}$	$4_{\#}$	$5_{\#}$	$6_{\#}$	$7_{\#}$
A	441	495	556	589	661	742	833
B	495	556	624	661	742	833	935
C	262	294	330	350	393	441	495
D	294	330	350	393	441	495	556
E	330	350	393	441	495	556	624
F	350	393	441	495	556	624	661
G	393	441	495	556	624	661	742

表 4-6　高音音符与频率对照表　　单位：Hz

音符	$1_{\#}$	$2_{\#}$	$3_{\#}$	$4_{\#}$	$5_{\#}$	$6_{\#}$	$7_{\#}$
A	882	990	1112	1178	1322	1484	1665
B	990	1112	1178	1322	1484	1665	1869
C	525	589	661	700	786	882	990
D	589	661	700	786	882	990	1112
E	661	700	786	882	990	1112	1248
F	700	786	882	935	1049	1178	1322
G	786	882	990	1049	1178	1322	1484

音符节奏分为 1 拍、1/2 拍、1/4 拍、1/8 拍等。我们规定一拍音符的时间为 1；半拍是 0.5；1/4 拍为 0.25；1/8 拍为 0.125；所以只要我们为每个音符赋予这样的拍子，音乐就形成了。

4.3.2　将简谱的内容转换成程序

用程序播放《新年好》

我们以贝多芬的名曲《欢乐颂》为例，将简谱一步步地转换为程序代码。

(1)《欢乐颂》简谱的格式分析

我们对图 4-5 所示的简谱做几点分析。

① 左上角“1＝D”表明该音乐是 D 调的，这里的各音符的频率对应的是表 4-4～表 4-6 中 D 调的部分。

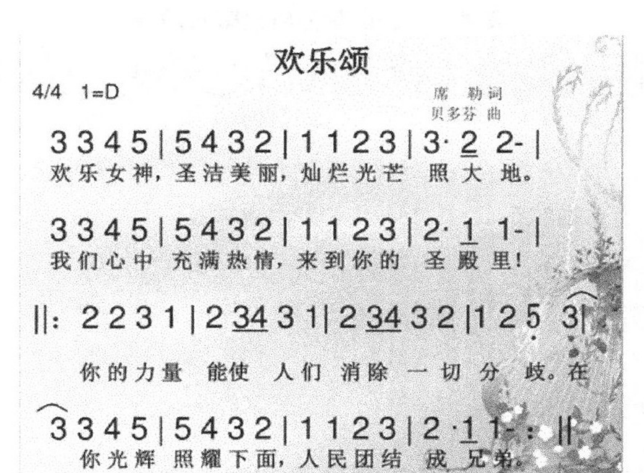

图 4-5　《欢乐颂》简谱

用程序播放《欢乐颂》

② 左上角“4/4”指出该音乐为四分之四拍，每个音节对应为1拍。音符相关的几种符号说明如下：

a. 普通音符，如第一个音符3，对应频率350Hz，占1拍。

b. 带下划线音符，表示节拍为0.5拍。

c. 音符后带一个点，表示多加0.5拍，即1+0.5。

d. 音符后带一个“-”，表示多加1拍，即1+1。

e. 两个连续的音符上面带弧线，表示连音，可以稍微改下连音后面那个音的频率，比如减少或增加一些数值（需自己调试），这样表现会更流畅，这个部分如果不做处理，影响也不大。

(2) 抽象出音乐的元数据

我们通过观察和分析，不难看出，无论哪首曲子，都是由音调和节拍组成，只是所用到的音调和节拍组合各有千秋。但都是符合一定规律的。比如音调，它一定是在人耳能够识别的区域范围内（20～20000Hz）。节拍也同样是有规律的，无论哪首歌或乐曲，尽管节拍变化多端，但其都遵循节拍的相关约定。

提到音乐，不得不提到音乐的律制——十二平均律。将一个八度均分为十二等份，已经成为当今主要的调音法。前面提到的音调，就是声波的频率，通过频率区分高低不同的音。如果两个音之间的频率之比为2，我们就称这两个音之间差一个八度。12平均律就是把这个八度平均分为12等份，这样，一个八度就有13个音，相邻两个音之间的频率之比都相等，这个比为：$2^{1/12}=1.05946$。要确定每个音的调，还需要选择一个基准音——高音A，被定为440Hz。这样所有音的频率就全部确定下来了。经过计算，得到表4-4～表4-6。无论什么样的歌曲，其中的任何一个音调都可以找到其对应的频率，而符合十二平均律规则的音调组成的曲子是最和谐的。当然，每个音调持续的时长（节拍）也是音乐很关键的因素。

(3) 用程序代码记录音乐元素的元数据内容

歌曲的简谱就是一组音调的有序组合，每个音调都有规定的节拍（时长），要将其转换成程序代码，只需从标准的音调和节拍库（元数据集）中调用特定的数据，就可以形成程序代码。下面以D调为例，来编写符合音律的音乐元素元数据文件，存入计算机中，并命名为“pitches. h”。

① 文件头部说明

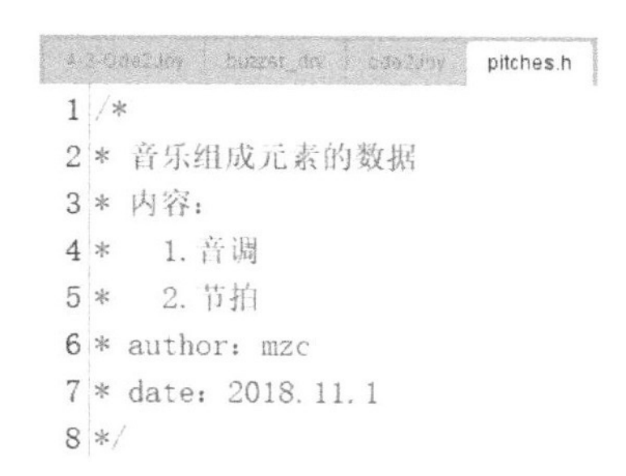
```
1 /*
2 * 音乐组成元素的数据
3 * 内容：
4 *    1. 音调
5 *    2. 节拍
6 * author：mzc
7 * date：2018.11.1
8 */
```

顶行说明此项目由四个文件组成，其中一个主程序文件（4-3-Ode2Joy. ino）、一个设备驱动文件（蜂鸣器驱动文件buzzer_drv. ino）、一个音乐元数据程序文件（pitches. h）和一个歌曲文件（ode2Joy.ino）。当前处于激活状态的是音乐元数据程序文件“pitches.h”。

② D调各个音的频率

由于蜂鸣器的构造缺陷，其音域狭窄且偏高，我们以基准音的频率——高音A（440Hz），作为D调低音阶的起点，为了区分不同的音调，我们先为其取一个名字，如D1，约定规范如下：

用D代表D调，用1～7代表不同的音。

```
 9 //D调
10 #define  D0  -1    //休止符
11 #define  D1  882   //do
12 #define  D2  990   //re
13 #define  D3  1112
14 #define  D4  1178
15 #define  D5  1322
16 #define  D6  1484
17 #define  D7  1665
```

D0为休止符。

第11～17行：从882Hz（D1）开始的7个音，定为D调。分别用D1～D7代表D调的七个音符（do、re、mi、fa、sol、la、si）对应的频率。

③ D调低阶

```
19 //D调低阶
20 #define  DL1  441  //do
21 #define  DL2  495  //re
22 #define  DL3  556
23 #define  DL4  589
24 #define  DL5  661
25 #define  DL6  742
26 #define  DL7  833
```

D调低阶为D调向下的7个音。

DL1：其中L表示是D的低音阶频段。

④ D调高阶

```
28 //D调高音阶
29 #define  DH1  1869  //do
30 #define  DH2  1980  //re
31 #define  DH3  2098
32 #define  DH4  2223
33 #define  DH5  2355
34 #define  DH6  2495
35 #define  DH7  2643
```

D调高阶为D调段向上的7个音。

DH1：其中H表示是D的高音阶频段。

⑤ 节拍元数据

```
37 //节拍（时长倍率）
38 #define  WHOLE  1     //1拍，作为基准
39 #define  HALF  0.5
40 #define  QUARTER  0.25
41 #define  EIGHTH  0.125
42 #define  SIXTEENTH  0.0625
```

第 38 行：用 WHOLE 代表基准时长，代表 1 拍。其它时长与基准时长都是成倍数关系。

第 39 行：用 HALF 代表半拍，为 1 拍的 0.5 倍，具体时长视基准时长的大小而定。

注意：以上代码（第 1～42 行）存放在名为“pitches.h”的文件中。

(4) 如何将简谱的内容转换为程序代码

我们只需把图 4-5 的《欢乐颂》简谱分成两个层次的内容，即音符和节拍，分别进行转换和记录，就可以实现简谱到程序代码的转换。代码文件“ode2Joy.ino”剖析。

① 文件头部说明

```
1 /*
2  * 歌曲数据：欢乐颂
3  * 作曲：贝多芬
4  * author：mzc
5  * date：2018.11.01
6  */
```

贝多芬名曲《欢乐颂》程序代码存放在“ode2Joy.ino”文件中，该文件与刚刚创建的“pitches.h”放在同一个文件夹中。

② 导入音乐元素元数据文件“pitches.h”

```
7 #include "pitches.h"//导入音调及节拍元数据
```

③ 参照图 4-5《欢乐颂》简谱，提取并撰写《欢乐颂》的音调数据（简谱上的所有音符）

```
9 int tune_ode2Joy[]= {
10   D3, D3, D4, D5,
11   D5, D4, D3, D2,
12   D1, D1, D2, D3,
13   D3, D2, D2,
14   D3, D3, D4, D5,
15   D5, D4, D3, D2,
16   D1, D1, D2, D3,
17   D2, D1, D1,

18   D2, D2, D3, D1,
19   D2, D3, D4, D3, D1,
20   D2, D3, D4, D3, D2,
21   D1, D2, DL5, D3,
22   D3, D3, D4, D5,
23   D5, D4, D3, D4, D2,
24   D1, D1, D2, D3,
25   D2, D1, D1
26 };
```

以一维数组形式存放《欢乐颂》的所有音符（每个音符对应的频率为一个数组元素）。这里使用别名（在音乐元数据程序文件“pitches.h”中定义）便于识记。

④《欢乐颂》各个音的节拍

```
28 //“欢乐颂”各音调的时长
29 float durt_ode2Joy[]= {
30   1, 1, 1, 1,
31   1, 1, 1, 1,
32   1, 1, 1, 1,
33   1+0.5, 0.5, 1+1,
34   1, 1, 1, 1,
35   1, 1, 1, 1,
36   1, 1, 1, 1,
37   1+0.5, 0.5, 1+1,
38   1, 1, 1, 1,
39   1, 0.5, 0.5, 1, 1,
40   1, 0.5, 0.5, 1, 1,
41   1, 1, 1, 1,
42   1, 1, 1, 1,
43   1, 1, 1, 0.5, 0.5,
44   1, 1, 1, 1,
45   1+0.5, 0.5, 1+1
46 };
```

第29～46行：以一维数组形式，存放《欢乐颂》的每个音符对应的时长，此处仅以1为基准，并没有指定具体时长。在不同设备上发声将受制于该设备的固有特性，需要程序员视具体应用场合而定，乘以一个系数即可。

⑤《欢乐颂》的播放方法

```
49 //播放“欢乐颂”
50 void play_Ode2Joy(){
51   int len;  //音符总数
52   len=sizeof(tune_ode2Joy)/sizeof(tune_ode2Joy[0]);
53   for(int x=0;x<len;x++){
54     play(tune_ode2Joy[x],durt_ode2Joy[x]);
55   }
56 }
```

第49～56行：执行《欢乐颂》整曲的一次播放。

第52行：调用数组规模计算函数sizeof，计算《欢乐颂》的音符总数。sizeof（tune_ode2Joy）是计算并返回数组的总字节数；sizeof（tune_ode2Joy［0］）是数组的一个元素占用的字节数。两者相除，即可得到这个数组元素的个数。

第53～55行：从第一个音符开始依次播放，直到最后一个音符结束。音调tune_ode2Joy数值中从第一个元素开始，每个元素持续的时长以ms为单位，具体时长由durt_ode2Joy数组中相同位置元素值决定。

4.3.3 为乐曲编写播放程序

这个项目较模仿警笛声的程序稍复杂，主要增加了大量的数据（构成音乐的元数据和每首歌曲的具体内容数据）。在播放时尽管方法没有改变，但由于播放过程中增加了很多不规律的变化（包括音调和时长），导致播放算法也要做相应的调整。

本项目以贝多芬名曲《欢乐颂》为例，设计播放程序。根据先导知识，这个项目拟分成4个独立程序文件，分别是：

① 主程序文件："4-3-Ode2Joy.ino"；

② 音乐元数据文件："pitches.h"；

③《欢乐颂》歌曲数据文件："ode2Joy.ino"；

④ 播放设备（蜂鸣器）驱动文件："buzzer_drv.ino"。

其中，音乐元数据文件"pitches.h"和《欢乐颂》歌曲数据文件"ode2Joy.ino"已经在4.3.2节中实现，在构建项目时直接放到同一个项目文件夹中即可。

(1) 主程序文件"4-3-Ode2Joy.ino"剖析

尽管该项目涉及音乐元素的元数据、乐曲的数据集等大量数据，播放过程也变得复杂，导致项目变得很复杂。但由于我们采用了模块化的设计思想，将各个层级的内容分门别类进行管理，最终反而让主程序变得非常简洁易懂。

① 头部说明

```
4-3-Ode2Joy | buzzer_drv | ode2Joy | pitches.h
1 /*
2  * 用蜂鸣器演奏：欢乐颂
3  *  author：mzc
4  *  date：2018.09.11
5  */
```

顶行说明：本项目由四个文件构成，当前处于激活状态的是"4-3-Ode2Joy.ino"（主程序）。

② Arduino UNO 微控制器端口初始化

```
7 void  setup () {
8   Init_buz ();
9 }
```

本项目只需要用到一个外部设备，因此只需要对控制蜂鸣器的端口进行初始化。

③ 主循环程序

```
11 void  loop () {
12   play_Ode2Joy  ();  //播放欢乐颂
13   delay (2000);
14 }
```

直接调用《欢乐颂》的播放函数，即可实现循环播放。

(2) 播放设备（蜂鸣器）驱动文件"buzzer_drv.ino"剖析

① 文件头部说明

```
4-3-Ode2Joy | buzzer_drv | ode2Joy | pitches.h
1 /*
2  * 蜂鸣器驱动
3  * author:mzc
4  * date:2018.11.1
5  */
```

顶行显示：当前处于激活状态的是"buzzer_drv.ino"文件。用于Arduino与蜂鸣器的控制端口指定和连接，控制蜂鸣器的端口工作模式设置，以及使用蜂鸣器的方法实现函数。

② Arduino端口与蜂鸣器的连接关系（将Arduino的数字口11取别名为buz，以方便识记）。

```
6  #define  buz  11     //蜂鸣器连接到数字口11
```

Arduino 数字口 11（PWM）分配给蜂鸣器。

③ Arduino（用于控制播放设备）的端口初始化函数

```
7  void Init_buz (){
8   pinMode (buz, OUTPUT );//Arduino控制蜂鸣器端口设置为输出
9  }
```

第 7 行：在主程序中调用此函数实现对 Arduino 端口初始化。

第 8 行：将 Arduino 分配给蜂鸣器的端口工作模式设置为输出。

④ 播放一个乐音的函数

```
11 //播放一个音 [一首歌由多个音（音调+音长）组成]
12 void play (int tune, float durt){
13     tone (buz, 2*tune);
14     delay (500*durt);
15     //有源蜂鸣器补偿代码
16     noTone (buz);
17     delay (50);
18 }
```

用指定节拍（时长）向蜂鸣器输出指定音调（频率）。

第 13 行：函数 tone 是向蜂鸣器发送一个频率的方波，让蜂鸣器发出这个频率的声响。其中，tune 乘以 2，是对所给的频率提升一个音阶。

第 14 行：指定延迟的时长，这个时长是该频率发出声音要持续的时间。

第 16～17 行：有源蜂鸣器需要专门指令才能停止鸣叫。

(3) 项目集成与系统运行

所谓项目集成，就是将被分割成四大块的《欢乐颂》演奏项目代码文件汇集到一个项目文件夹中，进行编译，并将目标代码上传到 Arduino UNO 控制器中。

系统运行后，倾听蜂鸣器是否发出声音，并且演奏的是否为《欢乐颂》乐曲。

4.4 实现灯光随着音乐节拍变幻

灯光随音乐节拍变幻

有音乐是件美妙的事，但如果还有灯光伴随着音乐的节奏起伏变幻，那场景将会更加赏心悦目。

4.4.1 在现有项目基础上迭代开发

就我们目前的认知，在硬件上，只要在上一节机器人演奏《欢乐颂》的基础上，在 Arduino UNO 控制板的数字口加一个 LED 即可满足。在软件上，需要添加 Arduino 分配给 LED 的端口初始化设置，并在演奏函数中适当的位置插入 LED 亮灭控制代码。

(1) 硬件上的改动

选择 Arduino UNO 控制板内建的 LED 作为伴随灯光设备，这样在硬件上无需做任何

改动就可以满足本项目要求。

(2) 软件上的改动

需要对新加入的硬件进行 Arduino UNO 控制板端口初始化设置，也就是将 Arduino UNO 的数字口 13 设置为输出模式，在单音播放函数中加入 LED 亮灭控制指令，并控制 LED 在一个节拍内完成一个亮灭。需要改动的文件有两个：

① 将原《欢乐颂》项目中的文件“buzzer_drv. ino”改名为“buzLed_drv. ino”，添加 Arduino 新分配端口的初始化设置，LED 状态控制函数，并修改单音播放函数。

② 主程序文件中只需要在头部注解中改动和加入相关功能更新说明即可。

4.4.2 修改程序代码

(1) 硬件驱动文件“buzLed_drv. ino”修改情况

① 程序头部注释

```
4-4-MtiLight   buzLed_drv   ode2Joy   pitches.h
1  /*
2  * 声光设备驱动
3  * 功能:
4  *   1.Arduino控制蜂鸣器为LED和蜂鸣器分配端口
5  *   2.Arduino分配给蜂鸣器和LED的端口初始化
6  *   3.LED状态控制函数
7  *   4.声光播放函数
8  * author:mzc
9  * date:2018.11.1
10 */
```

当前处于激活状态的程序文件是“buzLed_drv. ino”，该文件中主要包括 Arduino UNO 控制板的分配给蜂鸣器和 LED 的端口设置、LED 及蜂鸣器的操作函数等内容。

② Arduino 与 LED 的连接和端口设置

```
11 #define buz 11    //蜂鸣器连接到数字口11
12 #define LED 13
13 void Init_buzLed(){
14   pinMode(buz,OUTPUT);//Arduino控制蜂鸣器端口设置为输出
15   pinMode(LED,OUTPUT);
16 }
```

第 11～12 行：分别给 Arduino 为蜂鸣器和 LED 分配的端口取一个便于识记的名字。

第 13 行：在主程序中只需调用此函数，就可以完成对分配给蜂鸣器和 LED 的端口初始化，及其工作模式的设置（均设置为输出模式）。

③ LED 灯的状态控制函数

```
17 void LED_on(){
18   digitalWrite(LED,HIGH);
19 }
20 void LED_off(){
21   digitalWrite(LED,LOW);
22 }
```

```
23 //播放一个音（一首歌由多个音（音调+音长）组成）
24 void play(int tune,float durt){
25     tone(buz,2*tune);
26     LED_on();
27     delay(450*durt);
28     LED_off();
29     delay(50*durt);
30     noTone(buz);   //有源蜂鸣器补偿代码
31     delay(50);
32 }
```

第17～19行：LED开灯函数。

第20～22行：LED关灯函数。

第24行：该函数是用指定音长（ms）发出频率为tune的声音。但在播放的同时，会有LED同步闪烁。

第25行：以2×tune的频率控制蜂鸣器buz准备发出声音，这只是一个指令，指令的执行需要时间。

第26行：发出开灯指令。

(2) 主程序文件名改为“4-4-MuLight.ino”

① 程序头部注释

```
4-4-MuLight
1 /*
2  * 声光奏：欢乐颂
3  *  author：mzc
4  *  date：2018.09.11
5  */
```

该项目由四个程序文件组成，其中“4-4-MuLight.ino”是主程序文件。判断标准是当setup和loop函数位于该文件内，这个文件就是主程序所在的文件。

② setup函数中的修改

```
7 void setup(){
8   Init_buzLed();
9 }
```

Arduino对需要用到的硬件端口进行初始化，这里用Init_buzLed函数即可完成硬件初始化设置，项目开发人员无需进一步了解或做更多事情，简化了流程，同时也降低了程序出错的风险。

项目的其它部分在前面已经详细讲解，这里不再赘述。

4.5 本章小结与思考

本章通过介绍声音的常识和发声机制，谈到如何用电子设备将电转换为声，并介绍了常见的电声转换装置及本书中主要用到的蜂鸣器。然后通过实例项目，引导读者一步步从如何让机器人控制蜂鸣器发出简单的声响，到发出有意义的声音，然后发出更复杂的乐音，使读者掌握蜂鸣器与控制器的连接和驱动的同时，还了解了机器人如何发出声响和如何发出我们期待的声音，为有声机器人的开发奠定知识和技能基础。同时，在项目中潜移默化地引入工程管理思想，应用模块化和迭代开发等方法。希望读者在学习和制作过程中，严格要求自己，养成良好的习惯，以便未来在项目团队中发挥积极的作用。

如果您细思一下，可能会问，合成语音是怎么回事？这个问题很有意思，我们现在的导航软件中的语音导航就用到了语音合成技术，我们听到的林志玲或其他人的声音都是合成语音，而非本人的录音，能够以假乱真是因为用到了大数据和自主学习等人工智能知识，有兴趣的朋友可以去查阅相关资料，或者期待本系列图书的后续讲解。

第5章 机器人如何实现移动

制作一个可以像人一样自由移动的机器人，是很多人的梦想。本章将带您一起探索如下问题。

① 如何让机器人移动。

一个处于静止状态的物体，如果我们想要让它移动到其它位置，需要给它施力才行。在发现电和学会使用电之前，人们开发出了蒸汽轮机，将热能转换为动能。现在，非常便捷和低成本的方式是使用电能，只要将电能转换为动能，就可以让物体移动变得容易。

② 对于只使用电能的机器人，如何将电能转换为动能。

电机可以将电能转换为动能。本章将介绍常用于机器人制作的不同类型的电机，包括直流（减速）电机、舵机和步进电机，并通过实例介绍如何使用它们实现移动控制。

③ 如何驱动直流电机。

如何启动直流电机、如何控制直流电机正反转及加减速等问题，将在本章第 1 节中介绍，通过软硬件相结合，达到控制自如的目的。本节还会介绍如何搭建用 Arduino UNO 控制板控制直流电机的电路，以及如何通过程序控制电机进行各种形式的转动行为等问题。

④ 如何驱动舵机。

伺服电机借助伺服控制电路控制电机的转速，通过传感器实时掌握电机的转动情况，实现精确的位置控制。为了能够让机器人控制实现起来更简单，我们将选择一种改进型的伺服电机——舵机，在伺服电机的伺服电路与电机之间增加了减速齿轮组，增加了电机的输出扭矩，可以直接连接到负载装置上。本章第 2 节将介绍舵机，如何搭建电路，如何编程实现精确控制，通过程序控制舵机转到指定位置。并通过实例，了解如何控制舵机来回扫描。

⑤ 我们希望机器人能够精确移动，目前的工业机器人多是使用步进电机进行控制的。那么，如何驱动步进电机呢？

在本章第 3 节，将通过实例，从软硬件搭建开始，一步步控制步进电机精确移动到指定位置，从而管窥大型的工业机器人是如何实现精确移动的。

5.1 用直流电机控制机器人移动

能够将电能转换为机械能的设备通常有电机和继电器，其原理都是在通电线圈与磁场作用下产生移动。电机在获得所需的电能后，会产生旋转。根据供电方式，可以分成交流电机和直流电机两种。根据构造原理，可以分为普通直流电机、直流减速电机、舵机和步进电机等几种。直流电机是机器人的重要部件。我们入门阶段以及中小型和微型机器人，多是采用直流供电，因此移动机构选用的也是直流供电的电机。不同的应用，对电机的功能及性能也有不同的要求。为了满足不同的应用需要，我们常常需要在直流电机、舵机和步进电机之间进行选择。

5.1.1 直流电机的驱动

普通直流电机一般转速较高，但扭矩较小。而机器人对转速要求不需要太高，但必须有足够的扭矩，因此，常常需要为电机安装一个减速齿轮箱。图 5-1 所示的是一种物美价廉的玩具机器人电机，尽管非常小，却能很轻松地驱动重量超过它数倍甚至更重的机器人自由移动。这种直流减速电机额定电压如果选择的是直流 6V，其实际工作电压较宽，范围可达 3～9V，但在偏离额定值越大的情况下，电机虽然还能转动，但转速和扭矩已经大打折扣。以下这些情况都可能损坏甚至烧毁电机：

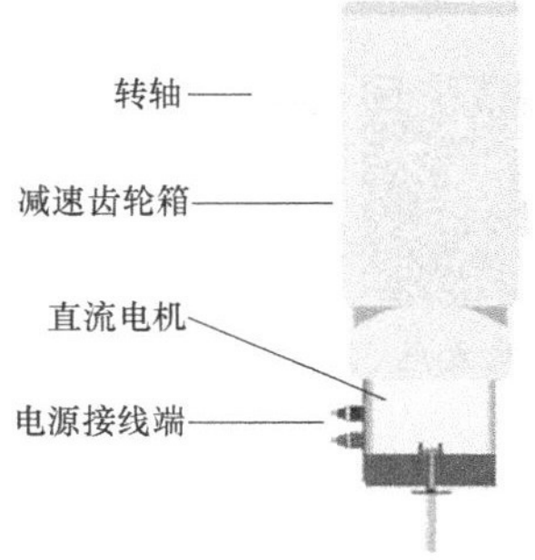

图 5-1 TT 直流减速电机实物外形图

① 在较高电压下长时间运行会导致电机过热，可能烧毁电机。

② 电压过低，也可能导致电机烧毁，因为电压过低，电机可能无法转动（这种情况称为失速），导致电源施加在电机上的电能全部转换为热能，引起电机过热。

③ 尽管供电正常，但由于负载过大，导致电机无法转动，这时施加在电机上的电能将转变为热能，若不及时处理，电机将因过热而损毁。

通过前面知识的学习我们已经知道，Arduino 控制板可以向外提供 5V 供电。我们曾用它为 LED 和蜂鸣器供电，并正常运行。尽管 5V 直流电符合这种直流减速电机的供电电压要求，但绝不能用它直接给这种电机供电以驱动机器人行走。因为电机能够正常运转，还有一个重要指标，就是电流。Arduino 向外供电的电流最大不超过 300mA，而直流减速电机驱动整个机器人移动时，所需的电流常常超过这个数值。因此，需要有专门的电源供电。其次，机器人移动不可能只是一个方向和一个速度就能满足，还需要电机在不同的情况下以不同的转速和转向运行。

移动机器人的供电示意图如图 5-2 所示，图中箭头表示供电的流向，箭头越粗表示需要流过的电流越多。

①：流过的是整个机器人所需的供电电流。

②、③：为主控制器和传感器供电，一般耗电较少，流过的电流较小。

④：移动机器人电池的电能主要消耗在电机上，这里流过的电流接近①。

⑤：电机驱动板根据主控制器发来的控制指令，输出相应的电能，驱动电机按一定的方式转动。

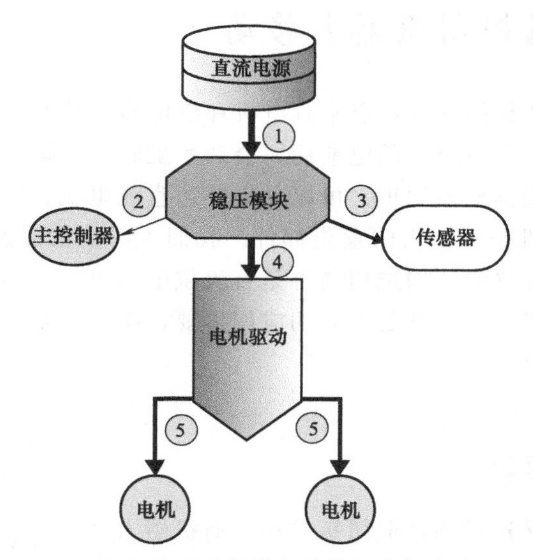

马达发电

图 5-2　移动机器人的供电示意图

5.1.2　搭建用 Arduino UNO 控制电机的电路

（1）电机驱动板

图 5-1 所示的 TT 直流减速电机，可以使用如图 5-3 所示的 MX 电机驱动板驱动。MX 电机驱动板有以下几个特点：

① 供电电压 2～10V，具体供电电压需要根据电机的工作电压要求，在此范围内选择；

② 可同时驱动两个直流电机，或者一个两相四线步进电机；

③ 可实现正反转和调速（必须使用具有 PWM 输出功能的端口）功能；

④ 每路电流可达 1.5A 持续供电，峰值电流可达 2.5A；

⑤ 具有过热保护电路，温度下降到正常范围后，可自动恢复。

注意：① 电源正负极不能接反，否则会造成电路元件损坏。

② 输出对地短路或者输出端短路，以及电机堵转情况下，驱动芯片内有过热保护功能，但是如果模块在接近或超过 10V 电压且峰值电流大大超过 2.5A 的情况下，极易造成芯片快速过热，可能导致在触发内部保护电路前烧毁芯片。

图 5-3 所示的 MX 电机驱动板各引脚的功能如下。

① IN1 和 IN2：接收来自机器人主控制器（本书中为 Arduino UNO）数字 I/O 引脚的控制信号；控制输出口 MOTOR-A 所连接电机的正反转和加减速（前提是两个引脚都要连接到 PWM）。

图 5-3　MX 电机驱动板

② IN3 和 IN4：接收来自机器人主控制器（本书中为 Arduino UNO）数字 I/O 引脚的控制信号；控制输出口 MOTOR-B 所连接电机的正反转和加减速（前提是两个引脚都要连接到 PWM）。

③ 引脚“+”和“−”：一般直接连接到电源端，两个引脚之间的电压允许范围为 2～10V，如果项目中使用 6V 直流减速电机，那么使用的供电电压不能低于 6V。

（2）直流电机的控制方式

MX 电机驱动控制逻辑如表 5-1 所示。

表 5-1　MX 电机驱动控制逻辑

受控电机	转动方式	IN1电平	IN2 电平	IN3 电平	IN4 电平
MOTOR-A	顺时针旋转	1/PWM	0		
	逆时针旋转	0	1/PWM		
	滑移	0	0		
	刹车	1	1		
MOTOR-B	顺时针旋转			1/PWM	0
	逆时针旋转			0	1/PWM
	滑移			0	0
	刹车			1	1

表 5-1 中的项目说明。

① 1，0：表示高电平和低电平。

② PWM：表示脉冲宽度调制，调节占空比可以改变转速。

③ 滑移：电机断电后，由于原来的惯性，不会立即停止，而是会靠惯性继续移动一段距离。

④ 刹车：电机断电后，立即停止转动。

5.1.3　通过程序控制电机进行各种形式的转动

电机正常的转动行为不外乎六种方式：正转、反转、快转、慢转、滑行和刹车。通过这六种方式，可以控制机器人的前进、后退、加速前进/后退、减速前进/后退，左转、右转、原地转，断电滑行（惯性克服摩擦力）和刹车急停等行为。

本项目用 Arduino UNO 控制一对直流减速电机（6V，分别放置于左右，模拟一辆两驱小车），如图 5-4 所示，先全速前进（正转）2s，接着半速反转（后退）2s，然后刹车，并维持 2s，最后全速向右转 2s。

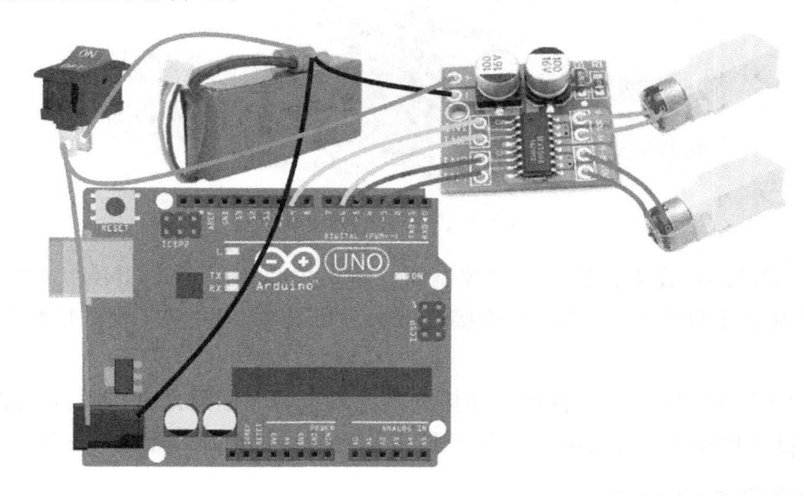

图 5-4　Arduino UNO 控制电机电路线路图

这个项目由两个程序文件组成，分别是主程序代码文件“5-1-DCmotor. ino”和 MX 马达驱动板驱动程序代码文件“Mx_drv. ino”。

(1) 主程序代码文件“5-1-DCmotor. ino”剖析

① 程序头部说明

```
5-1-DCmotor   Mx_drv
1 /*
2  * 名称：直流电机驱动测试程序
3  * 关于MX驱动板电路连接注意点：
4  *   1. MX的VCC（6~9V DC电源），给电机驱动板及电机供电；
5  *   2. 线路连接请参考电机驱动（Mx_drv）文件。
6  *
7  * Author：Zicheng Ming
8  * Date：2017. 02. 26
9  */
```

注意：本程序仅适用于 MX 电机驱动板，其它型号的驱动板因为芯片和功能逻辑分配等不同因素，可能需要做相应修改才能适用。

② Arduino UNO 控制板的电机驱动端口设置

```
11 void setup() {
12   Init_motor();
13 }
```

Arduino 输出到 MX 驱动板的 4 个 I/O 口必须都是支持 PWM 的，否则电机的转速将无法控制（电机只有最大和停止，其它速度无法控制实现）。

③ 程序的主体部分

各种转动行为的控制方法和测试。

```
15 void loop() {
16   Move(100,100);//全速前进
17   delay(2000);  //delay2000ms(2s)
18   Move(-50,-50);//半速后退
19   delay(2000);
20   Move(0,0); //刹车
21   delay(2000);
22   Move(100,-100); //右转
23   delay(2000);
24 }
```

注意：Move（PwrLeft，PwrRight）函数中两个参数的取值范围都是－100～100，在赋值时不要超过这个范围。

第20行：Move（0，0）表示左右两个电机都刹车，即强行停止转动（转速变为0）。

每次给电机控制指令（Move函数）后，必须给予一定的执行时间，因为电机从供电到运行需要一个时间，从得到指令直到抵达指定地点也必然需要一定的时间。

（2）马达驱动程序代码“Mx_drv.ino”剖析

① 程序头部说明

```
5-1-DCmotor    Mx_drv
1 /*
2  * 名称： MX电机驱动程序
3  * 功能：
4  *  1.Arduino UNO控制板端口分配
5  *  2.Arduino UNO端口设置
6  *  3.转动控制
7  * author：mzc
8  * date：2018.11.3
9  */
```

② 端口分配

```
10 /*端口： Mx板— Arduino（PWM）*/
11 #define  IN1    6
12 #define  IN2    9
13 #define  IN3    3
14 #define  IN4    5
```

③ 端口配置

```
16 //Arduino分配给Mx驱动板的端口初始化
17 void Init_motor(){
18   pinMode(IN1,OUTPUT);
19   pinMode(IN2,OUTPUT);
20   pinMode(IN3,OUTPUT);
21   pinMode(IN4,OUTPUT);
22 }
```

④ Move函数

```
24 /*
25  * 转动控制
26  * 参数:
27  *  1.PwrLeft:  MotorA油门
28  *  2.PwrRight: MotorB油门
29  *  3.取值范围: -100~100
30  *     -100<=油门值<0:反转
31  *     油门值=0       :刹车
32  *     0<油门值<=100  :正转
33  *     绝对值越大,速度越快
34  */
```

```
35 void Move(int PwrLeft, int PwrRight){
36   //左马达
37   if(PwrLeft>0){                //前进
38     analogWrite(IN1, 255);
39     analogWrite(IN2, PwrLeft*255/100);
40   } else if (PwrLeft==0){       //刹车
41     digitalWrite(IN1, HIGH);
42     digitalWrite(IN2, HIGH);
43   } else{                       //后退
44     analogWrite(IN2, 255);
45     analogWrite(IN1, PwrLeft*255/100);
46   }
```

第 35 行：Move (int PwrLeft，int PwrRight) 函数中，参数 PwrLeft 和 PwrRight 的取值范围都是－100～100，其中：

- 符号“－”：与“＋”相比较，表示反转；
- 取值为 0：表示电机刹车，停止转动；
- 数值越大，表示速度越快。最大数值为 100 和－100，表示电机全速转动。

第 39、45 行：analogWrite (IN2，PwrLeft * 255/100) 中，“PwrLeft * 255/100”是将 PwrLeft 的取值范围由 0～100 转换为 0～255，因为 analogWrite 接收数据的范围是 0～255。

```
47   //右马达
48   if(PwrRight>0){               //前进
49     analogWrite(IN3, 255);
50     analogWrite(IN4, PwrLeft*255/100);
51   } else if (PwrRight==0){      //刹车
52     digitalWrite(IN3, HIGH);
53     digitalWrite(IN4, HIGH);
54   } else{                       //后退
55     analogWrite(IN4, 255);
56     analogWrite(IN3, PwrLeft*255/100);
57   }
58 }
```

电机正反转

右马达的控制方法与左马达的完全一样，只是端口不同而已。

5.2 控制舵机精确转动

舵机，是一种伺服电机（附加了反馈系统的直流电机，所以能够精确控制转过的角度），但舵机又不仅仅是伺服电机，舵机除了包含伺服电机控制电路，还增加了减速齿轮

组，可以在实现对电机转过的角度进行控制的同时，增加电机的输出扭矩。因此舵机可以直接带载运行。

舵机一般会引出三根线，分别连接到电源、地和信号。舵机允许将转轴旋转到某个位置，该位置由信号线上接收到的信号决定。一旦舵机到达信号指定的位置，它将保持其位置，并抵抗试图将其从该位置移动的任何外力。舵机一般用于希望转过特定角度的场合，目前市场上需求最大的是 180°转角的舵机。如果有特殊需要，可以跟厂家定制，甚至可以要求 360°无限转角。现在遍布城市每个角落的摄像机，就是使用舵机实现精确转动的。在机器人智能探测应用上，舵机是很有用的动作部件。

5.2.1 舵机的驱动

(1) 舵机的接线端

舵机如图 5-5 所示。舵机有三根引出线，分别为：

- 黄色（或白色）：PWM 线控制信号；
- 红色：电源线（+5V）；
- 棕色（或黑色）：接地线。

注意： 如果将舵机的正负极接反，可能会烧毁舵机。在连接电路时，务必事先检查和确认，如果自己不懂，务必找人确认，千万不要存侥幸心理。

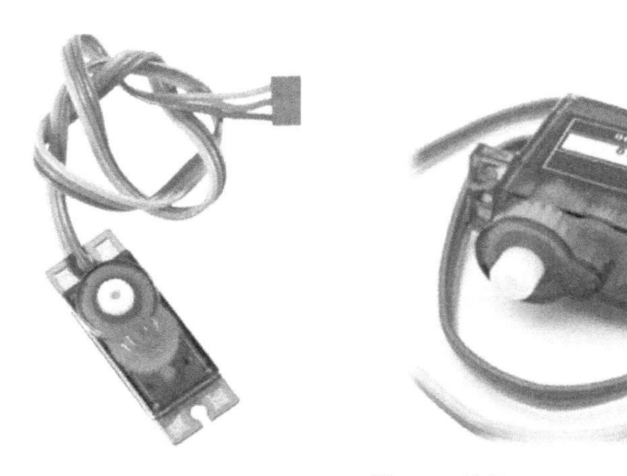

图 5-5　舵机

(2) 舵机的应用电路

舵机控制电路如图 5-6 所示。舵机的控制只需要一个支持 PWM 的端口，另外两个需要连接电源，必须保证充足的供电。本书中，用于学习的是 9g 舵机，耗电少，故使用 Arduino 供电，如果舵机功率较大，则需要专门的电源供电，而且必须保证供电电压为舵机的额定电压。过大过小都会导致故障，这与普通直流电机不同。通电前，请务必再次检查电路连接是否正确。

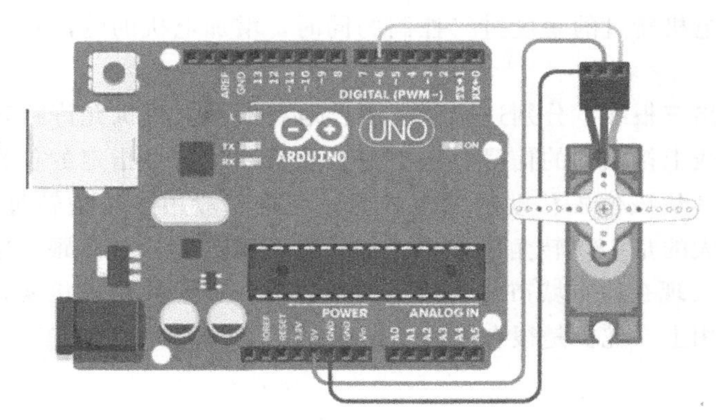

图 5-6 舵机控制电路

5.2.2 通过程序控制舵机转到指定位置

(1) 本项目任务

编程，通过 Arduino 控制 9g 舵机转到 80°的位置停止。

(2) 电路设计

舵机与 Arduino 的连接电路如图 5-6 所示。

(3) 程序设计

这个项目由两个文件组成：主程序代码文件“5-2-servo.ino”和舵机驱动程序代码文件“servo_drv.ino”。

① 主程序代码剖析

a. 主程序头部说明

```
5-2-servo  servo_drv
3  * 本例说明：
4  *   1.使用一个9g的微型舵机
5  *   2.使用Arduino UNO直接控制舵机
6  *   3.9g舵机耗电少，可直接通过USB从Arduino取电
7  * author：mzc
8  * date：2018.09.23
9  */
```

本项目使用舵机，但主程序的编程思路和表达方式与之前类似，这也正是模块化的好处。底层的硬件驱动一旦做成，上层的开发将变得简单易行。

b. 运行前的准备和启动后运行一次性操作指令

```
11 void setup(){
12   Init_servo();
13   Pos_servo(80);
14   delay(200); // 等待舵机到达该位置
15 }
```

第 12 行：Arduino 分配给舵机的端口运行模式设置，做好启动准备。

第 13 行：让舵机转到 80°的位置。

第 14 行：给舵机转动过程留下足够的时间。

c. /主循环程序

```
17 void loop(){
18 
19 }
```

主循环程序内容为空，但必须保留，否则程序在编译的时候会报错。

② 舵机驱动程序代码剖析

a. 舵机驱动程序文件相关说明

```
5-2-servo   servo_drv
1 /*
2  * 舵机驱动
3  * 功能:
4  *  1.Arduino为舵机分配端口;
5  *  2.Arduino控制舵机的端口初始化;
6  *  3.控制舵机转角
7  * author: mzc
8  * date: 2018.11.8
9  */
```

b. 调用第三方库文件

```
10 #include <Servo.h>  //调用Servo库函数
```

c. 在本项目中使用第三方库

```
12 Servo serv; //本项目的舵机对象
```

d. 为舵机分配 Arduino 端口

```
13 #define ServPin 6 //Arduino为伺服电机分配控制端口
```

e. 舵机初始化函数

```
14 void Init_servo(){
15   serv.attach(ServPin);//Arduino控制舵机的端口初始化
16 }
```

f. 舵机转角控制函数

```
17 /*
18  * 舵机转角控制
19  * 参数: angle (控制舵机转过的角度)
20  *  取值范围: 与舵机型号有关，一般为0~180
21  * 注意:
22  *     该函数仅用于向舵机发出指令，要求转到什么角度位置
23  *     舵机要执行这个指令需要一定的时间
24  *     因此该函数后要有延时，以便能够转到指定位置
25  */
26 void Pos_servo(byte angle){
27   serv.write(angle);// 指定舵机转到angle° 位置
28 }
```

第 27 行：用第三方库函数实现转角控制。注意，这个函数并不能保证舵机完成指定的操作，还需要后续的运行时间来保证。

(4) 运行与调试

① 按照代码剖析中的内容完成两个文件代码的编辑，并编译通过。

② 按照电路图连接好电路，并连接电脑上传程序。

③ 观察舵机运转，并在舵机停止转动后确认是否指向 80°位置。

5.2.3 控制舵机来回扫描

上面项目中，我们让舵机转过一个特定的角度。舵机转到指定位置后就将保持在该位置上。

实际应用中，我们常常需要让舵机不断来回移动，比如监控摄像机要对周围区域进行扫描，就需要其云台舵机来回转动。

(1) 本项目要求

编写程序，让舵机在 Arduino 控制下，能够在 0°～180°之间来回转动。

(2) 电路设计

参考图 5-6。

(3) 程序设计

本项目承接 5.2.2 节的项目，仍然是控制舵机的操作，只是要实现不同的移动目的，因此只需在主控程序中发出相应的控制指令即可。舵机的驱动程序可以参考上例，此处不再赘述。

① 程序头部说明

```
5-2-3-servo-sweep
1 /*
2  * 名称：控制舵机在0°~180°之间来回扫描
3  * 本例说明：
4  *    1.使用一个9g的微型舵机
5  *    2.使用Arduino UNO直接控制舵机
6  *    3.9g舵机耗电少，可直接通过USB从Arduino取电
7  * author：mzc
8  * date：2018.09.23
9  */
```

② 程序准备

```
11 void setup(){
12   Init_servo();
13 }
```

③ 程序主体部分

```
15⊟void loop(){
16    // 从0-->180转动，步长1
17⊟   for (byte posA = 0; posA <= 180; posA += 1) {
18      // 指定舵机移动到位置posA
19      Pos_servo(posA);
20      // 等待 15 ms，以便舵机有足够时间到达该位置
21      delay(15);
22    }
23      // 从180-->0转动，步长1
24⊟   for (byte posA = 180; posA >= 0; posA -= 1) {
25      Pos_servo(posA);
26      delay(15);
27    }
28 }
```

④ 思考与注意事项

a. Arduino 控制板 5V 端口输出电流只能驱动一个 9g 舵机空载转动（测试用），难以满足实际应用于设备控制时所需的电流，必须外接电源。否则，可能烧坏 Arduino 控制板。

b. 本例中使用了 Arduino IDE 自带的舵机库函数。因此，在 Arduino 控制板上选择控制端口时，需要注意必须具有 PWM 的引脚才可以作为舵机的控制端。

步进电机转动（一）

5.3 控制步进电机转动

步进电机与普通直流电机不一样，它是一步步转动直到完成指定的步数。当步进驱动板接收到一个相序的脉冲信号时，它就驱动步进电机按设定的方向转动一个固定的角度，通常称为步进角或步距角。

步进电机转动（二）

5.3.1 步进电机的驱动

步进电机有很多种，不同类型和规格的步进电机所需的驱动器也有不同的要求。如图 5-7 所示的 28BYJ-48 步进电机，可以使用如图 5-8 所示的 UNL2003 驱动板很方便地实现控制。

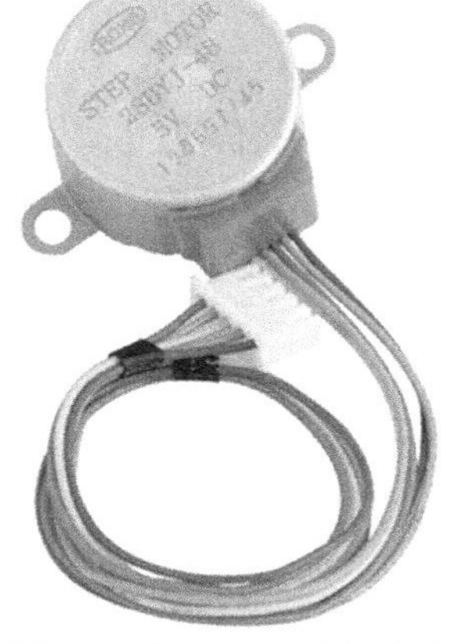
图 5-7 28BYJ-48 步进电机

如果进行空载测试，UNL2003 驱动板的供电端口可以直接连接到 Arduino UNO 的 5V 和 GND 获取电能，因为空载情况下，28BYJ-48 步进电机转动耗电较小，Arduino 的电源可以满足。但如果 28BYJ-48 步进电机带载运行，必须用独立的 5～12V、1A 的电源供电。

28BYJ-48 步进电机的内部齿轮组减速比是 64∶1，其转速约 15r/min，提高电源供电电压（如 12V 直流），转速可达到约 25r/min。

步进电机控制连线图如图 5-9 所示，只需将 28BYJ-48 步进电机的接线插头插入 UNL2003 驱动板电机接入端，Arduino 的数字口 8～11 依次与 UNL2003 驱动板的 IN1～IN4 连接，就完

成了电机与 UNL2003 驱动板的连接。

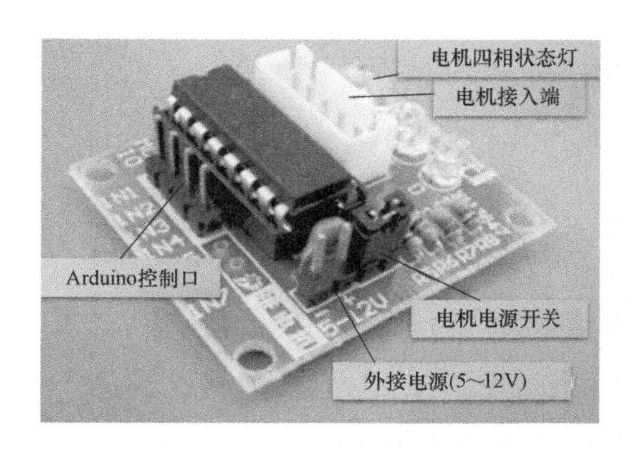

图 5-8 UNL2003 驱动板

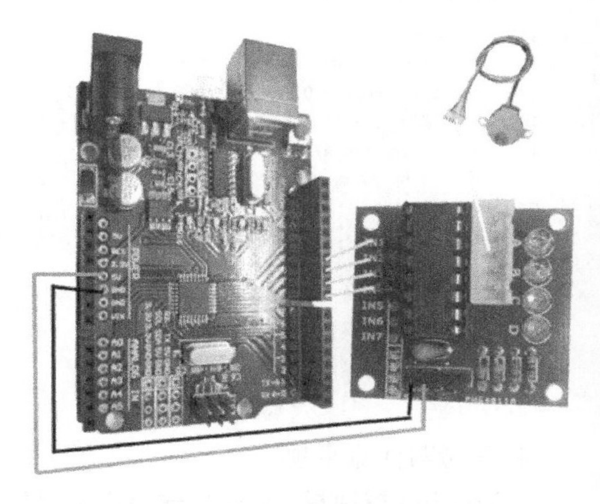

图 5-9 步进电机控制连线图

5.3.2 通过程序控制步进电机

步进电机的运动控制，关键在于驱动程序的设计。由于步进电机的控制比较复杂，我们对其驱动程序的理解可能有些困难，因此请将注意力放在主控程序的各种控制方法上。在购买电机驱动模块时，一般可以从厂家或者在网络上获取到驱动程序。

本项目从模块化角度，同样可以分为两个部分进行开发，由两个独立文件组成，分别是主程序“5-3-Stepper. ino”和步进电机驱动控制程序“UN2003_drv. ino”。

(1) 主程序文件“5-3-Stepper. ino”代码剖析

① 程序头部说明

```
5-3-Stepper
1 /*
2  * 步进电机动作测试 *
3  * author;mzc
4  * date:2018. 09. 23
5  */
```

② 程序准备

对 Arduino 分配给步进电机的驱动模块各个引脚进行初始化设置。

```
7 void setup() {  //端口初始化设置
8   Init_stepper();
9 }
```

Arduino UNO 控制板对于分配给步进电机驱动模块的各个端口的初始化过程，全包含在函数 Init_Stepper 中，作为用机器人进行应用开发的工程师而言，无需过于关注硬件配置的细节，只需把重点放在运动控制上面。

③ 程序主体部分

```
11⊟void loop() {
12    //电机顺时针转，最低速度2，转400步
13    Move_step(2,400);
14    delay(500); //执行时间
15     Move_step(0,0); //停止
16     delay(500);
17     //电机逆时针转，高速，转300步
18     Move_step(-7,300);
19     delay(500); //执行时间
20 }
```

主循环程序中，对步进电机的几种控制方式分别给了测试代码，一方面测试和体验步进电机的工作方式，另一方面让我们了解如何控制步进电机实现不同的运转。步进电机的转动控制只需一个函数、两个参数就可以轻松实现，函数 Move_step（Speed，step）用于设置步进电机的转向、速度和转过的步数，关于函数 Move_step 的具体用法，请参考表 5-2 的描述。

表 5-2 函数 Move_step（Speed，step）

序号	参数名	功能	备注
1	Speed	指定步进电机的速度，取值范围：0（停止），2（非 0 的最小速度），3，4，5，6，7（最大速度）	Move_step(2,400)表示以最低的速度正向转过 400 步
2	step	指定步进电机要转过的步数	Move_step(0,0)让步进电机停止

（2）步进电机驱动程序

① 步进电机驱动控制板驱动程序文件“UN2003_drv. ino”的头部说明

```
5-3-Stepper    UN2003_drv
1 /*
2  * 步进电机驱动
3  *  1.使用的驱动模块：UN2003
4  *  2.需要用到Arduino的4个I/O口
5  *  3.系统耗电很少，可以用USB取电
6  * author: mzc
7  * date: 2018.11.3
8  */
```

② 需要占用 Arduino 的端口

```
9  #define IN1 8
10 #define IN2 9
11 #define IN3 10
12 #define IN4 11
```

需要用到 Arduino 的四个输入输出（I/O）端口，分别以别名列出，便于管理和移植重用。

③ Arduino 分配给步进电机控制模块的端口初始化

```
13⊟void Init_stepper() {  //端口初始化设置
14⊟  for(int i=8;i<12;i++){
15      pinMode(i,OUTPUT);
16    }
17 }
```

用 for 循环批量处理端口工作模式设置。

④ 步进电机驱动控制函数

```
18⊟/*
19  * 步进电机驱动控制函数
20  * 参数:
21  * 1..Speed 速度
22  *     2->3->4->5: 最大-->最低速度
23  *     0: 步进电机停止
24  *     -(负号): 表示反向转动
25  * 3.Step: 步数
26  *     为正整数
27  */
```

这个注释非常重要，关系到步进电机驱动控制函数如何使用，以及相关参数的设置和意义。

让步进电机顺时针旋转指定步数的代码如下。

```
28⊟void Move_step(int Speed, int Step){
29⊟  if(Speed >0){   //顺时针转
30⊟      for(int i=0;i<Step;i++){
31          digitalWrite(IN4,HIGH);
32          delay(Speed);//取值2, 3, 4, 5, 速度由大到小, 下同
33          digitalWrite(IN4,LOW);
34          digitalWrite(IN3,HIGH);
35          delay(Speed);//取值2, 3, 4, 5, 速度由大到小, 下同
36          digitalWrite(IN3,LOW);
37          digitalWrite(IN2,HIGH);
38          delay(Speed);//取值2, 3, 4, 5, 速度由大到小, 下同
39          digitalWrite(IN2,LOW);
40          digitalWrite(IN1,HIGH);
41          delay(Speed);//取值2, 3, 4, 5, 速度由大到小, 下同
42          digitalWrite(IN1,LOW);
43          delay(Speed);//取值2, 3, 4, 5, 速度由大到小, 下同
44        }
```

将步进电机的转动用两个参数来控制：转速和转过的步数。转速 Speed 为正数时，步进电机正向转动。

让步进电机停止的代码如下。

```
45      }else if(Speed == 0){
46        digitalWrite(IN1,LOW);
47        digitalWrite(IN2,LOW);
48        digitalWrite(IN3,LOW);
49        digitalWrite(IN4,LOW);
```

让步进电机逆时针转动的代码如下。

```
50      }else if(Speed <0){
51⊟       for(int i=0;i<Step;i++){
52          digitalWrite(IN1,HIGH);
53          delay(-Speed);//取值2, 3, 4, 5, 速度由大到小, 下同
54          digitalWrite(IN1,LOW);
55          digitalWrite(IN2,HIGH);
56          delay(-Speed);//取值2, 3, 4, 5, 速度由大到小, 下同
57          digitalWrite(IN2,LOW);
58          digitalWrite(IN3,HIGH);
59          delay(-Speed);//取值2, 3, 4, 5, 速度由大到小, 下同
```

```
60          digitalWrite(IN3,LOW);
61          digitalWrite(IN4,HIGH);
62          delay(-Speed);//取值2，3，4，5，速度由大到小，下同
63          digitalWrite(IN4,LOW);
64          delay(-Speed);//取值2，3，4，5，速度由大到小，下同
65        }
66      }
67 }
```

5.4 本章小结

机器人的移动方式有很多种，但在目前的技术条件下，都离不开电机。无论是直流电机、减速电机、伺服电机还是步进电机，或者其它类型的电机，其基本的原理都是将电能转换为动能。机器人控制器本身有控制能力，但无法直接控制电机的电压和方向。只有借助电机驱动模块，才能用较小的电信号控制更高电压和更大电流的方向和大小。

本章通过实例项目，分别给出了直流减速电机、伺服电机和步进电机的控制方法。有了这些方法以后，我们就可以进行相关应用的控制。当然，不同的机器人其控制要求不一样，对电机和驱动模块的要求也千差万别。如果想进一步学习和研究，可以参考相关书籍。

第6章 机器人如何感知环境

我们都知道，人类对外部环境的感知主要是通过五种感觉器官，即眼睛（视觉器官）、耳朵（听觉器官）、鼻子（嗅觉器官）、舌头（味觉器官）和皮肤（触觉器官）。通过这些器官对环境的感知，我们可以判断自己处于一个什么样的环境中（比如感知水的冷热、遇到什么物体、与物体的距离有多远等）。

要想让机器人像人一样在现实环境中执行任务，首先要考虑让其了解周围的环境情况，以便灵活应对未知的情况，在执行和完成任务的同时，还能够有效保护自己不受伤害。

本章从与人类生活息息相关的外部环境信息感知入手，首先介绍了如何通过触碰对物体形态进行感知。触碰是人类感受物质世界的重要方式，对机器人而言，感知周围环境中物体的存在，触碰是非常便捷的方式，可以感知物体的有无及软硬等，而且成本非常低廉。

本章第2节介绍了如何对物体表面的灰度、颜色、凹凸进行感知。通过识别和比较物体表面的灰度、颜色以及凹凸状态，可以得到一些有意义的数据信息，比如在黑色的地面上有一条白色的线路，机器人就可以通过黑白跳变引起的灰度差异识别出线路。

本章第3节介绍了如何感知物体之间的距离。距离的检测可以像蝙蝠那样，采用超声波进行，这是一种低成本高效率的测距方法，在现实生活中得到广泛的应用，比如汽车上的“倒车雷达”，就是采用了超声波测距传感器。

环境相关信息，包括温度、光亮度等，是对人类生命活动有很大影响的信息，随时掌握这些信息，有助于人类和自然更和谐相处。如何获取环境温度和光亮度，从传感器到控制电路，再到驱动程序，在本章第4节，将一步步讲解。

我们期望机器人能替我们做事，更期望它能一直不断地为我们做事。只有“健康”才可能正常工作，因此，机器人具备一定的自我感知能力，及时发现自身的不足甚至危险，将为保障机器人能够持续正常运转奠定基础。本章第5节，将探讨机器人如何实现对振动及身体倾斜等的感知。

6.1 感知触碰

含羞草的叶子遇到触碰就会闭合，动物的体表在无意中遇到异物触碰时，也会本能地避让。含羞草的叶柄基部有一个膨大的器官叫叶枕，叶枕内生有许多薄壁细胞，这种细胞对外界刺激很敏感。一旦叶子被触动，刺激就立即传到叶枕，这时薄壁细胞内的细胞液开始向细胞间隙流动而减少了细胞的膨胀能力，叶枕下部细胞间的压力降低，从而出现叶片闭合、叶柄下垂的现象。经过 1～2min 细胞液又逐渐流回叶枕，于是叶片又恢复了原来的样子。

为了保护自己不受意外伤害，机器人是否也可以像含羞草或动物一样，无意中遇到异物时也能够及时避让，避免可能受到的伤害呢？我们能否让机器人也具有类似的感知功能呢？

设想在机器人体表安装一些“叶片”触手，在“叶柄”基部安装开关，只要触手被轻微按压，触动开关就会闭合（常开型）或断开（常闭型），机器人的大脑 CPU 一旦读到这个状态变化的信息，就可以做出相应的决策，并做出避让远离的反应。还有更高级的做法，就是让机器人只对特定的触摸有感知，比如只有被类似于人的皮肤触摸到时，机器人才会做出反应，这种方式对于机器人有着特别重要的应用意义。

用程序监控按钮的状态

6.1.1 用程序监控按钮的状态

(1) 按钮

按钮（一种纽扣状按键）其实就是一种开关，但与普通开关有区别，那就是只有按下按钮，它的开关状态才会改变，释放后开关恢复原来状态［图 6-1（a)］。市面上常见的按钮开关，有常闭［图 6-1（b)］和常开［图 6-1（c)］两种。所谓常开，即只有按下才能闭合，释放就断开。

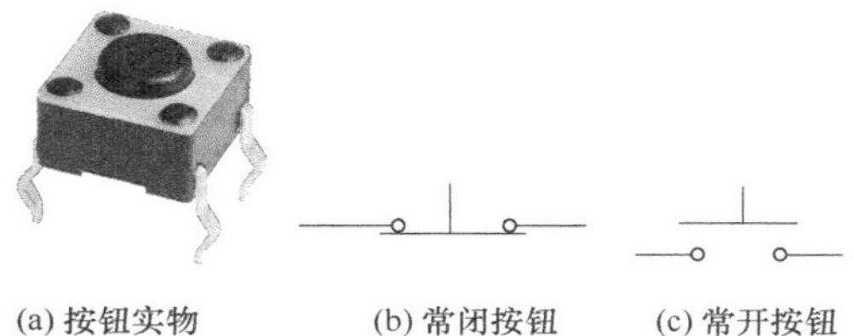

(a) 按钮实物　(b) 常闭按钮　(c) 常开按钮

图 6-1　按钮实物与原理图

按钮常常被用来作为触碰传感器，将按钮做成触角状，就可以像猫胡子一样，只要轻轻一碰，就会闭合（常开型）或断开（常闭型），既灵敏又实惠，因此得到广泛应用。图 6-1（a）是一种常用的按钮，根据不同的应用场合，触碰传感器有不同的外形，但工作原理都是开关状态的切换。

(2) 项目要求

① 用 Arduino 数字口 13 内建的 LED 作为监控指示灯。

② 用 Arduino 数字口 7 作为按钮状态读取端口。

③ 控制任务：端口 7 的按钮按下，端口 13 的 LED 灯亮；松开 7 口的按钮，13 口的 LED 灯灭。

④ 拓展任务：连续按下端口 7 的按钮 2 次，端口 13 的 LED 灯发出“SOS”信号。

(3) 任务分析

本项目将按钮与 LED 串联后，再串联一个电阻，直接接入电源，同样可以实现任务③的控制要求。但任务④的拓展功能就无法实现了，因此，我们考虑使用程序监视按钮的状态变化，然后根据条件实现对 LED 的控制。

(4) 电路设计

根据任务要求，列出本项目所需元器件清单，如表 6-1 所示。6.8kΩ 电阻是 Arduino 用于检测按钮状态端口的下拉电阻（即按钮控制端口通过该电阻接地），作用是让端口在默认情况下保持低电平。

表 6-1　按钮监控项目元器件清单

序号	名称	规格	说明
1	按钮		按钮是触碰传感器
2	Arduino	UNO	Arduino 端口可以连接传感器、LED、LCD 等
3	电阻	6.8～10kΩ	数字口 7 下拉电阻
4	杜邦线	公对公	3 根
5	USB 数据线		连接 Arduino 与电脑，数据通信

电路连线请参考图 6-2。按钮的一端（图中按钮左侧引脚）连接到 Arduino UNO 控制板上的 3.3V 端口。按钮的另一端（图中按钮的右侧引脚）分两路，一路直接连接到 Arduino UNO 控制板的数字口 7，另一路通过 10kΩ 电阻接地。

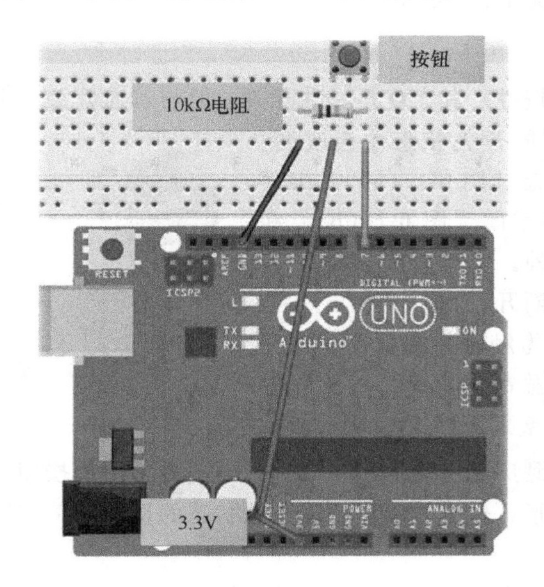

图 6-2　按钮状态监控电路连线图

从图 6-3 的原理图可以更直观地观察到这种连接。图 6-3 中并没有显示 LED 的符号及相关电路，这是因为 Fritzing 软件把 Arduino UNO 控制板看成是一个元件，因此其内部的 LED 不能再重复出现。

(5) 程序设计

本项目中，Arduino UNO 控制板使用了两个外部设备，一个是触动传感器（按钮，外接），另一个是显示器（LED，Arduino 内建）。这两个设备的驱动和控制作为独立模块文件出现在项目中。因此，本项目由三个文件组成。

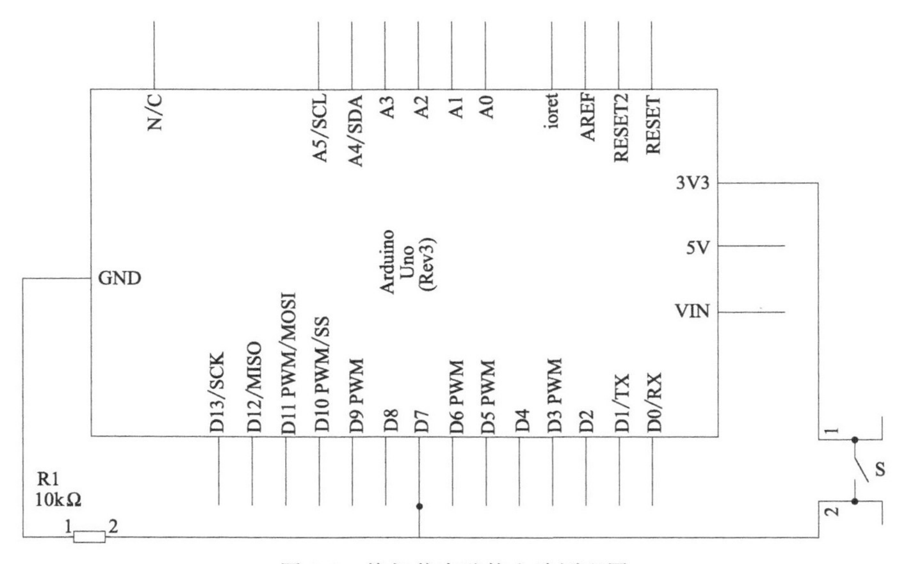

图 6-3　按钮状态监控电路原理图

① 主程序文件“6-1-3-button. ino”代码剖析

a. 主程序文件头部信息

```
6-1-3-button   button_drv   LED_drv
1 /*
2  * 用程序监视按钮状态，用LED显示状态变化
3  *  直接使用Arduino数字端口读入按钮状态
4  *  使用按钮当前状态控制LED的亮灭
5  * author: mzc
6  * date:2018.09.16
7  */
```

顶行显示，本项目包含三个独立文件，分别是主程序文件“6-1-3-button. ino”，驱动程序文件“button _ drv. ino”和“LED _ drv. ino”。

b. 端口初始化设置

```
 9 void setup() {
10   Init_button();//按钮端口初始化
11   Init_LED();//LED端口初始化
12 }
```

第 10 行：对 Arduino 控制板连接到按钮的端口进行初始化。

第 11 行：对 Arduino 控制板连接到 LED 指示灯的端口进行初始化。

c. 主循环程序

```
14 void loop() {
15   int buttonState = State_button();//读取按钮状态
16   if(buttonState){  //如果按钮被按下
17     LED_On();         //点亮LED
18   }else{
19     LED_Off();
20   }
21 }
```

根据按钮状态决定 LED 亮或灭。

第 15 行：Arduino 通过数字端口读取按钮状态。

第 16 行：判断按钮状态，是否被按下。如果按下，Arduino 的监视端口为高电平 3.3V；否则，为 0V。

第 17～19 行：如果确认按钮被按下，点亮 LED；否则，断开 LED。

② 按钮驱动程序文件“button _ drv. ino”代码剖析

a. 按钮驱动程序文件头部信息

```
6-1-3-button | LED_drv | button_drv
1 /*
2  * 按钮状态监测程序
3  *  1.给按钮分配端口
4  *  2.初始化按钮端口
5  *  3.按钮状态监视
6  * author: mzc
7  * date: 2018.11.5.
8  */
```

顶行显示，当前激活的程序文件是“button _ drv. ino”。

b. 端口设置

```
9 #define   PUSH_BUTTON    7 //Arduino用数字口7读按钮
```

第 9 行：确定按钮连接到 Arduino 的数字口 7。如果项目中因故需要更换端口，可以直接在此修改 7 为新值。

c. Arduino 用于监视按钮的端口初始化：设置为输入。

```
11 void  Init_button  () {
12   pinMode (PUSH_BUTTON  ,  INPUT );//按钮端口初始化
13 }

14 /*
15  * 按钮状态读取函数
16  * 返回值:
17  *  True:按钮被按下（闭合）
18  *  False: 按钮为原始状态（断开）
19  */
20 bool  State_button  (){
21   bool  btn  =  digitalRead  (PUSH_BUTTON  );//读取当前状态
22   return (btn);//返回当前状态
23 }
```

第 21 行：读取按钮状态。按钮状态值有两个，分别是 True 和 False。如果按钮被按下，状态值为真（True），否则为假（False）。函数 digitalRead (pin) 用于读取数字引脚的输入电平，其用法见表 6-2。

表 6-2　函数 digitalRead (pin)

参数名	功能	备注
pin	引脚编号，比如本例中的 PUSH_BUTTON	从数字引脚读到的是 1(5V，高电平)或 0(0V，低电平)

第 22 行：返回按钮当前的状态信息。

③ LED 驱动程序文件“LED _ drv. ino”代码剖析

a. LED 驱动程序文件头部信息

```
B-4-3 button   LED_drv   button_drv
1 /*
2  * LED驱动
3  *  1.端口分配
4  *  2.端口初始化
5  *  3.LED状态控制
6  *  4.LED状态读取
7  * author: mzc
8  * date: 2018.11.5
9  */
```

顶行显示当前激活的是“LED _ drv. ino”文件。

b. Arduino 控制板为 LED 分配端口

```
10 #define   LED_PIN   13   //使用Arduino内建的LED
```

第 10 行：启用 Arduino 数字口 13 及其内建的 LED。

c. Arduino 为 LED 分配的端口初始化：设置为输出

```
12 void  Init_LED  (){
13   pinMode (LED_PIN , OUTPUT );//内建LED的端口初始化
14 }
```

初始化数字口 13 为输出模式，激活内建 LED 电路待用。

d. LED 的开、关操作函数

```
15 void  LED_On (){  //开灯函数
16   digitalWrite  (LED_PIN ,HIGH );
17 }
18 void  LED_Off  (){ //关灯函数
19   digitalWrite  (LED_PIN ,LOW );
20 }
```

LED 的开（第 15 行）关（第 18 行）灯函数。

e. 如何读取 LED 的状态信息

```
21 /*
22  * 读取灯状态的函数
23  * 返回值:
24  *  1: 表示LED处于开灯状态
25  *  0: 表示LED处于熄灭状态
26  */
27 int  Status_LED  (){
28   int  val ;
29   val  = digitalRead  (LED_PIN );
30   return (val );
31 }
```

对于被控设备，不仅要能够控制它，还要能够随时知道它当前正处于何种状态，以便系统做出控制决策。

(6) 问题与思考

① 按钮监视端口的下拉电阻在整个系统控制的各个功能实现中，似乎并没有起到什么作用，为什么要多此一举呢？请摘除 6.8kΩ 下拉电阻，并仍然运行 Arduino 中的当前程序，发现了什么？按钮失灵没有？

Arduino 控制板的数字 I/O 口既可以输入也可以输出数字信号，具体在使用前通过程序（在 setup 中）进行指定。数字信号只有两种形态：高电平和低电平。Arduino 控制板的

高低电平是通过一个参考电压（AREF）确定的，高于 AREF 的电平即被认为是高电平，低于 AREF 的电平即被认为是低电平。Arduino 默认的参考电压大约是 1.1V，可以通过 AREF 端口设置外部参考电压。而 Arduino 的数字口默认情况下输出电压都在 1.2V 以上，即默认输出为高电平。因此，本项目中，如果 Arduino 的按钮检测端没有 6.8kΩ 下拉电阻，将导致控制失灵。

② 如何实现拓展任务中提到的功能？请编写程序，并用实物电路或 Tinkercad 在线仿真调试程序。

6.1.2 实现键盘按键控制程序

键盘按键控制程序

当然，按键也不是越敏感越好，过分敏感，会导致我们不希望的事情发生。我们通过键盘输入信息，每次按键是由按下加释放两个过程组成，以按键复位作为确认。我们常用的电脑键盘，尽管没有人将它与传感器联系在一起，但实际上就是由一组触碰传感器组合而成的输入设备。通常认为，键盘的一次按键操作应该如图 6-4 所示那样，按下按键，电路接通，电压立即由高到低最后变为 0V，释放按键时也是一个无延时一次性由低到高的跳变。然而，实际的键盘受制造工艺等影响，其输入特性往往表现为如图 6-5 所示的情况，我们的按键是有一个过程的，在触点稳定接触到键盘电路的极短时间（毫秒级，人不敏感）内，键盘的通断状态很可能已经改变了多次。

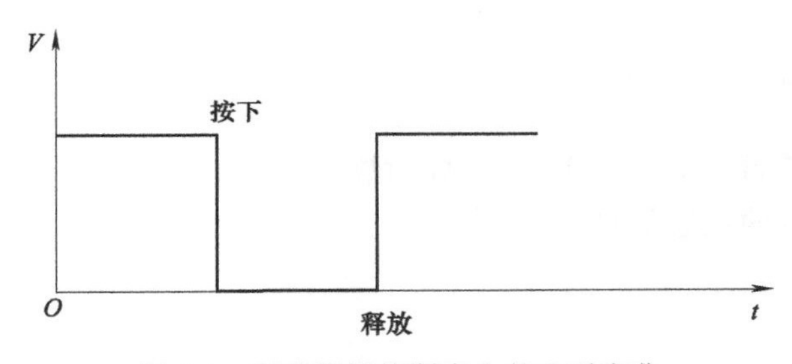

图 6-4　理想按键控制产生的电平变化

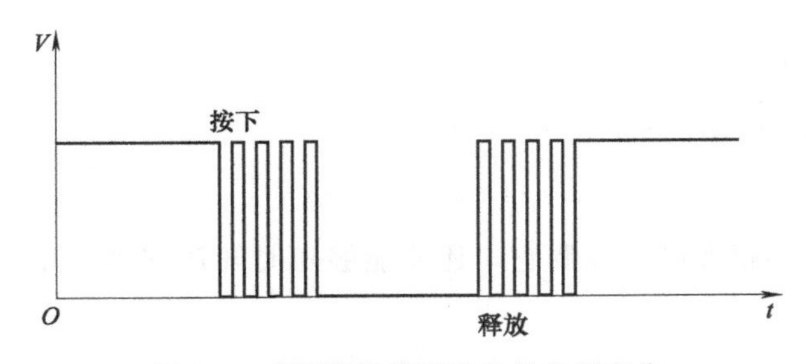

图 6-5　实际按键控制产生的电平变化

目前的机器人，也常常需要用到按键输入指令的情况。遇到这种情况，该如何处理呢？

(1) 项目要求

通常按钮被按下去的时候，开关闭合，松开后，开关断开。请利用这一特性，编程实现按一次（按下并释放为按一次）按钮，LED 灯点亮，再按一次，LED 灯熄灭。以上过程可以反复进行。

(2) 项目分析

日常生活中，我们用的照明开关是拨动式的，拨到断开位置，照明灯就会熄灭；拨到闭合位置，灯点亮，并维持常亮状态。本项目用常规的方法显然无法达成任务要求，必须借助控制器和程序。机器人主控制器通过程序监视按钮（触碰传感器）状态：如果检测到按钮被按下，LED 点亮；如果检测到按钮被释放，LED 熄灭。上述程序不断循环，以满足任务要求。

(3) 电路设计

本项目需要用到的元器件如表 6-3 所示。本项目需要用 LED 显示是否有按键活动发生。因此，需要至少 1 个按钮和 1 个 LED。以使用 Arduino UNO 内建的 LED，因此可以简化电路。实物电路连接如图 6-6 所示。Arduino UNO 端口分配，如表 6-4 所示。

表 6-3 按键控制 LED 项目元器件清单

序号	名称	规格	数量	说明
1	按钮	常开	1	尽管看上去有 4 个引脚，但实际上只有一组开关
2	Arduino	UNO	1	本项目中使用数字 I/O 口
3	杜邦线	公对公	2	注意接插是否牢靠，否则会造成接触不良
4	面包板		1	170 孔迷你面包板
5	USB 数据线	适配 Arduino	1	两个作用：电脑与 Arduino 之间的通信；给 Arduino 供电

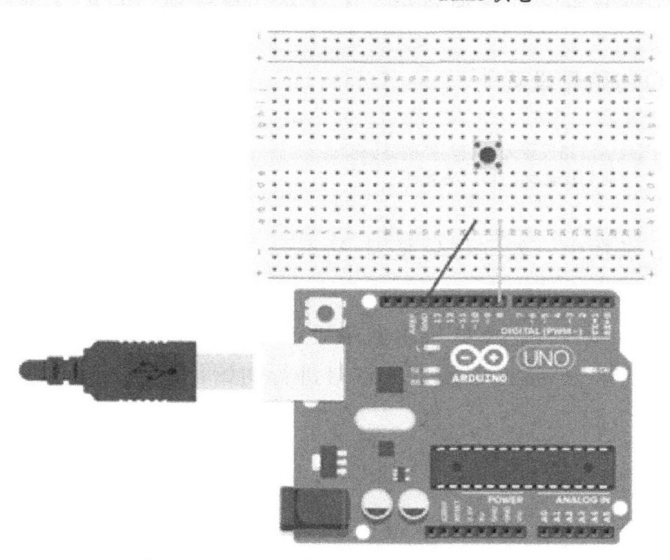

图 6-6 Arduino 按键控制 LED 电路连接

表 6-4 按键控制 LED 项目 Arduino 控制器端口分配表

序号	Arduino 的端口	外部设备	端口设置
1	数字口 13	LED	输出
2	数字口 8	按钮	输入

(4) 程序设计与代码分析

本项目用到两个外部设备，即一个按键和一个 LED。根据模块化设计原则，我们将按键和 LED 分别作为独立对象，以独立文件管理其驱动及相关活动。因此，整个项目由三个程序文件组成。

• 主程序文件“6-1-3-button. ino”，与所在文件夹同名（Arduino 主程序必须与所在文件夹同名），包含数据声明、Arduino 对外部设备端口初始化设置和无限循环函数 loop 等。

• 按键驱动程序文件“button _ drv. ino”。包括主控制板给按键分配端口的确定和工作模式设置，按键（端口）状态读取函数，一次按键输入过程函数等信息。

• LED 驱动程序文件“LED _ drv. ino”，包括主控制板给 LED 分配端口和设置工作模式，LED 的开灯函数、关灯函数及 LED 端口状态读取函数等。

① 主程序文件“6-1-3-button. ino”代码剖析

a. 主程序文件头部说明

```
6-1-3-button  LED_drv  button_drv
1 /*
2  * 项目名称：监视按键事件
3  * 程序功能：
4  *     如果检测到一次按键事件（按下-释放）
5  *        如果灯原来熄灭，就点亮
6  *        如果灯原来点亮，就熄灭
7  * author:mzc
8  * date:2018.09.02
9  */
```

项目的相关介绍很有必要，包括这是一个什么项目，该项目的主要功能是什么，以及程序如何工作的简介。

b. Arduino 端口初始化设置

```
11 void setup(){
12   Init_LED();  //数字口13设置为输出，控制LED亮灭
13   Init_button(); //初始化按钮监视口为输入
14 }
```

第 11 行：setup 函数中一般安排的是对 Arduino 上分配给每个外设的端口进行初始化设置，以及只需要运行一次的指令。

第 12 行：为 Arduino 外接 LED 用到的端口进行初始化设置。

第 13 行：为 Arduino 外接按钮用到的端口进行初始化设置。

c. 主循环程序

```
15 void loop(){
16   bool state = 0; //按键事件
17   state = ScanButton();   //读取按键事件
18   if(state){  //检测到一次按键活动
19     if(Status_LED()){ //LED状态翻转一次
20       LED_Off();//按键前LED亮，就关灯
21     }else{
22       LED_On(); //否则，开灯
23     }
24   }
25 }
```

第 16 行：声明一个变量，用于存放检测到的按键事件。一次按键事件过程：按下→释放。

第 17 行：读取按键事件。函数 ScanButton 用于扫描按键状态，并完成一次按键事件的检测，返回事件检测结果。

第 18 行：根据检测结果，控制 LED 的显示状态。

第 19～23 行：确认检测到一次按键事件，让 LED 状态反转，即原来是亮，现在熄灭；否则点亮。

② LED 驱动程序文件“LED _ drv. ino”剖析

a. LED 驱动程序头部说明

```
6-1-3-button   LED_drv   button_drv
1 /*
2  * LED驱动
3  *  1.端口分配
4  *  2.端口初始化
5  *  3.LED状态控制
6  *  4.LED状态读取
7  * author: mzc
8  * date: 2018.11.5
9  */
```

这里的信息对于阅读和使用这个程序文件的人而言，如果能够将项目信息（顶部程序文件列表栏）、该文件的重要内容列于文件头部，将是很有参考价值的。

b. 端口分配

```
10 #define LED_PIN 13  //使用Arduino内建的LED
```

第 10 行：准备启用 Arduino UNO 的数字口 13，用于控制 Arduino 内建的 LED 亮灭。

Arduino 用于控制 LED 的端口初始化，设置其工作模式为输出（OUTPUT）。

c. 端口初始化

```
12 void Init_LED(){
13   pinMode(LED_PIN, OUTPUT);//内建LED的端口初始化
14 }
```

d. LED 的开、关操作实现

```
15 void LED_On(){  //开灯函数
16   digitalWrite(LED_PIN,HIGH);
17 }
18 void LED_Off(){ //关灯函数
19   digitalWrite(LED_PIN,LOW);
20 }
```

第 15～17 行：开灯函数。使用 LED _ On 函数无需再关注 LED 的管脚分配及电平高低等底层硬件信息，使程序更具可读性和编程设计的便利性。

第 18～20 行：关灯函数。

e. LED 的状态信息获取

```
21 /*
22  * 读取灯状态的函数
23  * 返回值:
24  *  1: 表示LED处于开灯状态
25  *  0: 表示LED处于熄灭状态
26  */
27 int Status_LED(){
28   int val;
29   val = digitalRead(LED_PIN);
30   return(val);
31 }
```

第 28～29 行：读取 LED 的状态，即 Arduino 读取分配给 LED 的端口当前的电平值。

第 30 行：将 LED 当前状态值返回红色 Status _ LED。

③ 按键驱动程序文件“button _ drv. ino”剖析

a. 按键驱动程序文件头部信息

```
1 /*
2  * 按钮状态监测程序
3  *   1.给按钮分配端口
4  *   2.初始化按钮端口
5  *   3.按钮状态监视
6  * author: mzc
7  * date: 2018.11.5.
8  */
```

b. 端口分配

```
9 #define PUSH_BUTTON 8 //指定Arduino用数字口8读按钮
```

第 9 行：Arduino 为按钮分配端口。字面意思是用别名 PUSH _ BUTTON 代替 8。

c. 端口初始化

```
11 void Init_button() {
12   pinMode(PUSH_BUTTON, INPUT_PULLUP);//按钮端口初始化
13 }
```

Arduino 分配给按钮的端口初始化，将其工作模式设置为输入（激活内部上拉电路）。

d. 按键状态读取函数

```
14 /*
15  * 按钮状态读取函数
16  * 返回值:
17  * true:按钮被按下（闭合）
18  * false: 按钮为原始状态（断开）
19  */
20 bool State_button(){
21   bool btn = digitalRead(PUSH_BUTTON);//读取当前状态
22   return(btn);//返回当前状态
23 }
```

e. 检测一次按键操作

```
24 /*
25  * 检测一次按键
26  * 返回值:
27  *   1: 检测到一次按键活动
28  *   0: 没有检测到按键活动
29  */
30 bool ScanButton(){
31   if(!digitalRead(PUSH_BUTTON)){     //检测按键是否按下
32     delay(20);                        //按下，延时20ms
33     if(!digitalRead(PUSH_BUTTON)){  //再检测按键是否按下——防抖处理
34       while(!digitalRead(PUSH_BUTTON));  //等待，直到按键释放
35       return(1);  //返回1，表示完成一次按键
36     }
37   }
38   return(0);  //返回0，表示未检测到按键活动
39 }
```

第 30 行：这个函数的作用是读取并返回按钮当前的状态。如果按钮被按下了，就返回 true（逻辑真）。

第 31～33 行：按键防抖处理，过滤掉因硬件导入的噪声信息。

如果对这个程序理解有困难，请结合如图 6-7 所示的流程图进行分析。

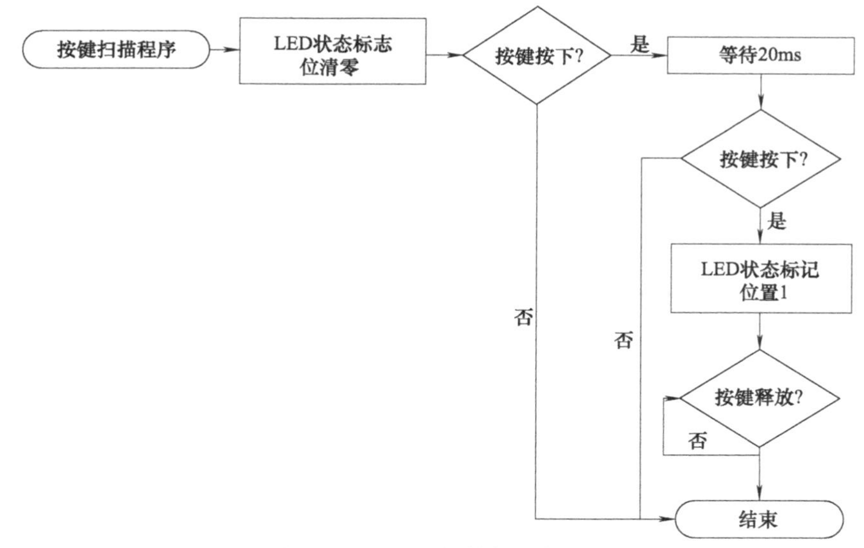

图 6-7　Arduino 按键扫描流程图

(5) 思考

① 经历这个项目后，您有什么感受？

是不是有种颠覆的感觉，原来按键编程控制不是我们以为的那么简单！只是从外表看，内在的复杂根本无从了解，但现在，我们看到了按键编程控制的内在复杂性并参与到其中。

② 如何在第 3 章第 4 节基础上，用一个按钮控制数码管的显示，具体要求是：

a. 按按钮改变显示的数字，每按一次，数码管显示的数字自动加 1，到 9 后，变为 0。

b. 不按按钮时，数码管保持显示的数字不变。

6.1.3　用按键控制数字累加显示

结合前面项目中提出的问题，让 LED 数码管可以按照我们的要求每按一次按钮，数码管上的数字就自动加 1。这种功能的应用非常多，比如家用空调和电视机遥控器，需要设置温度或换台时，只需按下遥控器上的“＋”或“－”，每按一次，显示的数字就会改变一次，比如加 1 或减 1。很多便携式电子设备也有类似的应用。

(1) 项目需求分析

① Arduino 控制器让 LED 数码管维持显示“0”；

② Arduino 控制器必须能够监视按钮的状态变化；

③ 一旦检测到按钮被有效按下一次，数码管显示的数字在原来基础上加 1 后显示；

④ 如果数码管显示的是 9，再次按下按钮，数码管显示“0”。

(2) 电路设计

① 本项目需要用到按钮、LED 数码管和 Arduino 控制器。具体元器件清单见表 6-5。

表 6-5 按键加数显示项目元器件清单

序号	名称	规格	数量	说明
1	按钮		1	按钮作为输入部件，用于接收用户的按键输入
2	Arduino	UNO	1	运行程序，根据程序要求检测按钮状态，并根据获得的数据决策，控制数码管显示
3	杜邦线	公对公	10	注意布线尽量整齐
4	LED 数码管	7 段	1	显示 0～9 之间的数字，连线时请注意管脚布局
5	限流电阻	220Ω	1	串联在数码管的公共端
6	面包板	170 孔	1	—
7	USB 数据线		1	可用于从电脑取电为 Arduino 及数码管等供电

② 电路连接。本项目电路涉及的连线较复杂，因此，先进行设计，分配 I/O 端口，并用列表（表 6-6）确定下来，检查分析无误后，参照端口分配表连接电路。

表 6-6 按键加数项目 Arduino 控制器端口分配表

序号	Arduino 的端口	外部设备	端口设置
1	10	按钮	输入
2	2	数码管 a	输出
3	3	数码管 b	输出
4	4	数码管 c	输出
5	5	数码管 d	输出
6	6	数码管 e	输出
7	7	数码管 f	输出
8	8	数码管 g	输出
9	9	—	输出

③ 电路连线图。这个项目中，电路元件不多，但一个数码管就有 10 个引脚，几乎都要与外界（Arduino）产生连线。一般借助面包板进行布线，在面包板上固定各个元器件，要注意线路可能的走向，合理安排，并留有充足的插孔，以便连线，请参考图 6-8。

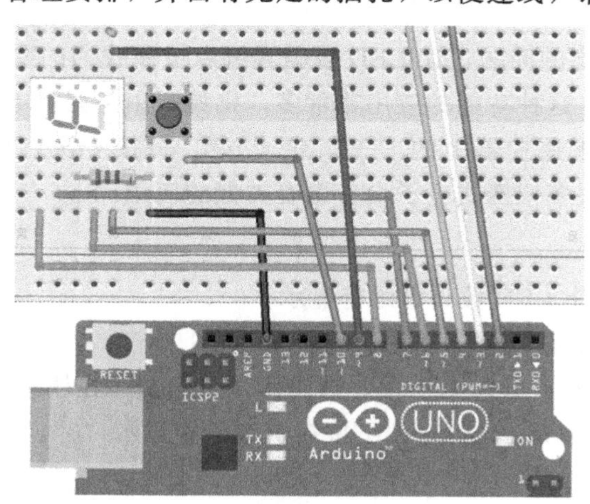

图 6-8 Arduino 按键控制数码管加数显示电路连线图

如果毫无电路经验，可以先按照本书的示例操作，并用心揣摩其内在关系。在选择连线时，注意导线颜色的搭配，比如，如果有条件，尽量让直接接地的线为黑色，黑线不做其它用途；用红线连接电源等；对于相同性质的数据或地址传送，使用相同颜色的导线。巧妙使用导线颜色，养成良好习惯，可以提高效率，减少很多因布线紊乱导致的麻烦。

④ 电路原理图。电路原理图相较于实物连线图，更直观，容易理解。但对新手而言，实物连线图可能更有用。读懂电路图，有助于我们更有效地把握操作细节。可以对照实物连线图与电路原理图，弄清各个元器件实物与符号之间的对应关系，以及元器件之间的连线关系。弄清这些之后再动手搭建电路不仅不会耽误时间，反而会帮助我们加快前进的步伐。

请对照图 6-9 的电路原理图检查图 6-8 的实物连线是否正确，并弄清其中的基本关系。

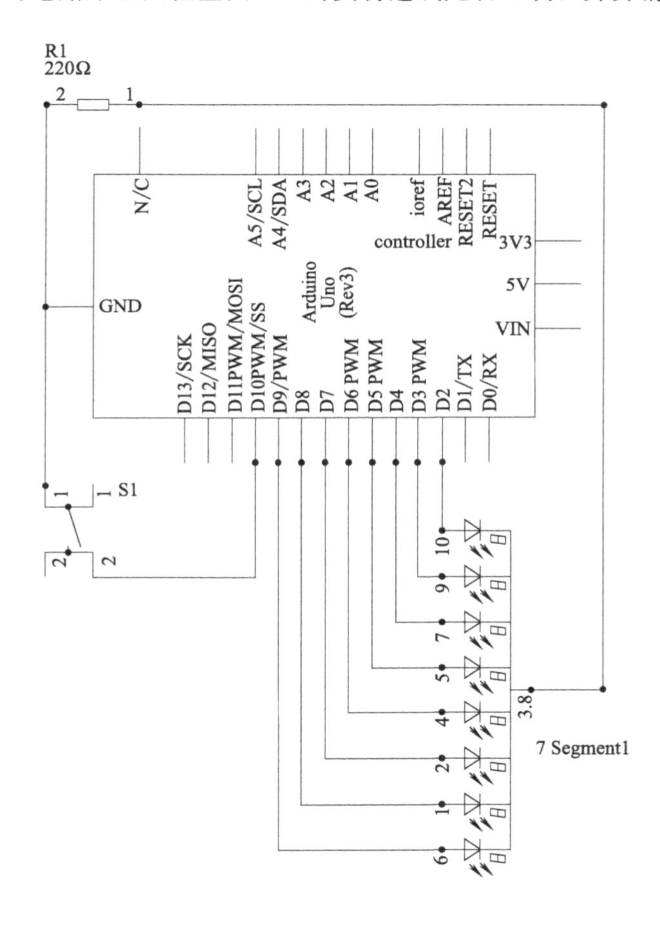

图 6-9 Arduino 按键控制数码管的加数显示电路原理图

(3) 程序设计

本项目涉及按钮和七段数码管，作为独立程序文件存在于项目文件夹中。

① 主程序代码文件头部信息

```
6-1-4-bnt-seg
1 /* 用按键控制一位共阴极数码管滚动显示“0~9”
2  *  每按一次按钮，显示的数字加1，至9后归0
3  *     *按键防抖处理
4  *     *防残影处理
5  * Design by MZC
6  * Date: 2018.04
7  */
```

项目的功能实现都是在主程序文件中呈现出来的。本项目中，我们希望用按钮控制七段数码管的显示，每按一次按钮，数码管上显示的数字就会比原来大 1。

② Arduino 端口初始化设置

```
 9 void setup() {
10   Init_seg(); //Arduino控制数码管的端口初始化
11   Init_button();  //Arduino读取按键的端口初始化
12 }
13
```

对 Arduino 分配给所用到的外部设备端口进行初始化设置。至于如何进行设置，请参考各自硬件的驱动程序文件（本项目文件夹中）。

③ 主循环程序

```
14 void loop() {
15   if(State_button()==1){   //如果按键按下
16     for(int num=0;num<10;num++){
17       display_Num(num);
18     }
19 //   delay(30);
20   }
21 }
```

实现按键显示数字，每按一次按键，数字自动累加。

第 15 行：首先执行函数 State _ button（函数的实现详见“Seg _ drv. ino”），进行按键检测，如果确认一次按键成功，就执行第 16～19 行的代码；否则就不执行。

第 16 行：对循环体内的代码循环执行 10 次。

第 17 行：在数码管上显示一个指定的数字符号。

第 19 行：延时 30ms（即 0.03s），这个指令被注释了。如果在显示及切换过程中有不自然流畅的情况出现，可以考虑用一个适当的延时来进行调试。

按键驱动程序文件，见 6.1.2 节，这里只需将名为“button _ drv. ino”的文件复制过来，放在主程序所在的文件夹内。

数码管显示驱动程序文件见 3.4.2 节，将名为“Seg _ drv. ino”的文件复制过来，放在主程序所在的文件夹内。

6.2 感知物体表面状态

物体的表面有颜色差异、灰度差异、平整度差异等。机器人在执行任务的过程中，需要借助周边环境中的这些信息进行导航、避碰、防跌倒等决策。

因此如何准确获取这些信息对机器人能否在陌生环境中顺利执行和完成任务至关重要。

6.2.1 感知物体表面灰度

感知物体表面灰度

目前用于感知物体表面灰度的传感设备，常用的识别模式主要有面阵、线阵和点阵。其中，点阵式灰度传感器成本低，算法简单，应用广泛。

(1) TCRT5000 灰度传感器

灰度传感器（图 6-10）包括一个白色高亮发光二极管和一个光敏电阻，由于发光二极管照射到灰度不同的物体表面后返回的光有差异，光敏电阻接收到返回的光，根据光的强度不同，光敏电阻的阻值也不同，从而实现灰度值的测试。

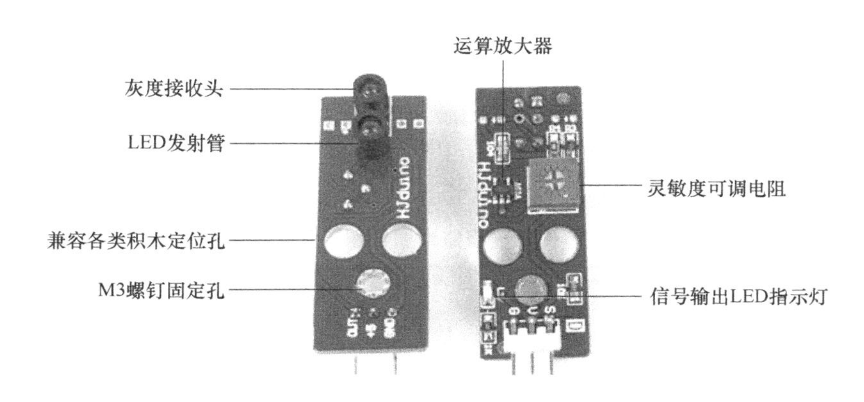

图 6-10　灰度传感器

灰度传感器的应用广泛，比如碎纸机中的纸张检测、前方障碍物的检测及黑白线的检测等。TCRT5000 灰度传感器常用于寻迹，因此常常被称为寻迹传感器。该传感器一般做成模块电路，如图 6-11 所示。

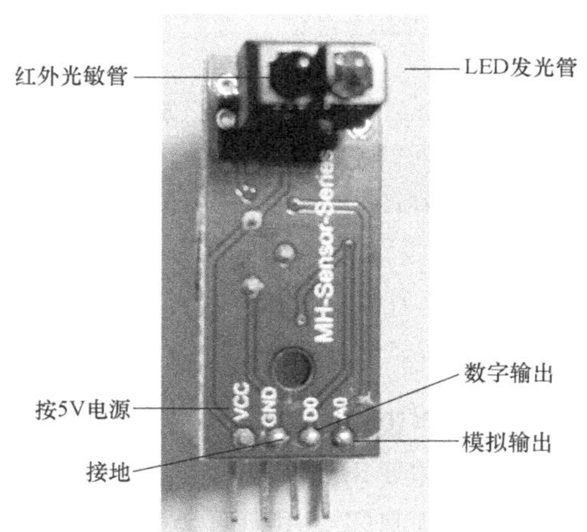

图 6-11　TCRT5000 灰度传感器

① TCRT5000 是一种红外光敏感传感器，包含一个红外发光管和一个光敏管。

a. 光敏管内部覆盖了用于阻挡可见光的材料，所以一般外观为黑色。

b. 传感器工作时，红外发光管会持续发射波长为 950nm 的红外线（不可见光）到被测表面，被测面会将入射光反射出去。

c. 光敏管对被测表面反射向它的近红外光敏感，入射的红外光越强，光敏管产生的感应电流越大，其集电极与发射极之间导通的电流越大，当达到一定强度时，光敏管会饱和导通。

② TCRT5000 红外传感器距离被检测物体的工作范围约为 0.2～15mm。

③ TCRT5000 传感器有 4 个引脚：

a. VCC：连接到 Arduino 的 5V 引脚（也可以连接到电源有 5V 输出）。

b. GND：接地（连接到 Arduino 的 GND）。

c. D0：数字输出。传感器工作在数字模式，用小螺丝刀旋转传感器上的灵敏度调节变阻器，可以修改阈值。

d. A0：模拟输出。传感器工作在模拟模式，Arduino 模数转换器是 10 位，采样范围是 0～1023，但 analogWrite 函数（本例中是向数字口 13 连接的 LED 供电）能够处理的范围是 0～255，因此使用中要注意数据有效性的处理。

(2) 项目要求

① 用 TCRT5000 灰度传感器检测一张表面灰度深浅不一的纸板。

② 用 Arduino UNO 控制板上支持 PWM 的引脚控制 LED 模拟显示灰度深浅的变化。

③ 用串口仿真器监视传感器的读数。

(3) 电路设计

项目中还用到 Arduino 数字口 9（支持 PWM）连接的 LED。所用元器件详见表 6-7。电路端口连接对照表详见表 6-8。

表 6-7　灰度传感器模拟数据检测电路元器件清单

序号	名称	规格	数量	说明
1	灰度传感器	TCRT5000	1	使用 TCRT5000 的模拟口检测被测物表面的灰度值
2	Arduino	UNO	1	
3	杜邦线	公对公	3	
4	面包板	170 孔	1	
5	USB 数据线		1	

表 6-8　灰度传感器模拟数据检测电路端口连接对照表

序号	名称	1	2	3
1	灰度传感器	VCC	GND	A0
2	Arduino	5V	GND	A0

(4) 程序设计

本项目需要用到灰度传感器检测表面灰度；需要用 LED 模拟显示灰度值的大小和变化。因此本项目需要用到两个外部设备，共需 3 个文件。

注意： 本项目中需要对 LED 进行调光，但调光值范围在 0～255 之间，因此，在编程中务必考虑到传入变量范围的一致性。

① 主程序代码文件“6-2-1-tcrtSensor. ino”剖析

a. 主程序文件主要信息说明

```
6-2-1-tcrtSensor   LED_drv   tcrt5000_drv
1⊟/*
2 *TCRT5000 传感器模拟口测试：
3 *   读取A0口连接的灰度传感器的模拟值（0~1023）
4 *   将读到的数据通过USB线上次到电脑的串口终端
5 *   同时将该数据经过处理后送PWM口控制LED的亮暗
6 *   author: mzc
7 *   date: 2018.09.13
8 */
```

b. 端口初始化设置

```
10⊟void setup(){
11    Init_LED();
12    Serial.begin(9600);
13 }
```

第 11 行：照例先对 Arduino 分配给外部设备的端口进行初始化设置。

第 12 行：软硬件初始化后，启动串口通信程序。

知识拓展

串口通信

串口用于 Arduino 板与计算机或其它设备之间进行通信。通信使用 Arduino 的数字口 0（RX，接收端）和 1（TX，发送端），通过 USB 连接到计算机。因此，如果要使用 USB 通信，就不能再用 0 脚和 1 脚作为数字输入和输出。

我们可以使用 Arduino 环境内建的串口监视器与 Arduino 板进行通信。只需点击工具栏中的串口监视器按钮，并选择与 begin（ ）中的相同波特率即可。

用法：

① 在 setup 函数中设置：Serial.begin（9600）。

② 在 loop 函数中用指令：Serial.printfln（value）。value 是一个数值、变量或有返回值的函数。

c. 主循环程序

```
15⊟void loop(){
16    tcrt = Val_tcrt();
17    LED_pwm(tcrt/4); //因为analogWrite的范围是0~256，此处读取的A0值除以4.
18    Serial.println(tcrt);
19    delay(150);
20 }
```

主要工作就是不断读取灰度传感器的值，用于控制 LED 的亮度，同时将灰度传感器的值通过 USB 送到电脑的串口监视器中显示。

第 16 行：读取灰度传感器当前值。

第 17 行：用当前值作为控制 LED 灯亮暗的 PWM 值。

第 18～19 行：将灰度传感器的值通过 USB 传送到电脑上，我们就可以在电脑上的串口监视器内看到灰度传感器的当前值，间隔约 150ms（0.15s）。

② TCRT 灰度传感器驱动程序代码文件“tcrt5000 _ drv. ino”剖析

a. TCRT 灰度传感器驱动程序代码文件主要信息

```
6-2-1-tcrtSensor  LED_drv  tcrt5000_drv
1 /*
2  * 灰度传感器驱动
3  * 功能：
4  *  Arduino端口分配
5  *  端口初始化
6  *  传感器读值函数
7  */
```

b. 端口设置

```
8  #define TCRT A0
```

c. 端口初始化设置

```
10 void Init_tcrtSensor(){
11   //nothing here
12 }
```

这个函数和操作不是必需的，但为了保持程序的良好风格，建议使用。

d. 读取灰度传感器的值

```
14 int Val_tcrt(){
15   return(analogRead(TCRT));
16 }
```

③ LED 驱动与操作程序代码文件剖析

a. LED 驱动与操作程序代码文件信息

```
6-2-1-tcrtSensor  LED_drv  tcrt5000_drv
1 /*
2  * LED驱动
3  *  1.端口分配
4  *  2.端口初始化
5  *  3.LED状态控制
6  *  4.LED状态读取
7  * author：mzc
8  * date：2018.11.5
9  */
```

b. LED 的端口分配

```
10 #define LED_PIN 9  //使用PWM引脚9控制LED
```

c. 端口初始化的方法

```
12 void Init_LED(){
13   pinMode(LED_PIN, OUTPUT);//连接到LED的端口初始化
14 }
```

d. LED 灯的开、关控制方法

```
15 void LED_On(){  //开灯函数
16   digitalWrite(LED_PIN,HIGH);
17 }
18 void LED_Off(){ //关灯函数
19   digitalWrite(LED_PIN,LOW);
20 }
```

e. LED 灯的状态读取方法

```
21 /*
22  * 读取灯状态的函数
23  * 返回值:
24  *  1: 表示LED处于开灯状态
25  *  0: 表示LED处于熄灭状态
26  */
27 int Status_LED(){
28   int val;  //LED的亮灭状态
29   val = digitalRead(LED_PIN);
30   return(val);
31 }
```

f. LED 的 PWM 调光方法

```
32 //LED进行PWM调光控制
33 void LED_pwm(byte pwm){
34   analogWrite(LED_PIN,pwm);
35 }
```

(5) 系统调试与串口监视器

只需在 Arduino 运行监测程序前，在 Arduino IDE 工具中找到并打开串口监视器。

6.2.2 感知物体表面色彩

感知物体表面色彩

生活因为多样的色彩而丰富。我们能看到物体表面色彩是由于光源照射所致。我们常常利用表面不同的色彩来分辨不同的物体。

机器人可以使用 TCS3200 颜色感知模块（图 6-12）分辨物体表面的颜色。这种传感器其实是一种由可编程彩色光到频率的转换器。它把可配置的硅光电二极管与电流频率转换器集成在一个单一的 CMOS 电路上，并在单一芯片上集成了红绿蓝三种滤光器。

图 6-12　TCS3200 颜色感知模块

TCS3200 颜色传感器可以根据色彩的波长检测不同的颜色。特别适用于色彩识别，比如色彩匹配、色彩排序、测试条读取（图 6-13），等等。应用领域包括彩色打印、医疗诊断、计算机彩色监视器校准以及油漆、纺织品、化妆品和印刷材料的过程控制和色彩配合。

(1) TCS3200 颜色传感器

TCS3200 颜色传感器有一组带有 4 个不同过滤器的光敏二极管（图 6-14）。16 个带红色滤光片的光敏二极管——对红色波长敏感，16 个带绿色滤光片的光敏二极管——对绿色波长敏感，16 个带蓝色滤光片的光敏二极管——对蓝色波长敏感，16 个不带滤波片的光敏二极管。

图 6-13　彩色测试条

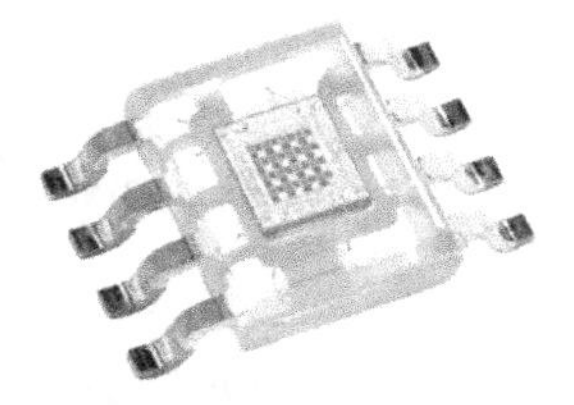

图 6-14　TCS3200 颜色传感器光敏二极管

当入射光投射到 TCS3200 模块上时，通过光电二极管控制引脚 S2、S3（图 6-12）的不同组合，就可以选择不同的滤光器。只要依次选择一种光敏二极管过滤器进行读数，就可以检测到不同色彩的强度。

在颜色传感器上有一个电流—频率的转换器，将光敏二极管的读数转换为方波（占空比为 50%），不同颜色和光强对应不同频率的方波。

图 6-12 的颜色传感器模块各个引脚功能及其组合选型介绍如下：

① 引脚 S0、S1：用于选择输出比例因子或电源关断模式；

② 引脚 S2、S3：用于选择滤光器的类型；

③ 引脚 OE：频率输出使能引脚，可以控制输出的状态，当有多个芯片引脚共用微处理器的输入引脚时，也可以作为片选信号；

④ 引脚 OUT：频率输出引脚；

⑤ 引脚 GND：模块的接地引脚；

⑥ 引脚 VCC：为芯片提供工作电压。

(2) 将 TCS3200 颜色传感器连接到 Arduino UNO 控制板

TCS3200 颜色传感器共有 10 个引脚，其中 VCC 和 GND 各有两个，只要连接一组到电源即可。Arduino UNO 控制板的引脚分配及与传感器的引脚对应关系如表 6-9 所示。

表 6-9　Arduino UNO 控制板的引脚分配及与传感器的引脚对应关系

序号	名称	1	2	3	4	5	6	7	8
1	颜色传感器	VCC	GND	LED	S0	S1	S2	S3	OUT
2	Arduino UNO	5V	GND	D2	D3	D4	D5	D7	D8

TCS3200 颜色传感器与 Arduino UNO 控制板的电路连接如图 6-15 所示。

(3) 用 Arduino UNO 从 TCS3200 颜色传感器读取物体表面的红色值、绿色值和蓝色值

① 主程序文件“6-2-2-colorsensor. ino”代码剖析

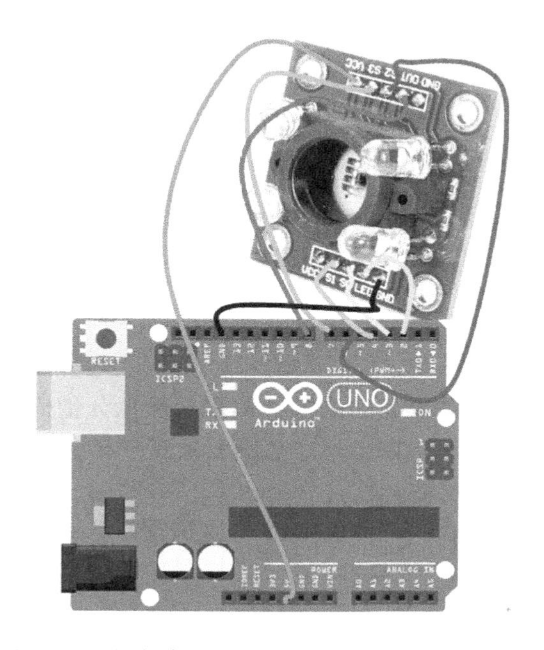

图 6-15　颜色传感器与 Arduino UNO 的电路连接

a. 主程序文件信息

```
6-2-2-colorsensor
1 /***************************************************************
2 * 用颜色传感器TCS3200读取物体表面单色值
3 *    颜色传感器函数使用方法：
4 *      Value_ColorSen(1,1)：点亮传感器上的LED，返回红色值
5 *      Value_ColorSen(2,0)：熄灭传感器上的LED，返回绿色值
6 *      Value_ColorSen(3,1)：点亮传感器上的LED，返回绿色值
7 *author:mzc
8 *date:2019.09.30
9 ***************************************************************/
```

本项目用颜色传感器检测和读取物体表面颜色的分量值，用于颜色传感器硬件配置及数据操作的部分使用 color _ tcs3200 _ drv. ino 文件专门管理。在主程序文件中，用串口监视器显示颜色传感器传送来的颜色分量。

b. 初始化设置

```
11 void setup() {
12   Init_colorsensor();
13    /* 启动串口通信 */
14   Serial.begin(9600);
15 }
```

第 12 行：尽管 Arduino 对颜色传感器的硬件初始化内容比较多，但使用函数 Init _ colorsensor，使得程序的可读性和简洁性变得很好，而且可以避免无关人员对底层的篡改。

第 14 行：启动串口通信（通过 USB 数据线），以便从 Arduino 接收数据，并送到串口监视器即时显示。

c. 主循环程序

```
17 void loop() {
18     /* 在串口监视器显示红色值 */
19     Serial.print("Red = ");
20     Serial.print(Value_ColorSen(1,1));
21     delay(100);

23     /* 在串口监视器显示绿色值 */
24     Serial.print("Green = ");
25     Serial.print(Value_ColorSen(2,1));
26     delay(100);
27
28     /* 在串口监视器显示蓝色值 */
29     Serial.print("Blue = ");
30     Serial.print(Value_ColorSen(3,1));
31     delay(100);
32 }
```

主循环程序不断读取颜色传感器送来的物体表面颜色分量值（RGB 三基色分量），并通过串口（USB 数据线）传送到电脑上，在电脑上只要打开串口监视器，就可以看到红绿蓝三个分量值数据不断在窗口滚动，每隔 100ms（0.1s）显示一个分量值。

第 19 行：向电脑发送文本显示指令，在串口监视器上显示“Red=”（显示的内容不含双引号）。

第 20 行：将颜色传感器检测到的颜色中的红色分量值，通过 USB 传送到电脑，在串口监视器中显示出来。

第 21 行：等待 100ms（0.1s）。这个时间可以调整，如果太短，数据会飞快滚动，令我们难以看清数据。

第 23～26 行：与显示红色分量的做法相同，在串口监视器上显示绿色分量。

第 29～31 行：在串口监视器上显示蓝色分量。

② 颜色传感器驱动与管理程序“color _ tcs3200 _ drv. ino”代码剖析

a. 色彩传感器 TCS3200 驱动程序文件主要信息

```
color_tcs3200_drv
1 /*
2  * TCS3200颜色传感器硬件配置及操作函数
3  * 功能:
4  *     1.与主控制器的端口连接
5  *     2.端口初始化设置
6  *     3.读取传感器值
7  * author: mzc
8  * date: 2018.11.14
9  */
```

颜色传感器驱动与管理程序，主要包含了如何与 Arduino 的端口进行连接，如何对这些端口的工作模式进行设置，以及 Arduino 如何从颜色传感器读取红色、绿色和蓝色的分量值（LED 可以用程序控制开关）。

b. 端口设置

```
10  /**** TCS3200——Arduino数字口的连接********/
11  #define LED      2
12  #define S0       3
13  #define S1       4
14  #define S2       5
15  #define S3       7
16  #define OUT      8
```

将 TCS3200 的引脚与 Arduino 的端口引脚相对应，并且在程序中可以使用 TCS3200 的引脚名称代替 Arduino 上对应的引脚名称，使得程序更具可读性。

c. 颜色传感器初始化

```
17 void Init_colorsensor(){
18   /*LED端口设置*/
19   pinMode(LED, OUTPUT);
20   /* 输出频率范围控制端口设置 */
21   pinMode(S0, OUTPUT);
22   pinMode(S1, OUTPUT);
23   /* 滤光器选择端口设置 */
24   pinMode(S2, OUTPUT);
25   pinMode(S3, OUTPUT);
26   /* 传感器数据输出端口设置 */
27   pinMode(OUT, INPUT);

29   /* 针对Arduino，设置频率范围为20% */
30   digitalWrite(S0,HIGH);
31   digitalWrite(S1,LOW);
32 }
```

颜色传感器的端口比较复杂，因此，需要依次对 Arduino 对应的控制端口进行模式设置。

第 19 行：Arduino 控制颜色传感器上辅助补光 LED 的端口模式设置。

第 21～22 行：颜色传感器的 S0 和 S1 引脚，组合起来可以控制输出频率的范围。Arduino 控制这两个引脚的端口均设置为输出模式。

第 24～25 行：颜色传感器的 S2 和 S3 引脚，组合起来可以控制滤光器的选择，Arduino 控制这两个引脚的端口均设置为输出模式。

第 27 行：颜色传感器的 OUT 引脚，是颜色传感器的数据输出端口。Arduino 控制该引脚的端口需设置为输入模式，Arduino 只有通过该引脚，才能读入检测到的数据。

d. 用颜色传感器读值

```
33 /*
34  *功能：用颜色传感器读取不同滤光器的值
35  *参数：
36  *    1.filter
37  *              =1:选择红色滤光器
38  *              =2:选择绿色滤光器
39  *              =3:选择蓝色滤光器
40  *    2.LED_on: 用于增强被测物体表面光照的LED开关
41  *              =1: 点亮LED
42  *              =0: 熄灭LED
43  * 返回: filter
44  *              =1:返回红色值,范围:0~255
45  *              =2:返回绿色值,范围:0~255
46  *              =3:返回蓝色值,范围:0~255
47  *  取值范围: 10~180000
48  */
49 int Value_ColorSen(byte filter,bool LED_on){
50   int Value_sensor = 0;
51   digitalWrite(LED,LED_on);
52   switch(filter){
53     case 1:        //读取红色
54       digitalWrite(S2,LOW);
55       digitalWrite(S3,LOW);
```

```
56          Value_sensor = pulseIn(OUT, LOW);
57          return(Value_sensor);
58       case 2:      //读取绿色
59          digitalWrite(S2,HIGH);
60          digitalWrite(S3,HIGH);
61          Value_sensor = pulseIn(OUT, LOW);
62          return(Value_sensor);
```

第 51 行：在 Arduino 准备从颜色传感器读取检测到的数据前，常常需要辅助照明进行补光。

第 52 行：用 switch 开关控制不同颜色分量值的读取。

第 53～57 行：读取红色分量的值。

第 58～62 行：读取绿色滤光器分量的值。

```
63       case 3:      //读取蓝色
64          digitalWrite(S2,LOW);
65          digitalWrite(S3,HIGH);
66          Value_sensor = pulseIn(OUT, LOW);
67          return(Value_sensor);
68    }
69 }
```

第 63～67 行：读取蓝色分量的值。

对于 TCS3200 颜色传感器的控制和读值，仅仅设置几个端口的运行模式还不够，还需要预先设置好工作频率的范围。

感知物体表面凹凸（一）　　感知物体表面凹凸（二）

6.2.3 感知物体表面凹凸

我们行走的道路并不总是平坦的，户外作业的机器人也同样要面临这样的问题，如果前方有一个大深坑甚至是悬崖，该如何识别和避免危险的发生呢？

如果有一个可以防跌倒的传感器，那么上述问题就迎刃而解了。机器人在前进过程中，地面如果是平坦的，其与地面的距离一般是固定的，或者在一个很小的范围内波动，如果突然检测到很大的距离，我们就认为机器人前方的路有深坑甚至悬崖。

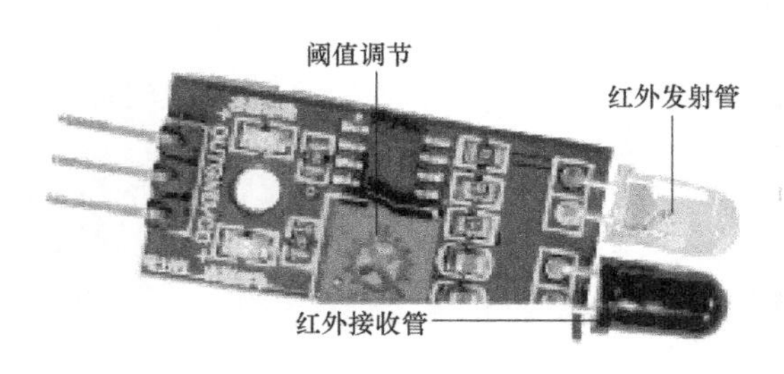

图 6-16　红外防跌传感器

根据这个思路，我们发现价廉物美的红外防跌传感器（红外数字传感器，图 6-16）完全可以胜任此项工作。

这种红外防跌传感器有一对红外晶体管，分别用于红外线的发射和红外线的接收。红外发射管发射一定频率的红外线，红外接收管会检测其正前方是否有障碍物将红外线反射回来，一旦检测到有效信号，就会在传感器模块的输出端口输出一个低电平（小于 Arduino 的基准电压 1.1V）的数字信号。

该传感器的有效检测距离在 2～30cm 之间，可以通过传感器模块上的定位器旋钮进行调节，工作电压在 3.3～5V 之间，可以用于机器人避障、生产流水线产品计数及黑白循迹等场合。

(1) 红外防跌传感器如何与 Arduino UNO 的电路进行连接

红外防跌传感器是一种数字传感器，因此与 Arduino UNO 的电路连接非常简单。只需按照表 6-10 的对应关系，对照图 6-17 进行连线。

表 6-10 红外防跌传感器与 Arduino UNO 的电路连接对照表

序号	名称	1	2	3
1	红外防跌传感器	VCC	GND	OUT
2	Arduino UNO	5V	GND	D8

(2) 用防跌传感器检测路面是否有深坑或悬崖

用如图 6-17 所示的电路，读取防跌传感器的值，然后根据传感器的返回值，决定 LED 的亮灭。如果检测到地面正常，LED（Arduino UNO 板上内建）处于熄灭状态；一旦检测到地面有深坑（超出设定范围，通过防跌传感器上的电位器设置），LED 就点亮。

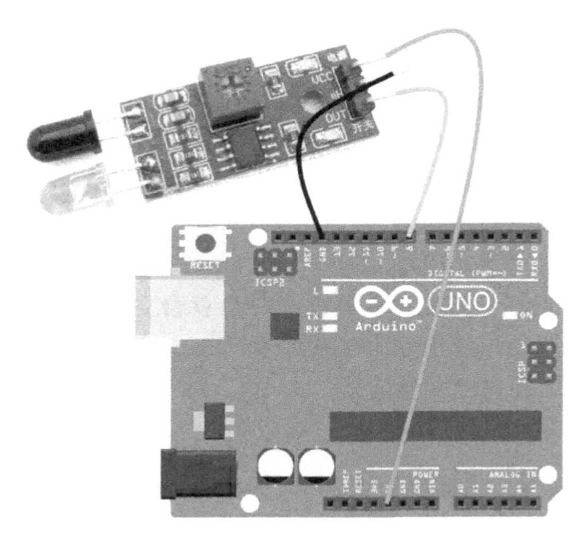

图 6-17 红外防跌传感器与 Arduino 的实物连接

(3) 程序设计

本项目依然采用基于对象的设计方法，就是将每个模块作为一个独立对象，比如 LED 作为一个独立对象，其硬件连接、初始化及操作方法均由独立文件进行管理；防跌传感器也是一个独立对象。因此本项目需要三个独立文件。

① 主程序文件“6-2-3-IRmap _ sensor. ino”剖析

a. 主程序文件信息

```
6-2-3-IRmap_sensor
1 /*
2  * 用防跌传感器监视地面状态，用LED显示状态变化
3  *   直接使用Arduino数字端口读入防跌传感器值
4  *   使用LED的亮与灭来显示当前路面状态
5  * author: mzc
6  * date:2018.11.16
7  */
```

说明本项目中主要的程序实现。

b. 端口初始化设置

```
 9⊟void setup() {
10    Init_IRmp();//防跌传感器端口初始化
11    Init_LED();//LED端口初始化
12  }
```

分别对 Arduino 分配给外接设备的端口进行初始化设置。

第 10 行：Arduino 对分配给防跌传感器的端口初始化。

c. 主循环程序

```
14⊟void loop() {
15    int pit = State_IRmp();//读取防跌传感器的值
16⊟   if(pit){  //如果有深坑
17      LED_On();          //点亮LED
18    }else{  //否则，灭灯
19      LED_Off();
20    }
21  }
```

第 11 行：Arduino 对分配给 LED 的端口初始化。

第 15 行：读取防跌传感器的值。

第 16 行：判断是否检测到路面突然塌陷或断开（悬崖）。

第 17 行：确认异常（深坑甚至悬崖），点亮 LED。

第 19 行：确认正常，熄灭 LED。

第 15～20 行：无限循环，只要发现异常，LED 就会立即点亮。

② 红外防跌传感器驱动与操作方法程序文件“IRmapping _ drv. ino”剖析

a. 红外防跌传感器驱动程序文件信息

```
IRmapping_drv
 1⊟/*
 2  * 红外防跌传感器驱动与读值
 3  *   1.给传感器分配端口
 4  *   2.初始化传感器端口
 5  *   3.传感器输出数字值
 6  * author: mzc
 7  * date: 2018.11.5.
 8  */
```

顶行确认当前处于激活状态的程序文件是“IRmapping _ drv. ino”。

b. 端口分配

```
9  #define IRmapping 8 //Arduino用数字口8读传感器
```

第 9 行：为 Arduino UNO 的数字口 8 取别名 IRmapping，表明该引脚将连接到红外防跌传感器。

c. 端口初始化设置

```
11⊟void Init_IRmp() {
12    pinMode(IRmapping, INPUT);//传感器端口初始化
13  }
```

第 12 行：将名字为 IRmapping 的端口设置为输入模式，表明将用该端口读取其所连接的外部设备送出的数据。

d. 如何读取防跌传感器模块的信息

```
14⊟/*
15  * 读取传感器输出值的函数
16  * 返回值:
17  * true:有深坑或悬崖
18  * false: 正常路面
19  */

20⊟bool State_IRmp(){
21    bool pit = digitalRead(IRmapping);//读取传感器
22    return(pit);//返回当前状态
23 }
```

第 20 行：防跌传感器读值函数，函数的返回值反映传感器当前所处的环境状态。

第 21 行：读取防跌传感器的值。

第 22 行：返回防跌传感器当前所处的状态。因为传感器直接读到的值为低电平时，对应其前方设定值范围以内有障碍物，也就是“地面”；如果红外接收管检测不到红外线，表明其下方的地面“消失”（深坑或悬崖），这个时候，传感器返回的是高电平。我们希望地面“消失”的情况为逻辑真，因此，二者逻辑一致。

③ LED 驱动与操作控制程序文件“LED _ drv. ino”剖析

该程序文件在面前项目中已经详细描述，并以独立文件形式在多个项目使用。因此，此处不再赘述，若有疑问，请回到前面章节细读。

(4) 实测观察与思考

本项目中，只是将防跌传感器与 Arduino 模块电路连接起来，并编程实现控制，并没有将这些模块真正安装到机器人身上，如何判断实际应用中机器人是否可以识别“地面”及“深坑或悬崖”呢？

测试建议：

① 可以考虑选用一块表面颜色均匀的平板，比如一本书或一个本子，一张硬纸也可以。让防跌传感器与板面垂直，并保持 3～5cm 的距离（如果环境光较强，请缩短这个距离）。

② 开始校正传感器：让传感器在上述距离垂直于板面移动，如果传感器模块上的 LED（注意不是 Arduino 板上的 LED）一直熄灭，请调整传感器模块上的电位器旋钮，直到 LED 点亮为止；让传感器再次在上述距离垂直于板面移动，传感器上的 LED 一直亮着，表示正常，将测试板移开，使得传感器前方失去或远离红外反射面，观察传感器上的 LED 是否熄灭，如果熄灭，表明传感器校正成功；否则，继续用第②步进行校正，直到满足要求为止。

③ 运行程序，在测试板上方垂直方向移动防跌传感器，并移出板外。正确的结果是：观察 Arduino 板上内建的 LED，防跌传感器在板上方移动时，Arduino 板上内建的 LED 熄灭；防跌传感器双管移出测试板外（距离前方反射面变得较远）时，LED 点亮。

6.3 感知物体的距离

机器人用于检测附近物体距离的传感器有多种，比如超声波测距传感器、红外测距传感器和激光测距传感器等。超声波传感器因为实现简单，相较于激光传感器，价格更低廉，日常应用中比红外线测距传感器抗干扰性能更强等优点，应用最为广泛。

超声波的振动频率高于声波，由换能晶片在脉动电压作用下振动产生。其特点是：

① 频率高、波长短、绕射现象小，特别是方向性好、能够成为射线而定向传播。

② 在液体、固体中穿透力强，在有些不透明的固体中，可穿透数十米。

③ 碰到杂质或分界面会产生显著反射形成反射回波，碰到活动物体能产生多普勒效应。

因此以超声波作为检测手段广泛应用在工业、国防、生物医学等领域。实现这种功能的装置就是超声波传感器，习惯上称为超声换能器，或者超声探头。

用超声波测距

6.3.1 用超声波测距传感器测距

(1) 超声波测距传感器 HC-SR04

超声波测距传感器 HC-SR04 如图 6-18 所示，其成本低廉，使用方便，因此得到广泛使用。其工作原理为：超声波发生器 T 接收由微控制器（本书中使用 Arduino 控制器）发送来的脉动电压，在电压作用下振动，产生约 42kHz 的超声波并发射出去，发射出去的超声波遇到物体反射回来，超声波接收器接收到回波，超声波传感器模块向微控制器发出一个回波确认信号。

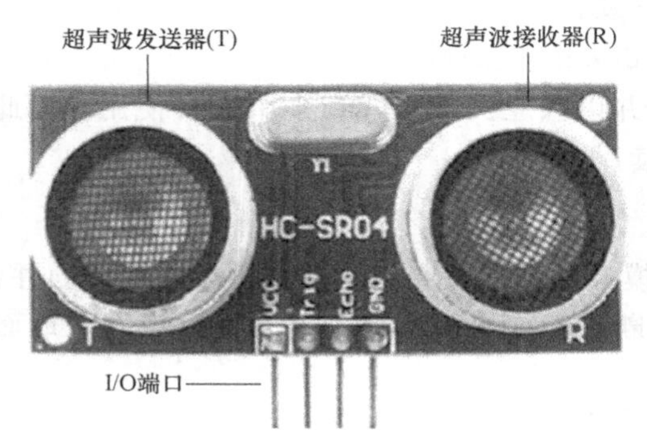

图 6-18　超声波测距传感器 HC-SR04

超声波测距传感器本身不能产生超声波，必须由程序模拟给一个脉冲电压，在脉冲电压作用下，才会产生超声波。传感器本身也不能给出具体的距离数值，必须由程序根据超声波发收时长与超声波传播速度进行计算。考虑到超声波在介质中传播速度受温度影响较大，需要结合测量环境实际温度确定具体的传播速度，才能得到更准确的数据，因此，一般需要在算法中考虑温度补偿。

(2) 项目任务要求

用超声波测距传感器监测前方物体，通过串口监视器观察距离数值及其变化情况。

(3) 电路设计

超声波测距传感器可以直接与 Arduino UNO 连接，超声波测距传感器的各个引脚与 Arduino UNO 端口引脚之间的对应关系如表 6-11 所示，实物电路连接如图 6-19 所示，测距电路原理图如图 6-20 所示。

表 6-11　超声波测距传感器引脚与 Arduino UNO 端口引脚之间的对应关系

序号	名称	1	2	3	4
1	超声波测距传感器	VCC	GND	Trig	Echo
2	Arduino UNO	5V	GND	D8	D6

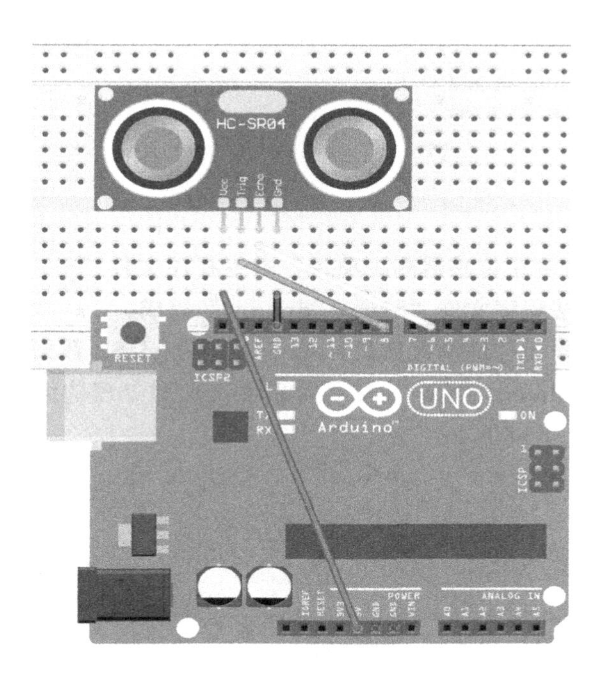

图 6-19　超声波测距传感器 HC-SR04 实物电路连接

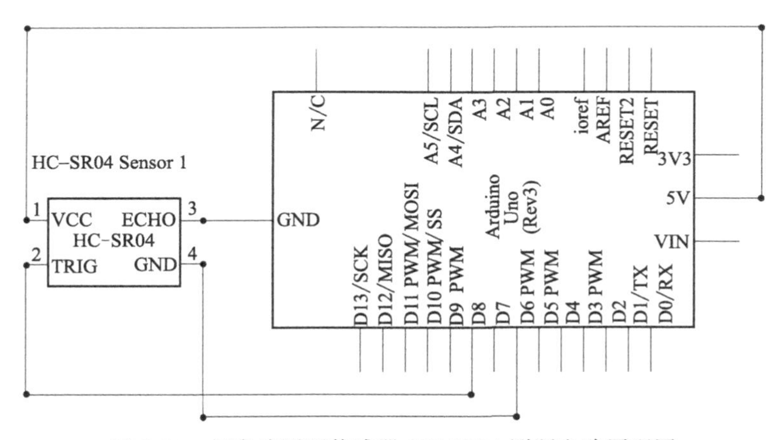

图 6-20　超声波测距传感器 HC-SR04 测距电路原理图

注意：超声波测距传感器的 Echo 引脚，必须连接到 Arduino 的端口支持 PWM 的引脚，否则将无法测距。

(4) 程序设计

本项目是用超声波测距传感器监测前方有形物体的距离，然后通过 USB 数据线将需要显示的数据信息送到电脑上显示。因此，本项目中只需要两个文件，即主程序文件和超声波测距传感器驱动程序文件。串口通信采用系统自带的通信函数完成，无需独立文件。

① 主程序文件“6-3-sonar. ino”剖析

a. 主程序文件信息

```
6-3-sonar
1 /*
2  * 用HC-SR04超声波测距传感器测距:
3  *  用串口监视器读取检测到的数值
4  *  精确到cm
5  *author: mzc
6  *date:2018.09.14
7  */
```

用 HC-SR04 超声波测距传感器测距项目，由主程序文件“6-3-sonar.ino”和超声波测距传感器驱动与操作方法程序文件“Sonar _ drv.ino”组成。

本项目将采用电脑作为辅助测试工具，Arduino 通过 USB 数据线连接到电脑，用电脑上的串口监视器显示 Arduino 对超声波测距传感器读取和处理的结果（超声波探头与其前方反射物之间的距离)，单位是 cm。

b. 端口初始化配置

```
 9 void setup(){
10   Init_Sonar();
11   Serial.begin(9600);  //启动串口，波特率设置为9600
12 }
```

第 10 行：超声波测距传感器初始化设置。

第 11 行：启动与电脑之间的串口通信，并将通信波特率设置为 9600。

c. 主循环程序

```
14 void loop(){
15   Serial.print("distance : ");  //向串口监视器输出双引号中的内容
16   Serial.print(distance());//在串口监视器显示函数distance的返回值
17   Serial.println("cm");  //向串口监视器输出双引号中的内容
18   delay(100);    //间隔100ms
19 }
```

第 15 行：将双引号中的内容（不含双引号）原样（不加任何修改，如果有空格也原样保留）传送到电脑上，在串口监视器窗口中显示出来。

第 16 行：将函数 distance 的返回值送到电脑上，在串口监视器中显示出来。

第 17 行：在串口监视器窗口显示双引号中的文本信息。

第 18 行：等待 100ms（0.1s)，维持上述内容的显示。

回到第 15 行重新开始，执行无限循环。

② HC-SR04 超声波测距传感器驱动与操作方法程序文件“Sonar _ drv.ino”剖析

a. 超声波测距传感器驱动与操作方法程序文件信息

```
6-3-sonar  Sonar_drv
1 /*
2  * HC-SR04超声波测距传感器驱动与操作方法
3  *  1.超声波测距传感器与Arduino的信号连接
4  *  2.Arduino分配给超声波测距传感器的端口模式配置
5  *  3.Arduino对超声波测距传感器的操作和读取值
6  *  Author: mzc
7  *  date: 2018.11.10
8  */
```

这是 HC-SR04 型号的超声波测距传感器驱动与操作方法程序，其它型号的超声波传感器未必适用，具体应用时需要参照其控制原理和技术参数。

这个文件中，包含了超声波测距传感器的各个功能引脚如何与 Arduino 的端口引脚连接，如何对 Arduino 分配给超声波测距传感器的端口进行操作模式设置，如何操作超声波测距传感器读出数据，等等。

当前处于激活状态的文件是“Sonar _ drv. ino”。

b. 端口分配

```
9 //Arduino的端口分配
10 #define echopin 6    //回波信号接收
11 #define trigpin 8   // 超声波发生器
```

我们为 Arduino 分配给超声波测距传感器的各个端口取一个便于识记的名字，在程序代码中只需要使用这个一目了然的名字，而无需使用晦涩难懂的数字。

第 10 行：超声波测距传感器的 Echo 引脚将连接到 Arduino 的数字口 6（支持 PWM）。

第 11 行：超声波测距传感器的触发信号，来自 Arduino 的脉冲信号。

c. 端口初始化设置

```
13 //超声波测距传感器的初始化函数
14⊟void Init_Sonar(){
15   pinMode(echopin, INPUT); //设定Echo为输入模式
16   pinMode(trigpin, OUTPUT);//设定Trig为输出模式
17 }
```

第 15 行：将 Arduino 连接到超声波测距传感器 Echo 引脚的端口设置为输入模式。Arduino 通过此端口接收来自超声波测距传感器的脉冲信号，这个回波信号必须使用支持 PWM 的端口读取，否则将无法正确取得数据。

第 16 行：将 Arduino 连接到超声波测距传感器 Trig 引脚的端口设置为输出模式。向超声波测距传感器输出 40kHz 左右的方波脉冲信号，这个信号进入超声波模块后，经过放大送到发射头形成超声波，向外发送。

d. 用超声波测距传感器检测并返回距离数据

```
18⊟/*
19  * 距离处理函数（超声波）
20  * 功能：检测与前方物体之间的距离
21  * 返回值：浮点数  单位：cm
22  */
23⊟float distance(){
24   /*软件生成脉冲，施加在超声波探头T上产生42kHz超声波**/
25   digitalWrite(trigpin, LOW);
26   delayMicroseconds(2);
27   digitalWrite(trigpin, HIGH);
28   delayMicroseconds(10); //发一个10μs高脉冲触发TrigPin
29   digitalWrite(trigpin, LOW);
30   /***************计算距离并返回值**********************/
31   return(pulseIn(echopin, HIGH)/58.0);//返回距离，cm
32 }
```

第 25～29 行：用软件方法模拟生成一个频率为 40kHz 的方波。

第 31 行：用 pulseIn 函数读出 PWM 值，并计算出前方物体的距离，将这个单位为 cm 的值（带小数点）返回给函数 distance。

(5) 运行测试与观察

① 首先按照图 6-19 连接好电路，并检查无误后进入下一步。

② 按照6.3.1节（4）程序设计的步骤在Arduino IDE中编程并调试无误后，将程序上传到Arduino UNO。保持Arduino UNO与电脑之间的USB连接。

③ 在电脑上，选择Arduino IDE菜单栏“工具”→打开“串口监视器”。

④ 将超声波测距传感器的探头在不同距离的物体前移动，观察串口监视器上显示的内容，估测所看到的物体距离是否与串口监视器窗口中显示的数值相近。如果出入很大，请对照本节内容检查自己的电路和程序等。

(6) 思考与改进

① 为什么超声波测距传感器驱动与操作方法程序文件“Sonar _ drv.ino”的第31行要除以58？

这个程序中使用了函数pulseIn。pulseIn函数是一个测量脉冲宽度的函数，默认单位是μs。更准确地说，函数pulseIn测量的是超声波从发射到接收所经过的时长。我们需要的是距离，那么时间如何转换为距离呢？

这个联系的纽带是速度。声波在干燥且温度为20℃的空气中，传播速度大约是343m/s。换算成每厘米需要的时间T：

$$T=1/(34300/1000000)\approx 29.15\mu s/cm$$

在这个超声波测距传感器测距过程中，声波从发射到回收，实际上是经过了2倍的距离，因此，实测时间是实际时间的2倍，即：

$$T=29.15\times 2=58.30\mu s/cm$$

程序中取58是一个近似计算，如果您需要精确的距离，可以根据您使用的传感器自行试验寻找恰当的数值作为除数。但需要提醒的是，本程序中没有考虑温度和湿度等其它因素对声波传播速度的影响，如果确实需要更精确的数值，这些因素不可忽视。

② 如何提升检测数据的可靠性？

每次检测的数据由于随机性因素的影响，会存在数据读取可靠性问题。随机性误差可以通过什么办法来减小呢？

请尝试修改程序，取连续5次的读数进行平均，然后通过串口监视器显示出来。请设计一个试验，分析这种方法与直接读取的数据的可靠性程度有何不同。

6.3.2 用红外传感器避障

用红外传感器避障

(1) 关于红外避障传感器

刚刚介绍的超声波传感器常常应用于避障，比如汽车上基本已经得到普及应用的倒车雷达，就是使用超声波传感器实现的。但机器人的实际工作环境要比汽车倒车的环境复杂得多，在一个四周有很多障碍物的环境中，由于超声波多次反射，超声波传感器实测的数据可能不是我们所期望的，从而导致避障失败，这样的情形，我们在机器人比赛中常常遇到，因此需要考虑其它的替代方法。

红外传感器顾名思义，是使用红外线进行检测，原理与超声波传感器类似，也是由一对收发器组成。由红外信号发射器发射一定频率的红外线，红外接收管只对这个频率附近的红外光敏感，因为只需要判断前方是否有障碍物，所以只要接收到前方障碍物反射回来的红外光，就可以认为前方有障碍物阻挡。

常用的红外避障传感器有多种，图 6-21 展示了我们要用到的红外避障传感器。这款传感器会根据前方障碍物的有无输出“0”或“1”，简单易用。模块上有一个可调电阻，用小螺丝刀可以调整前方障碍物的检测距离。如果您觉得似曾相识的话，您确实见过，就是在 6.2.3 感知物体表面的凹凸小节中使用的也是这款传感器，在检测到前方有障碍物时，传感器的 OUT 端会输出低电平。二者用法没有什么区别，但在使用上需要注意逻辑一致性。

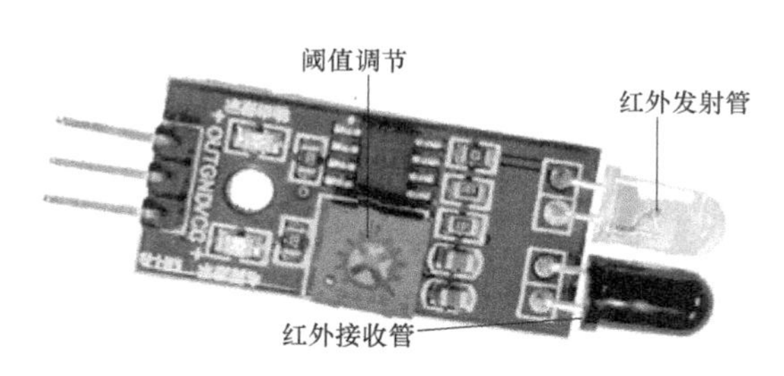

图 6-21　红外避障传感器

(2) 项目任务要求

用红外避障传感器检测前方是否有障碍物存在，如果存在，就点亮数字口 13 连接的 LED 灯。

(3) 电路设计

本电路需使用 Arduino 和红外避障传感器，试验搭建中还要用到面包板和杜邦线，测试时需要一个挡板（可以是一本书、一张纸，或者您的一只手掌）。

红外避障传感器耗电很少，工作电流只有毫安级，可以直接连接到 Arduino 的 5V 引脚。本例中使用 Arduino 的数字口 7 读取红外避障传感器的信号。表 6-12 描述了红外避障传感器与 Arduino UNO 控制板之间的引脚的一一对应关系。

表 6-12　红外避障传感器与 Arduino UNO 的引脚对应表

序号	名称	1	2	3
1	红外避障传感器	VCC	GND	OUT
2	Arduino UNO	5V	GND	D7

图 6-22 展示了红外避障传感器与 Arduino UNO 的实物线路连接图。通过这一表一图，我们不难完成电路搭建。

(4) 程序设计

这个项目使用红外对管构成的避障传感器检测障碍物，Arduino 对这个传感器的引脚分配、端口配置和操作使用一个独立的文件进行管理；使用 LED 显示前方是否有障碍，Arduino 对 LED 的引脚分配、端口配置和操作也使用一个独立的文件进行管理。项目的实施过程用主程序文件进行管理。因此，这个项目共需要三个程序文件。

① 主程序文件“6-3-2-IREvade _ sensor. ino”剖析

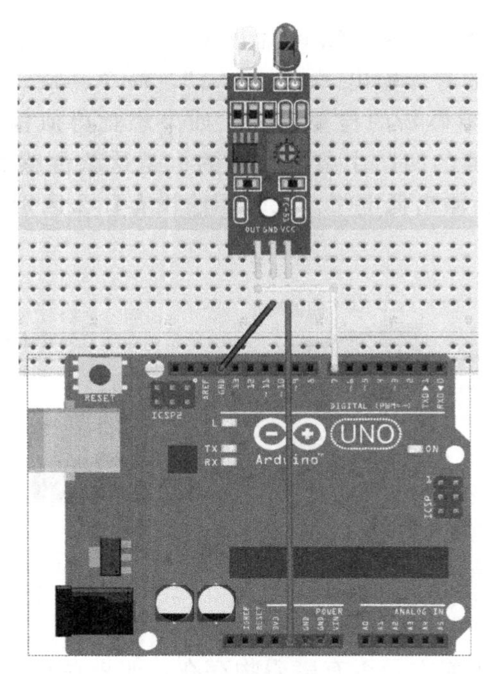
图 6-22　红外避障传感器实物线路连接图

a. 主程序文件相关信息

```
6-3-2-IREvade_sensor
1 /*
2  * 用红外避障传感器监视前方状态，用LED显示状态变化
3  *  1.使用Arduino数字端口读入红外避障传感器值
4  *  2.使用LED的亮与灭来表示前方路面状态
5  * author: mzc
6  * date:2018.11.16
7  */
```

当前处于激活状态的是主程序文件“6-3-2-IREvade _ sensor. ino”。

本程序通过读取传感器值，对该值进行判断，然后发出指令，控制 LED 的亮灭，表示前方的路况。

b. 端口初始化设置

```
9 void setup() {
10   Init_IREvade();//红外避障传感器端口初始化
11   Init_LED();//LED端口初始化
12 }
```

第 10 行：Arduino 对分配给红外避障传感器的端口进行初始化设置。

第 11 行：Arduino 对分配给 LED 的端口进行初始化设置。

c. 主循环程序

```
14 void loop() {
15   int block = State_IREvade();//读取红外避障传感器的值
16   if(block){  //如果有障碍物
17     LED_On();          //点亮LED
18   }else{  //否则，灭灯
19     LED_Off();
20   }
21 }
```

第 15 行：读取红外避障传感器输出值。

第 16～17 行：如果判定前方有障碍物，就点亮 LED。

第 18～19 行：否则，熄灭 LED。

② 红外避障传感器驱动与操作程序文件“IREvade _ drv. ino”剖析

a. 红外避障传感器驱动程序文件相关信息

```
IREvade_drv
1⊟/*
2  * 红外避障传感器驱动与读值
3  *  1.给传感器分配端口
4  *  2.初始化读取传感器的端口
5  *  3.从传感器读值
6  * author: mzc
7  * date: 2018.11.17.
8  */
```

当前处于激活状态的是红外避障传感器驱动程序“IREvade _ drv”。

为 Arduino UNO 的数字口 8 取一个便于识记的名字 IREvade（红外避障）。这个宏语句也暗示了 Arduino UNO 控制板的数字口 8 要连接到红外避障传感器的输出端。

b. 端口分配

```
9 #define IREvade 8 //Arduino用数字口8读传感器
```

将 Arduino UNO 分配给红外避障传感器的端口（数字口 8）设置为输入。

c. 端口初始化设置方法

```
11⊟void Init_IREvade() {
12   pinMode(IREvade, INPUT);//传感器端口初始化
13 }
```

d. Arduino UNO 从红外避障传感器的输出端读值

```
14⊟/*
15  * 读取传感器输出值的函数
16  * 返回值:
17  * true:有障碍物
18  * false: 前方空旷
19  */

20⊟bool State_IREvade(){
21   bool blk = digitalRead(IREvade);//读取传感器
22   return(~blk);//返回当前状态
23 }
```

第 21 行：从红外避障传感器输出端读值。

第 22 行：对读到的这个值取反，然后返回给读值函数 State _ IREvade，完成读值任务。在 blk 前加了符号“~”，表示对 blk 的值取反。

③ LED 驱动程序文件

略，可参考前面相关章节。

(5) 项目操作与测试

① 按照图 6-22 完成电路搭建，并用 USB 数据线将 Arduino UNO 与电脑连接。

② 在电脑上通过 Arduino IDE 或其它编辑器完成 6. 3. 2 节（4）程序设计中的三个程序文件编辑和编译。

③ 将调试通过的程序上传到 Arduino UNO 控制板。

④ 将红外避障传感器的探头指向开阔处，观察 Arduino UNO 上数字口 13 内建的 LED（Arduino UNO 上标有 L 的 LED）的亮灭状态。如果电路连接和程序正确，LED 灯应该处于熄灭状态。

⑤ 用手或书本等物挡在红外避障传感器探头前方，观察 Arduino UNO 内建 LED 灯的状态。情况正常，LED 应该点亮。

⑥ 如果观察到的现象有差异，请参照本小节的步骤检查差错。

（6）思考与改进

由于太阳光、相机闪光灯等含有较强的红外线，所以包括本例在内的大多数红外传感器模块在阳光下使用时，将无法正常工作，需要进行有效避光处理。

那么，如果需要更可靠的避障效果，该采取什么措施呢？

办法很多，比如加装触碰传感器、激光传感器、超声波传感器等，用多传感器信息融合的方法，相互取长补短，以获得更精准的控制效果。

6.4 感知周边环境

地球上的生物对环境光线、温度和湿度等都极为敏感，任何的变化都可能导致物种的变异甚至灭绝，这样的情况屡见不鲜。因此，掌握环境媒介的测量和应用，是人们保护自身和改善环境不可或缺的技能。

6.4.1 用数字方法感知环境温度

目前市场上的温度传感器有很多种，不同的温度敏感器件性能各异，因此适用于不同场合。比如，热电偶常常用于高温测量，铂电阻用于中温测量（800℃左右），而热敏电阻和半导体温度传感器适合于 200℃以下的温度测量。

我们这里只需考虑 200℃以下的部分。这部分温度传感器，按照传感器引脚输出的信号不同，一般可以分成两种类型，即：

① 数字温度传感器：比如 DS18B20，传感器只用一个引脚发送数据，输出的是一组数据，连接到 Arduino 的数字引脚即可。

② 模拟温度传感器：比如 LM35，传感器引脚输出的是一个连续电压（或电流），需要连接到 Arduino 的模拟引脚，通过 Arduino 内部的模数转换器进行转换后，才能被 CPU 读取和处理。关于模拟温度传感器将在下一小节中介绍。

（1）DS18B20 数字温度传感器

DS18B20 数字温度传感器如图 6-23 所示，其将温度检测与数字数据输出集成在一起，不仅体积小，抗干扰能力强，精度也高（12 位分辨率时，精度可达±0.5℃）。温度检测范围：−55～125℃。

DS18B20 数字温度传感器的工作电压范围是直流 3.0～5.5V。在寄生电源方式下，可以通过数据线供电。因此，当数据线上的时序满足一定的条件时，可以放弃外接电源，整个系统结构变得更简单，可靠性也更高。

引脚判断方法是：面向有文字的一面（平面侧），左负右正，如果电源反接会立即发热，并可能烧毁传感器。如果连接后发现传感器的温度始终显示 85℃，说明传感器已经损坏。反接是导致传感器总是显示 85℃的原因之一。

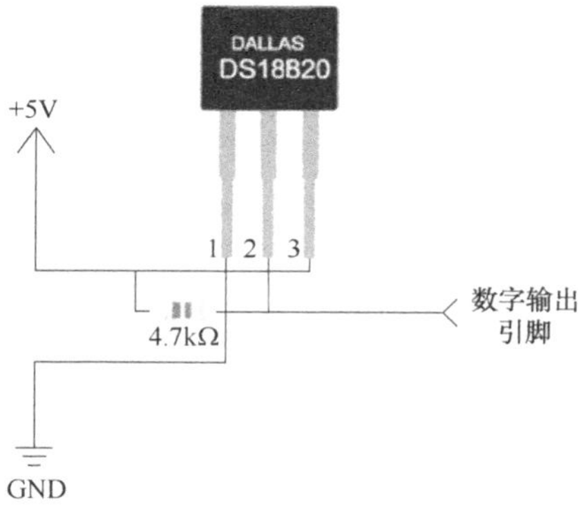

图 6-23 DS18B20 数字温度传感器

(2) 项目要求

① 设计电路，用 Arduino 实现对 DS18B20 数字温度传感器的控制。

② 程序设计，产生实时温度数据，通过串口监视器显示出来。需要把数字传感器送出的信号根据协议转换为数值，并转换为摄氏度数值。

(3) 电路设计

在设计和连接电路前，需要注意的是，DS18B20 数字温度传感器在使用时，需要在数字输出引脚加一个上拉电阻（4700～10000Ω），如图 6-23 所示。否则，由于该输出端的高电平不稳定，可能会导致通电后立即显示 85℃，或者用一段时间后显示的数据在 85℃与正常值之间跳变。

DS18B20 数字温度传感器只需一个端口就可以实现数字温度数据的输出，因此电路比较简单，其与 Arduino UNO 控制器的引脚对应关系如表 6-13 所示，实物电路连接如图 6-24 所示。

表 6-13 数字温度传感器 DS18B20 与 Arduino UNO 控制器的引脚对应关系

序号	名称	1	2	3
1	DS18B20 数字温度传感器	GND	OUT	VCC
2	Arduino UNO	GND	D2	3.3V 或 5V

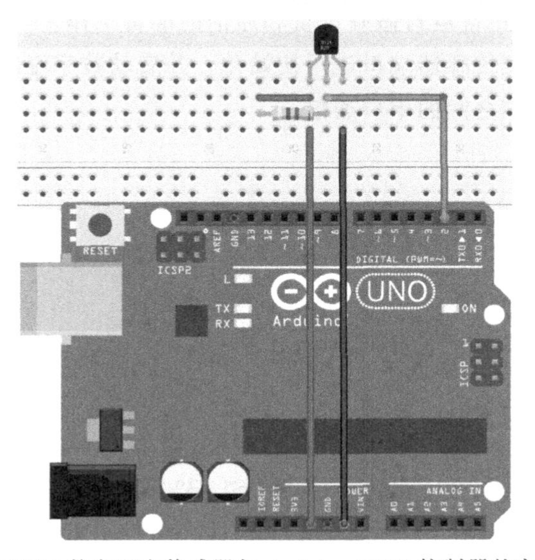

图 6-24 DS18B20 数字温度传感器与 Arduino UNO 控制器的实物电路连接

(4) 程序设计

根据设计任务的要求，我们需要读取数字温度传感器 DS18B20 输出的数字信号，因此需要为 Arduino 控制器进行端口分配和运行模式设置，并操作数字温度传感器以正确读取温度数据，所有这些工作用一个独立的数字温度传感器驱动与操作程序文件进行管理。

所读到的温度数据，需要通过电脑上的串口监视器向我们展示。因此，需要保持 Arduino UNO 与电脑之间的 USB 数据通信。在程序设计中，需要先激活串口通信机制。

因此，本项目中共需两个独立文件，即主程序文件和数字温度传感器驱动与操控程序文件。

① 主程序文件“6-4-1-thermometer. ino”剖析

a. 主程序文件信息

```
6-4-1-thermometer   DS18B20_drv
1 /*
2  * 数字温度传感器测试程序
3  *  1.用DS18B20检测环境温度
4 *    2.通过串口监视器显示当前温度
5  * author: mzc
6  * date: 2018.11.17
7  */
```

这个项目共有两个文件，当前处于激活状态的是主程序文件。该程序实现对数字温度传感器的读取，并通过串口发送到电脑。

b. 端口初始化设置

```
 9 void setup(void){
10   Init_DS18B20();
11   Serial.begin(9600);
12 }
```

第 9～12 行：为系统正常运行做好设备和通信的准备工作。

第 10 行：对数字温度传感器端口进行初始化，并启动数字温度传感器 DS18B20。

第 11 行：启动与电脑之间的串口通信。

c. 主循环程序

```
14 /*
15  * 获取并显示温度
16  */
17 void loop(void){
18   // 取得温度后，打印到串口监视器.
19   Serial.print("Tem for the device 1 (index 0) is: ");
20   Serial.println(temp_DS18b20());
21 }
```

第 19 行：向串口发送文本（双引号中的内容）。

第 20 行：向串口发送从数字温度传感器 DS18B20 读到的数据。

② 数字温度传感器 DS18B20 驱动与操控程序文件“DS18B20 _ drv. ino”剖析

a. 数字温度传感器驱动程序文件信息

```
1 /*
2  * DS18B20数字温度传感器驱动
3  *  1.引入第三方库
4  *  2.Arduino给传感器分配端口
5  *  3.传感器端口初始化
6  *  4.操作并返回温度数据
7  * author: mzc
8  * date: 2018.11.16
9  */
```

数字温度传感器 DS18B20 采用单总线数据传送方式，遵循一定的通信协议，因此要想从这个传感器读到正确的数据，必须通过软件实现相关协议。本程序中，将引入第三方程序库，不再另行开发通信程序。

b. 第三方库文件引入

```
10 // 引入所需的库文件
11 #include <OneWire.h>
12 #include <DallasTemperature.h>
```

第 11～12 行：引入第三方库文件，包括单总线驱动程序文件和温度数据处理文件。

c. 端口分配与第三方库在本项目中的实例

```
14 // 数据线连接到Arduino的数字口2
15 #define ONE_WIRE_BUS 2
16
17 // 设置通信函数实例
18 OneWire oneWire(ONE_WIRE_BUS);
19
20 // 传感器对象
21 DallasTemperature sensors(&oneWire);
```

第 15 行：为分配给数字温度传感器的端口另取一个便于识记的名字，同时也确定 Arduino UNO 控制器的数字口 2 将用于连接 DS18B20 的数据输出引脚。

第 18 行：从第三方库导入单总线通信对象方法实例，以便在本项目中使用这种方法。

第 21 行：从外库导入传感器对象方法实例。

d. 数字温度传感器端口初始化设置

```
23 void Init_DS18B20(){
24   pinMode(ONE_WIRE_BUS,INPUT);
25   sensors.begin();// 激活传感器
26 }
```

第 24 行：Arduino 的名为 ONE _ WIRE _ BUS 的端口工作模式设置为输入。

第 25 行：激活数字温度传感器 DS18B20。

e. 从数字温度传感器读取数据的方法

```
27 /*
28  * 从数字温度传感器读取数据
29  *  1.向数字温度传感器发送一个请求指令
30  *  2.从数字温度传感器端口获取所请求的数据
31  *  3.返回一个浮点数（带小数点的数）
32  */
33 float temp_DS18B20(){
34   sensors.requestTemperatures(); // 发送命令以获取温度
35   return(sensors.getTempCByIndex(0));
36 }
```

第 34 行：用第三方库函数向 DS18B20 发送一个读温度的请求。

第 35 行：分两步处理。第一步是 Arduino 从数字温度传感器端口取得数据；第二步是将取得的数据返回给函数 temp _ DS18B20。这是一个带小数点的温度数值（有正负）。

（5）项目操作与测试

① 明确本项目的任务：读取数字温度传感器的值，并通过串口监视器在电脑上显示出来。

② 按照表 6-13 和图 6-24 准备硬件材料并搭建电路。

③ 在电脑上，参照 6.4.1 节（4）程序设计，用 Arduino IDE 编写项目程序（两个文件），即主程序文件“6-4-1-thermometer. ino”和数字温度传感器 DS18B20 驱动与操控程序文件“DS18B20 _ drv. ino”。

④ 编译并调试程序无误后，将 Arduino UNO 通过 USB 数据线与电脑建立连接。

⑤ 编译并上传程序到 Arduino UNO。保持 USB 数据线连接。

⑥ 在电脑上，Arduino IDE 工具栏中打开串口监视器。

⑦ 观察串口监视器中的内容，分析显示的数值是否与当前环境温度相当。如果有问题，请参照本小节的知识分析和排查。

6.4.2 用模拟温度传感器检测温度

如前所述，LM35 是一种模拟温度传感器，这里不是说用这种传感器模拟温度，而是这种传感器可以感知环境的温度，并以一个连续变化的电信号输出。这种连续变化的信号就成为模拟信号，但计算机不能识别。因此，这种传感器输出的信号，需要经过特殊的装置（AD 转换器）进行处理，变成数字信号后，才能被 CPU 所识别，然后用于数据加工、存储和传输等。

（1）关于模拟温度传感器 LM35

模拟温度传感器 LM35（图 6-25），是把温度检测与放大电路集成在一起，形成一个模拟温度传感器，具有很高的工作精度和较宽的线性工作范围。该器件输出电压与摄氏度线性成比例，每升高 1℃，输出电压增加 10mV。工作温度范围是 0～100℃，工作电压范围是 4～30V，无需外部校准或微调，就可以提供±0.25℃的常用室温精度。

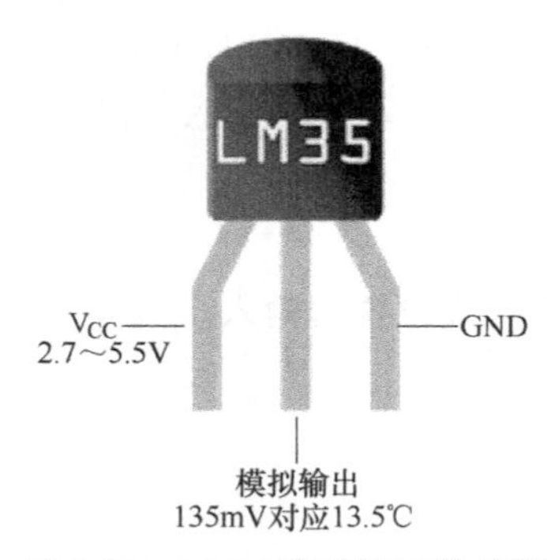

图 6-25　LM35 模拟温度传感器

LM35 模拟温度传感器可以独立使用（不需要另外添加外围元件），内部集成校准电路。因此，使用时不必额外做调试和校正。在使用 Arduino 控制器时，LM35 模拟温度传感器的信号引脚连接到 Arduino 的模拟口，A0～A5 中的任意一个引脚都可以。

（2）使用模拟温度传感器 LM35 检测环境温度项目的要求

目的是用 Arduino UNO 控制器通过 LM35 模拟温度传感器进行环境温度信息的采集，并在电脑上准确显示当前值。具体包括：

① 设计并搭建电路，可以借助电脑实现供电，并将检测到的温度数据送到电脑上显示。

② 设计程序，从LM35读取实时温度数据，然后将数据通过USB线送到电脑上，在电脑的串口监视器显示出来。

设计过程中需要注意的是，需要把模拟温度传感器送出的模拟信号转换为数值，并转换为摄氏度数值。

(3) 电路设计

用模拟温度传感器检测环境温度的系统硬件结构简单，Arduino UNO 控制器与LM35模拟温度传感器之间只需连接三个线，引脚对应关系如表 6-14 所示。

表 6-14 模拟温度传感器 LM35 与 Arduino UNO 的引脚对应关系

序号	名称	1	2	3
1	LM35 模拟温度传感器	GND	OUT	VCC
2	Arduino UNO	GND	A0	3.3V 或 5V

按照表 6-14 的对应关系，搭建电路，如图 6-26 所示。

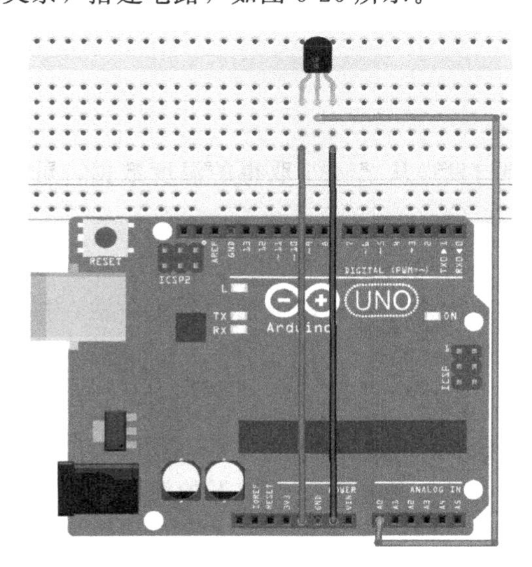

图 6-26 LM35 模拟温度传感器与 Arduino UNO 的电路连接

(4) 程序设计

这个项目与数字温度传感器的程序设计类似，也是分成两个独立文件进行管理。这两个独立文件分别是主程序文件"6-4-2LM35 _ sensor. ino"与模拟温度传感器驱动程序文件"LM35 _ drv. ino"。

主程序文件"6-4-2LM35 _ sensor. ino"剖析如下。

① 主程序文件信息

```
6-4-2-LM35_sensor
1 /*
2  * 用LM35模拟温度传感器检测环境温度
3  *  通过串口监视器显示摄氏度值
4  *  author:mzc
5  *  date:2018.09.24
6  */
```

本程序目的是要 Arduino 通过模拟端口 A0，对模拟温度传感器 LM35 传入的模拟信号进行 AD 转换，并计算出温度值（摄氏度），然后通过串口送到电脑进行显示。

② 端口初始化设置

```
8⊟void setup() {
9    Init_LM35();
10   Serial.begin(9600);
11 }
```

第 9 行：Arduino 对控制模拟温度传感器 LM35 的端口进行初始化。

第 10 行：启动串口通信。

③ 主循环程序

```
13⊟void loop() {
14   Serial.print("Temp:"); //在串口监视器显示温度
15   Serial.print(Value_temp());
16   Serial.println("C");
17   delay(500);
18 }
```

每 500ms（0.5s）向串口发送从 LM35 取得的温度数据，可以在电脑串口显示器窗口中看到显示的内容。

(5) 项目操作与测试

仿照 6.4.1 节中对数字温度传感器读取数据的实施方法，搭建电路，编写程序，编译调试，并上传，观察运行结果。

(6) 思考与改进

观察并分析从电脑串口监视器窗口看到的数据，我们可能会发现，并不是每次读到的值都是一样的。我们通过对 LM35 模拟温度传感器检测的信号处理得到的数据总体上是与实际环境温度相符的，但可能会时不时出现一些不和谐的数值。那么如何得到较稳定的温度数据呢?

我们可以考虑对获得的数据进行适当的加工，使得那些不和谐的“毛刺”被过滤掉。比如我们可以把取得的原始数据先暂存在一个缓冲池里，每达到指定的数目，比如 6 个，就进行一次处理。用这 6 个值的平均值作为提交给用户的最终温度值，送串口显示。

这个改进项目中，需对“LM35 _ drv. ino”文件进行较大的修改。主程序中的延时可以去掉，因为在读取传感器的函数中已经有 0.3s 的延时了，即第二次读取数据必须等到 0.3s 后。

我们将这个改进的项目名改为“6-4-2x-LM35 _ sensor”，主程序除了文件名改变外，内容只需去掉延时（也可以留着，但温度更新周期比较长了），主要修改 LM35 模拟温度传感器的驱动文件。

LM35 模拟温度传感器驱动程序文件剖析如下。

① LM35 模拟温度传感器驱动程序文件信息

```
LM35_drv
1 /*
2  * LM35模拟温度传感器驱动
3  *   1.分配端口
4  *   2.端口初始化
5  *   3.传感器读值操作
6  * author: mzc
7  * date: 2018.11.17
8  */
```

② 端口设置和存储空间分配

```
9 #define thm_Pin A0
10 int sample_tmp[6]; //存放原始温度数据
```

第 10 行：增加了一个数组，可以存放 6 个整数。

③ 变量声明

```
11 float max_tmp = 100.0; //最高温度
12 float min_tmp = -100.0; //最低温度
```

这两行用于更进一步的数据分析，可以给用户提供该设备启动运行以来历史最高温度和历史最低温度。

④ 端口初始化设置

```
14 void Init_LM35(){
15   //模拟端口无需模式设置
16 }
```

Arduino 控制 LM35 的端口初始化，这个部分内容不变。

⑤ 读取模拟温度传感器的值方法

```
17 //读取传感器，返回摄氏度数值
18 int Value_temp(){
19   float val = 0;
20   for(int cnt = 0;cnt<6;cnt++){
21     sample_tmp[cnt]=analogRead(thm_Pin);
22     val=val+(double)sample_tmp[cnt];
23     delay(50);  //等待下一次采样
24   }
25   val = val/6.0;
```

第 20～24 行：每隔 50ms（0.05s）采集一次温度原始数据，共采集 6 个数据，并求出这些数的总和存放在 val 变量中。

第 25 行：求出这 6 个数据的平均值。

```
25   val = val/6.0;
26   if(val>max_tmp){
27     max_tmp=val;
28   }
29   if(val<min_tmp){
30     min_tmp=val;
31   }
```

找到最大值和最小值。

```
32   //将传感器读值转换为摄氏度后返回
33   return( val * 100.0 * 5.0/1024.0);
34 }
```

第 33 行：计算出平均值对应的摄氏度值，返回给函数 Value _ temp。

6.4.3 感知环境光

感知环境光

环境光的强弱，对人类有很大的影响。有权威统计数据显示，很大比例的近视眼与不恰当处理环境光有直接关系。

光敏电阻（图 6-27）是用硫化镉或硒化镉等半导体材料制成的一种特殊电阻器。在越是黑暗的环境中，其电阻值越高。环境光越强，电阻值反而越低。通过读取这个电阻值，就可以检查环境光强弱。

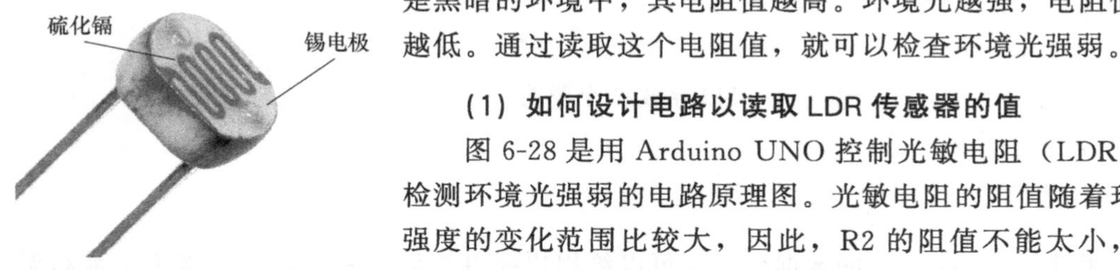

图 6-27 光敏电阻（LDR）

（1）如何设计电路以读取 LDR 传感器的值

图 6-28 是用 Arduino UNO 控制光敏电阻（LDR，R1）检测环境光强弱的电路原理图。光敏电阻的阻值随着环境光强度的变化范围比较大，因此，R2 的阻值不能太小，最好在 1000～10000Ω 左右，否则会由于比值（LDR 的阻值与 R2 的比值）变化不明显，使得过程控制趋于极端。

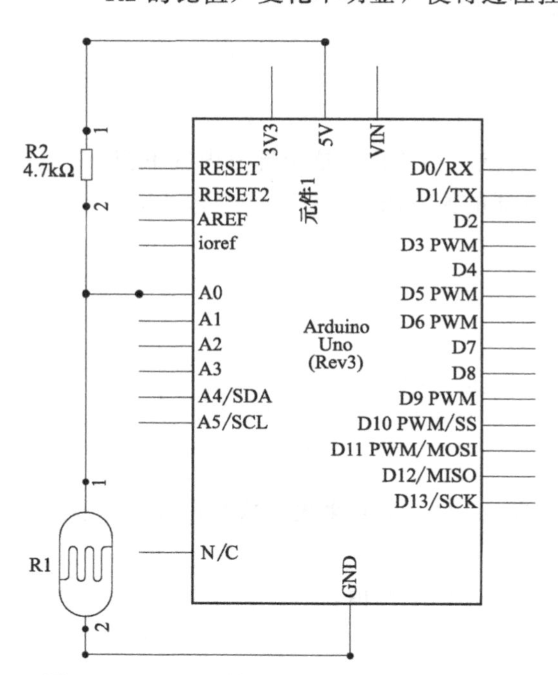

图 6-28 用 LDR 检测环境光强弱电路原理图

LDR 是模拟传感器，其提供的只是一个连续变化的电压量，计算机无法识别和处理。因此，使用了 Arduino UNO 控制板上的模拟信号输入端口（A0）。

图 6-29 是 Arduino UNO 与光敏电阻的实物线路连接。注意面包板上连接插孔的分布情况，从 Arduino UNO 控制板引出的 5V 电源连接到面包板上的孔，整个一行都是连通的，这是专门设计用于电源连接的。面包板的第一行也是如此，该行所有插孔电路都是相连通的，是用于接地的。

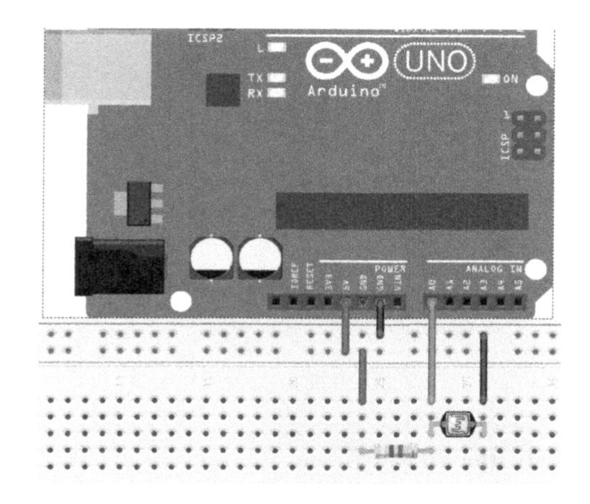

图 6-29　光敏电阻（LDR）与 Arduino UNO 的实物线路连接

（2）如何设计程序以获得环境光强弱的信息

Arduino IDE 提供了模拟端口数据读取函数，通过这个函数可以直接获得 LDR 对环境光强弱的检测结果，只需将其通过 USB 发送到电脑上，就可以在串口监视器窗口中看到这个数值了。

为了增强程序的可读性和可复用性，这里仍然采用基于对象的模块化设计思想。将 LDR 的驱动和操作控制使用单独的函数和文件进行管理。因此，这个项目需要两个文件。

① 主程序文件“6-4-3-LDR. ino”剖析

a. 主程序文件信息

```
6-4-3-LDR
1 /*
2  * 用光敏电阻检测环境光强度
3  * 用串口监视器观察读数变化
4  * author: mzc
5  * date:2018.09.26
6  */
```

该项目由两个文件组成，文件名分别是主程序文件“6-4-3-LDR. ino”和 LDR 驱动与操作程序文件“LDR _ drv. ino”。当前处于激活状态的是主程序文件。

b. 例行对 Arduino 各个待用端口和串口通信进行初始化

```
8 void setup() {
9   Init_LDR();
10  Serial.begin(9600);
11 }
```

第 9 行：LDR 初始化。

第 10 行：启动与电脑之间的 USB 串口通信，通信波特率 9600。

c. 主循环程序

```
13 void loop() {
14   Serial.print("Intensity: ");
15   Serial.print(Val_LDR());
16   delay(500);
17 }
```

每隔500ms（0.5s），向串口发送一个LDR值。

② LDR驱动与操作程序文件剖析

a. LDR驱动与操作程序文件信息

```
LDR_drv
1 /*
2  * 光敏电阻驱动与操作
3  *  感知环境光的强弱
4  * author: mzc
5  * date: 2018.11.6
6  */
7 #define LDR A0
8 void Init_LDR(){
9   //模拟传感器只需分配端口，端口工作模式唯一
10 }
```

第7行：指定Arduino的A0口接收LDR输出的模拟量电压值。

第8～10行：LDR初始化函数，没有内容，因为Arduino控制板的A0～A5作为模拟输入端口时，其工作模式是唯一确定的，它不能输出模拟量，因此无需指定。但为了项目的完整性和为未来参与大项目养成良好的习惯，请保留此步骤。

b. 读取环境光信息的方法

```
11 /*
12  * 环境光读值
13  * 返回值：0~1023
14  */
15 int Val_LDR(){
16   return(analogRead(LDR));
17 }
```

将模拟量转换成整型数值，返回给函数Val _ LDR供用户使用。

(3) 项目实施步骤

① 按照图6-29准备材料并搭建电路，确认电路连接无误。

② 在Arduino IDE中，按照6.4.3节（2）的详细代码完成项目程序的编写和编译调试。

③ 用USB数据线将Arduino UNO与电脑连接，在Arduino IDE中编译并上传代码到Arduino UNO。保持USB数据线与电脑的连接。

④ 在电脑Arduino IDE的工具栏打开“串口监视器”，从窗口中观察是否有数据滚动。

⑤ 改变LDR表面光亮强度，同时观察电脑上串口监视器中滚动数据的大小变化，分析数据与环境光之间的关系。

6.4.4 感知人的活动

很多场合，我们需要便利的服务。比如公共场所的门和灯，正常情况下需要关着，有人进出活动时需要开门和开灯，人离开后需要及时关门和关灯。对于机器人而言，也是一样，需要感知是否有人在附近活动。

所有高于绝对零度（－273℃）的物质都可以产生红外线，或者说只要有热量就会有红

外线。不同的温度其辐射的红外线波长不同，因为人体的体温恒定在37℃，所以会固定辐射10μm的远红外线。

早在1938年，就有人提出用热释电效应探测红外辐射，但因当时电子技术水平难以实现，因此又搁置了近30年。随着晶体管和集成电路、激光及红外技术的诞生及迅速发展，才又出现对热释电效应的研究及对热释电晶体的应用。目前，热释电晶体已经广泛应用于红外光谱仪、红外遥感以及热辐射探测设备，比如宾馆入口的自动门、建筑内的楼道自动开关、公共厕所内的自动冲水探测器、防盗报警装置等。

红外热释电传感器（图6-30）是一种被动式红外传感器（passive infrared sensor，PIR），是对温度变化敏感的传感器，可以专门感测10μm的远红外线，所以常常用于人类活动的侦测。

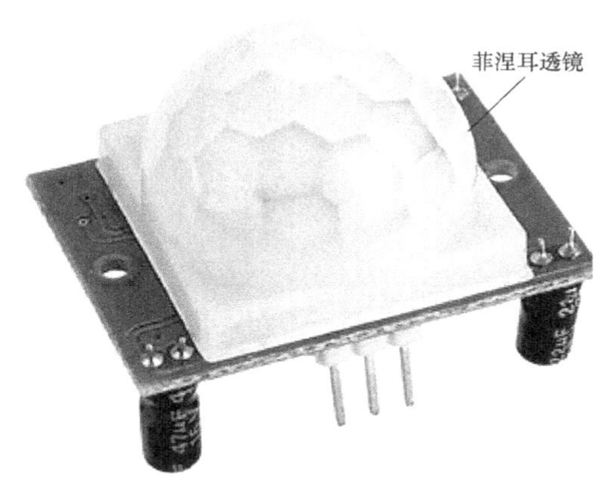

图6-30　红外热释电传感器

当有人在传感器附近活动时，人体所辐射出的10μm红外线通过PIR前部的菲涅耳透镜聚焦到PIR传感器的表面，PIR本身有一个滤光片，只能通过8～14μm的远红外线，PIR内部的传感器在接收到10μm的红外线时，会在热释电晶体上产生电荷移动，从而驱动内部的MOS产生正弦波形式的信号，此信号经过PIR后端的运算放大器放大后，可以通过比较器将超过或低于某个电压值的信号取出，这个信号就是PIR输出的脉冲信号了，接MCU或其它线路就可以用来实现各种形式的控制或报警。

机器人如何用PIR探测自己面前是否有人活动？我们希望机器人能够检测到是否有人在其面前活动，如果有人在有效监控区域内活动，就发出声光警报。

（1）电路设计

这个项目需要用PIR检测人类活动，用蜂鸣器发出声音警报，用LED发出灯光警报。LED可以使用Arduino UNO数字口13内建的。蜂鸣器和PIR外接，具体端口分配见表6-15。

表6-15　用PIR检测人类活动的报警器电路的端口分配对照表

序号	名称	1	2	3	4
1	PIR传感器	OUT	VCC	GND	
2	Arduino UNO	11	3.3V或5V	GND	6
3	蜂鸣器	无	无	GND	⊕

电路实物线路连接参见图6-31。

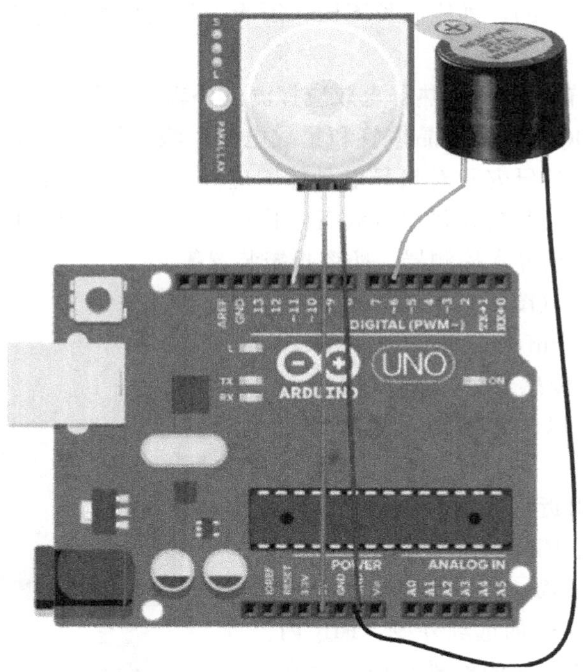

图 6-31　基于 PIR 的人类活动报警器电路

(2) 程序设计

本项目由三个驱动程序文件和一个主程序文件组成。

① 主程序文件“6-4-4-PIR. ino”剖析

a. 主程序文件信息

```
1 /*
2  * 用PIR检测有无人类活动
3  *  如果检测到有人活动，Arduino内建LED点亮
4  *  同时通过蜂鸣器发出警报声
5  *  author: mzc
6  *  date:2018.09.17
7  */
```

b. 端口初始化设置

```
9  void setup(){
10   Init_PIR();  //系统初始化设置
11   Init_LED();
12   Init_buzzer();
13   Serial.begin(9600); //启动串口监视器
14   Serial.flush();    //激活串口通信
15   Serial.println("Ready");  //显示就绪
16 }
```

第 10～12 行：Arduino 对分配给 LED、蜂鸣器和 PIR 的端口进行初始化。

第 13～14 行：启动与电脑之间的串口通信（通过 USB 数据线）。

第 15 行：通过电脑端的串口监视器告知用户，一切就绪（显示“Ready”）。

c. 主循环程序

```
18⊟void loop(){
19⊟  if ( Value_PIR()) {//如果检测到有人活动
20      Serial.println("Motion detected!"); //PC端显示有人活动
21      LED_On();  //LED点亮
22      siren();       //蜂鸣器发出警笛声
23    }else{  //无人活动
24      Serial.println("No motion");  //未发现人类活动
25      LED_Off();      //LED熄灭
26      NoTone();        //蜂鸣器静音
27    }
28    delay(100); //延时100ms后再次检测
29 }
```

检测在有效监控区域内是否有人活动。如果有，就发出声光报警，并在电脑上显示"Motion detected!"（双引号中的内容）。否则，熄灭 LED，关闭蜂鸣器，并在电脑上显示"No motion"。

第 28 行：等待 100ms（0.1s）后，继续循环检测。

② PIR 传感器驱动与操作程序文件"PIR _ drv. ino"剖析

a. PIR 传感器驱动与操作程序文件信息

```
1⊟/*
2 * PIR传感器驱动与操控
3 *    1. 为Arduino分配PIR端口
4 *    2. PIR传感器端口初始化
5 *    3. 传感器数据读取操作
6 *author: mzc
7 *date: 2018.10.01
8 */
```

b. 红外热释电传感器（PIR）端口配置和初始化设置方法

```
9 #define PIR_pin 11  //红外热释电传感器端口分配
10⊟void Init_PIR(){
11   pinMode(PIR_pin, INPUT); //设置人体红外接口为输入模式
12 }
```

c. 从传感器读取数据的方法

```
13⊟/*****************传感器数据读取*****************
14 *功能: 从（开关）传感器读取数据
15 *返回值: 当前传感器检测到的状态（0或1）
16 *       0: 未检测到人活动
17 *       1: 检测到有人活动
18 */
19⊟int Value_PIR(){
20   int valueSens = digitalRead(PIR_pin); //读取PIR
21   return(valueSens);  //返回PIR的值
22 }
```

LED 驱动与操控程序"LED _ drv. ino"和蜂鸣器驱动与操控"buzzer _ drv. ino"文件略（可参照前面相关章节）。

(3) 项目实战

① 参照表 6-15 和图 6-31 准备材料和搭建电路系统。

② 在电脑上用 Arduino IDE 编辑文件"6-4-4-PIR. ino" "LED _ drv. ino" "PIR _ drv. ino”和“buzzer _ drv. ino”，这些文件均放在一个项目文件夹中，文件夹的名字是“6-4-4-PIR”。

③ 用 USB 数据线将 Arduino UNO 控制板连接到电脑。

④ 编译项目程序，并上传到 Arduino UNO。

⑤ 分别测试有人在 PIR 前面活动和无人活动，并观察 Arduino 上内建的 LED 变化情况，以及蜂鸣器的声响变化情况。

(4) 问题与思考

人体的红外辐射一旦被遮挡，就不易被探头接收。红外热释电传感器容易受各种热源、光源干扰，只要干扰源发出的红外线覆盖探测频率范围，比如环境温度与人体温度接近时，干扰就难以避免，导致探测与灵敏度明显下降，甚至完全失灵。

提高红外热释电传感器工作时稳定性的措施如下。

① 为红外热释电传感器提供的直流电压有一定的要求（详见产品说明书），过高或过低以及没有良好的滤波等都会影响模块性能，诸如电脑 USB 电源、手机充电电源等都难以满足模块稳定工作的要求。因此，在选购红外热释电传感器模块时，要留意模块是否带有稳压和滤波功能。

② 红外热释电传感器模块只能在室内或没有阳光、强光直接照射的环境中工作。

③ 射频信号源也可能会扰乱红外热释电传感器的工作。

④ 模块空载时能正常检测，接入负载后工作紊乱，可能是由于负载接入引起电源供电电压的波动，或者负载运行时会发出干扰信号。

6.5 机器人如何实现自我感知

一个机器人在激活状态下，需要对自身状态有一定的了解。如果不能自知，后果难以预料。比如：

① 身体已经发生倾斜而不自知，可能会导致倾倒，无法继续执行任务，甚至造成损害。

② 电池或电机过热而不自知，可能会导致设备无法继续运转，甚至烧毁酿成大事故。

③ 机器人在运行过程中，如果不知道自己当前所在的位置和朝向等，下一步的任务就不知该如何执行。

因此，机器人要能够顺利完成任务，为人类提供有效服务，不仅要感知周围环境，同时还必须对自身的状况有自知。

6.5.1 机器人如何实现振动及倾斜感知

振动及倾斜感知

倾斜传感器能够检测物体倾斜状态，通常用于测量倾斜的传感器有很多种，其中水银倾斜传感器和钢珠倾斜传感器因为价廉物美而得到广泛应用。

(1) 倾斜传感器简介

倾斜传感器目前市场上有做成电路板模块的，可以即插即用，如图 6-32 和图 6-33 所示。也可以直接使用，只是在使用时可能需要焊接。

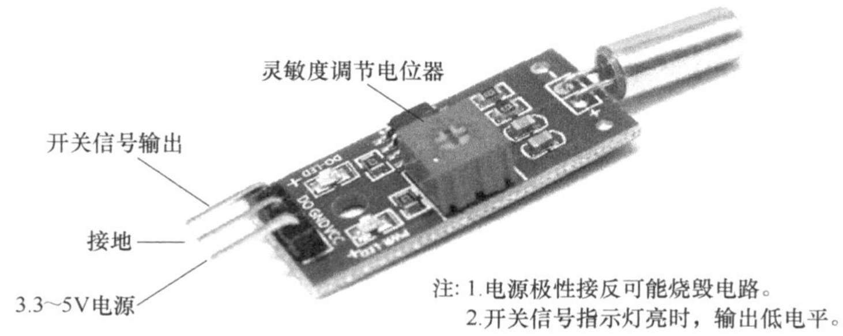

图 6-32　倾斜传感器

图 6-33　水银倾斜传感器

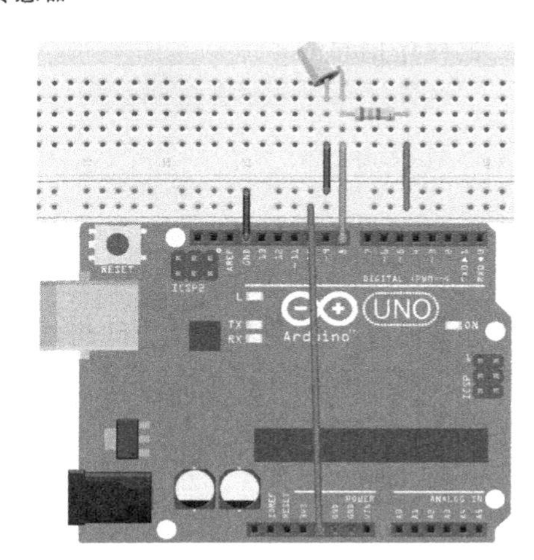

图 6-34　Arduino 控制的倾斜传感检测电路

基于钢珠（以前是用水银作为触碰元件，由于环境安全方面的考虑，现在多选用钢珠替代）开关的倾斜传感器，利用钢珠的特性，在重力作用下，钢球会向低处滚动，从而使开关闭合或断开。钢珠开关的这种特性，不仅可以用作倾斜感应，还被做成角度感知、振动感应、离心力感应等，原理都是一样的。

(2) 用 Arduino 控制的倾斜感知系统的电路设计

Arduino UNO 控制器与倾斜传感器的电路可以按照图 6-34 和图 6-35 的连接，用一个

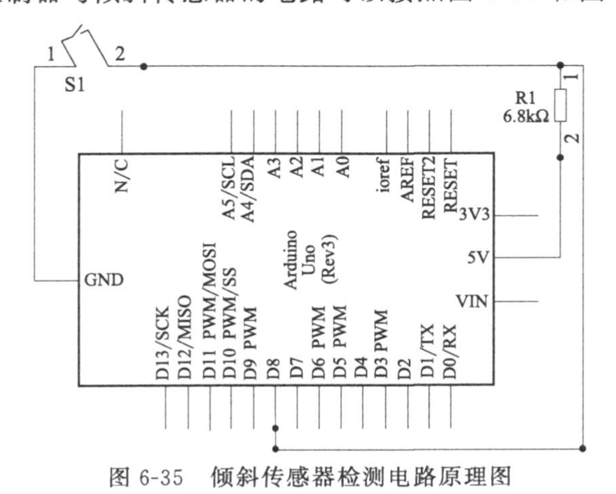

图 6-35　倾斜传感器检测电路原理图

1000～10000Ω 的电阻对控制端口上拉。

(3) 项目任务

用 Arduino UNO 控制器和倾斜传感器为机器人设计一个倾斜/振动检测装置，一旦机器人发生倾斜或振动，警示灯就会点亮。

(4) 倾斜感知控制程序设计

根据项目任务要求，需要用到一个传感器（倾斜/振动传感器），一个 LED。根据工程方法，需要将它们进行独立文件管理，因此本项目由三个独立程序文件组成。其中，“LED _ drv. ino”在前文中已经介绍，此处直接复制到本项目文件夹中即可，不再赘述。

① 主程序文件“6-6-1-tilt. ino”剖析

a. 主程序信息

```
6-6-1-tilt  LED_drv  tilt_drv
1 /*
2  * 倾斜检测实例
3  *  根据倾斜/振动状态控制LED的亮灭
4  * author:mzc
5  * date:2018.09.22
6  */
```

这是主程序，由三个程序文件组成。用 Arduino 读取传感器的值，并根据传感器返回的状态值，控制 LED 的亮灭。

b. 端口初始化配置

```
8  void setup(){
9    Init_LED();//LED端口初始化
10   Init_tilt();//倾斜传感器端口初始化
11 }
```

分别对 Arduino UNO 分配给 LED 和传感器的设备端口进行初始化设置，指定各自的工作模式，并进入工作状态。

c. 主循环程序

```
13 void loop(){
14   if (tilt_sensor()) { //倾斜/振动
15     LED_On();  //LED点亮
16   } else {                    //未倾斜/振动
17     LED_Off();//LED熄灭
18   }
19 }
```

如果传感器发生倾斜或振动（可能需要达到一定幅度，实测中跟选用的传感器灵敏度有关），就点亮 LED。如果传感器位置状态回到正常水平，就熄灭 LED。

② 倾斜/振动传感器驱动程序文件“tilt _ drv. ino”剖析

a. 倾斜/振动传感器驱动程序文件信息

```
6-6-1-tilt  LED_drv  tilt_drv
1 /*
2  * 倾斜传感器驱动
3  *  1.倾斜传感器端口分配
4  *  2.倾斜传感器初始化
5  *  3.读取倾斜传感器的值
6  * author: mzc
7  * date: 2018.11.08
8  */
```

b. 端口配置

```
9 #define tilt_Sensor 8 //倾斜传感器
```

第9行：Arduino分配给倾斜传感器的端口取一个有意义的别名，增强程序可读性。

c. 端口初始化的方法

```
11 void Init_tilt(){
12   pinMode(tilt_Sensor, INPUT);
13 }
```

将Arduino分配给倾斜传感器的端口初始化的方法封装成一个函数，以简化用户程序设计，并增强程序可读性、可维护性和安全性（用户在主程序中无法篡改设置）。

d. 读取传感器的方法

```
15 bool tilt_sensor(){
16   return(digitalRead(tilt_Sensor));
17 }
```

读取倾斜传感器的状态值，并返回给用户，以便用户直接使用。

(5) 思考

这种传感器可以准确检测到机器人或其安装主体处于水平或倾斜（有没有发生振动）状态。但它无法检测到机器人倾斜的程度，比如倾斜了10°。请思考并上网学习，如果要求知晓机器人的倾斜程度时，我们该如何处理？

6.5.2 机器人自我状态的其它感知

机器人自身的状态信息，除了振动及倾斜之外，还包括其自带电池的电压、温度等。温度的检测和感知，可参考本章6.4节的介绍，只是在温度计的选型和安装上要考虑合理性和可用性。

电池电压的检测方法与其它传感器的使用方法类似，有兴趣的读者可以进一步探索，此处不再赘述。

6.6 本章小结

机器人对环境的感知是其行动决策的基础。无论是感知表面触碰，还是物体表面灰度、色彩或者平整度，抑或感知与物体之间的距离，感知周边环境的变化，以及对于自身的感知，本章中都以实例项目的形式，带领读者一步步认识和体验。

靠这些传感器知识和技能，我们就可以制作出很多有用、有趣的机器人。当然，一个机器人不可能只靠传感器就能做什么，还需要其它部分的配合。比如，一堆传感器、显示模块、驱动电机、控制器和电源等散落各处，它们如何行动和执行任务？这正是下一章要探讨的问题。

第7章 为机器人造型

前面章节中，我们已经通过一系列的项目实例，了解和掌握了电子、电气和计算机方面的一些知识和技能，懂得如何让机器人动起来，也学习了通过传感器感知外界及自身的一些信息，并通过光或声设备显示相关的信息。有了这些知识和技能，就可以做不少东西出来，能够想到的很多东西都可以通过这些项目组合得到。

这些东西通过导线连接到一起，能够感知，也能够转动。但是一大堆部件和模块摊在桌面上，无法真正实现整体移动和独立侦测等活动。如何为这些设备和器件量身定制一套可以安身的“房子”，如何为我们的目标机器人塑造强壮的身体和优美的造型，是很多电子爱好者和程序员们不太在意的，但对于一个机器人爱好者甚至一个立志成为机器人工程师甚至专家的读者而言，是马虎不得的。

7.1 轻松造型

回顾第 1 章“飞毛腿”机器人的制作过程。“飞毛腿”机器人的主要制作工作实际上就是把牙刷头、振动电机、纽扣电池和导线，用黏性材料按照一定的结构组装和固定起来。

尽管“飞毛腿”并不坚固，也没有手机那样精美，但它通电后下地横冲直撞的时候，我们内心还是会充满快乐的，因为它是我们的第一件作品，让我们很有成就感。这种快乐和成就感远胜过玩花钱买来的玩具的体验，真的需要倍加呵护和珍惜。只要我们在探索机器人的道路上没有失去这些快乐和成就感，我们就能一直进步。

用第 3 章的 LED 和第 4 章的蜂鸣器，做一个音乐盒，播放音乐的同时，LED 随着节奏闪烁。用一个小纸盒，将硬件安放在盒内，LED 和蜂鸣器伸出盒外，盒表面可以做一些装饰。用一个气球吊起这个音乐盒，气球飞起，音乐和灯光就在空中飘闪了，我们给它取名为“飞天歌者”。或者将“飞天歌者”的气球改成由空心杯高速电机驱动的飞行器，携带音乐盒飞天。

如果想要更好的效果，可以用 RGB 三色 LED，在夜空中也会别有一番景象。

笔者在机器人教学过程中，鼓励学生基于目标，不拘一格，做出的机器人能够完成任务就是成功。于是，就出现了用包装箱的硬纸板、乐高积木和空矿泉水瓶等作为材料制作机器人结构的情况，如图 7-1 和图 7-2 所示。如果您尝试用身边废弃的饮料瓶或者包装盒等来制作小玩具或者机器人，一旦做出来，会发现废物重新利用的价值，下次也会有意识不丢弃甚至收集那些具有再利用潜质的“废物”了。

图 7-1 采用包装箱硬纸板作为传感器固定基板

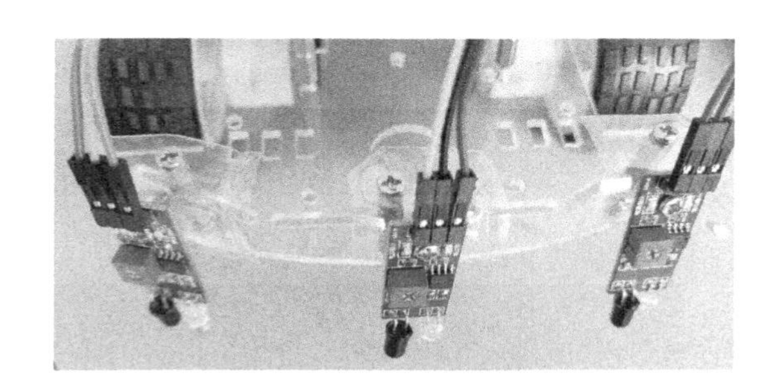

图 7-2 采用矿泉水瓶作为传感器固定基板

7.2 为机器人 3D 打印造型

如今 3D 打印已经越来越普及，便宜的 3D 打印机只要几百元，即使普通的家庭也可以拥有。采用 3D 软件设计机器人的结构和外壳，然后用 3D 打印机打印出来，将机器人的机电装备安装上去，一个独创的机器人就诞生了。

7.2.1 用 Tinkercad 设计 3D 模型

Tinkercad 是一个很有趣、易用的，基于网页的 3D 设计应用。您无需担心自己有多外行，因为 Tinkercad 几乎任何正常人都能用起来。事实上，它的目标是让孩子可以不费劲地学会和使用它，将自己的想法变成 3D 模型。

首先要登录网站，并注册一个账号。

① 建议使用谷歌 Chrome 浏览器，在地址栏输入：www.tinkercad.com，见图 7-3 中位置①。

② 在网页右上方的位置点击“注册”，如图 7-3 中位置②所示，按照提示完成账号申请，然后用账号登录。

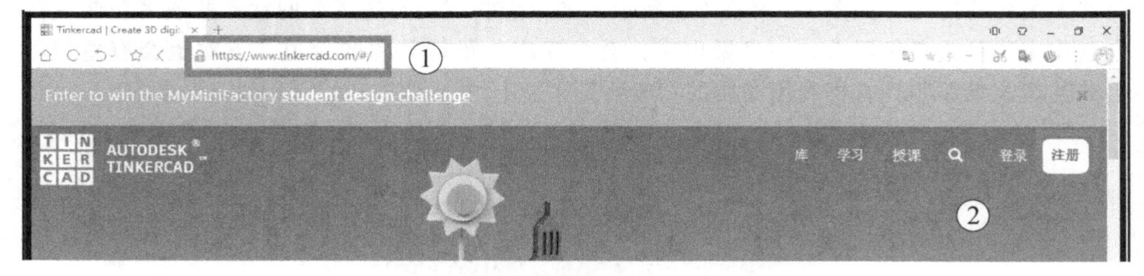

图 7-3　登录 Tinkercad 网站

③ 在登录后，进入开始页面，如图 7-4 所示。

图 7-4　开始页面

a. 库（Gallery）。点击打开，会发现里面有很多有趣的 3D 模型，您可以仔细观赏这些优美的作品。

b. 学习（Learn）。教您如何操作，以提高您的设计和制造技能。初学者（starter）部分定义了一些基本的 3D 设计功能，并链接到相关的课程，以提升您的技能。

c. 教学（Teach）。这个部分是为老师准备的，如果您不想当老师教别人，可以忽略。但这个部分采用了 3D 设计、电路和代码块，让学习变得非常有趣。

d. 3D 设计（3D Designs）。这里需要自己上阵。如果您欣赏过库中优秀 3D 作品，并且掌握了学习部分的内容之后，这里估计就是您最期望的地方了。

e. 电路（Circuits）。电路设计，还能编程，并且可以让您为这个电路编写的程序仿真运行，无需额外的装备就可以做到。这是很多设计师梦寐以求的环境。

f. 课程（Lessons）。这里是您从已经完成的课程中获得的结果。以前努力的结果，得意之作或创意败笔都将忠实地为您保存在这里。

g. 创建新设计（Create new design）。这是您进入战场的最后一道门，点击打开，您就进入创意创造的战场了。

7.2.2　用 SketchUp 设计 3D 造型

SketchUp 是全球最受欢迎的 3D 建模工具之一，直接面向设计方案创作过程。在

SketchUp 上的创作过程能够支持设计师充分表达自己的思想，而且还能满足与客户即时交流的需要。借助 SketchUp，设计师可以直接进行十分直观的构思。SketchUp 可以应用在建筑、规划、园林、景观、室内以及工业设计等领域，受到设计师（包括建筑、规划、园艺等）、木工艺术家、电影制作人、游戏开发商和机器人工程师等越来越多的人群青睐。由于它方便的推拉功能，通过一个图形就可以方便地生成 3D 几何体，无需进行复杂的 3D 建模，具有人人都可以快速上手的特点，同时 Google 公司建立的庞大 3D 模型库，集合了来自全球的模型资源，形成了一个很庞大的分享平台，受到许多初学者和业余爱好者的欢迎。

(1) SketchUp 的获取和安装

SketchUp 软件根据不同的应用需求，分为专业版、个人版和教育版。教育版又分为 K12（中小学）和大学两个版本。您可以根据自己的实际需要进行选择。初学者或业余爱好者，可以选择免费的教育版，其提供的功能足够使用。获得软件后，请按照安装提示一步步进行直到完成即可，此处不再赘述。

(2) SketchUp 软件使用介绍

首先是打开 SketchUp 软件，如图 7-5 所示。

图 7-5　SketchUp 欢迎页面

① 选择模板（见图 7-5 中位置①）。在进行下一步之前，请根据所设计作品的尺寸类型选择合适的模板。SketchUp 提供了多种模板，每种又分为英制（单位：in）和公制（单位：m）两种。简单介绍如下。

a. 简单模板：有基本风格和简单的颜色。

b. 建筑设计：用于建筑的概念设计。

c. 施工文件：用于深化设计与施工，也可用于平面图中开始的训练。

d. 城市规划：用于城市规划、地理建模和勘测。

e. 木工：用于小规模的项目，比如家具设计等。

f. 室内和产品设计：用于厨房、浴室，以及娱乐业（如游戏开发）等。

g. 3D 打印：用于制造业。我们下面的操作，建议选用这个模板。单位为 mm。

② 始终在启动时显示（见图 7-5 中位置②）。如果您不需要时常更换设计模板，建议将前面的“√”点击移除。

③ 开始使用 SketchUp（见图 7-5 中位置③）。点击此处，进入编辑界面，如图 7-6 所示。

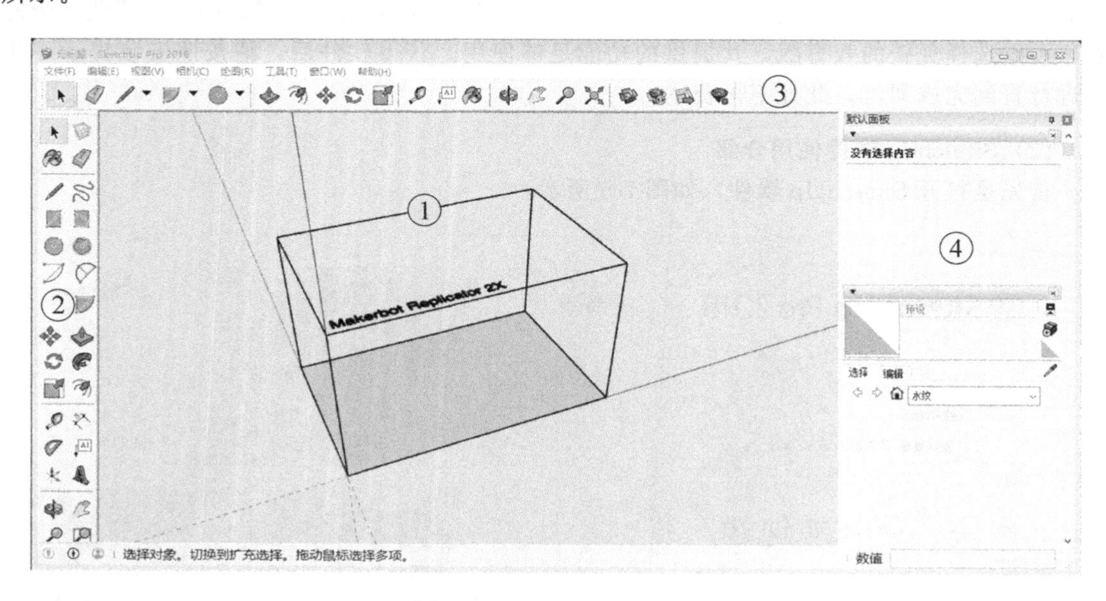

图 7-6 SketchUp 编辑界面

a. 编辑区（见图 7-6 中位置①）。作品的绘制、修改、检视等都在这个区域里进行。在此区域有红、绿、蓝三根虚线，分别代表基准坐标的 x 轴、y 轴和 z 轴。在编辑区中有一个长方体框架，这是一个参照体，在开始制作作品前，可以用鼠标点击其中一个边，选中这个参照体后，按下键盘上的“Delete”键将其删除。

b. 大工具集（见图 7-6 中位置②）。这个区域显示了全部编辑工具，使用非常便利。但您的界面上一开始并没有显示这个部分。如果要显示这个部分，请选中“视图—工具栏”，在弹出的窗口中选择“大工具集”，或将鼠标移到图 7-6 中的位置③，按下鼠标右键，在下拉菜单中选中“大工具集”即可。

c. 常用工具栏（见图 7-6 中位置③）。这个部分只有大工具集中的一部分工具，如果只是简单 3D 设计，使用这部分很方便。与位置②的大工具集并存情况下，只要图标形状一样的，可以通用。

d. 默认面板（见图 7-6 中位置④）。这个面板中有关于图元、材料、风格和图层等方面的信息供选择和使用，在编辑 3D 作品时不可或缺。

7.3 用 SketchUp 绘制一个方盒

学习的过程在于循序渐进，边学边做。对于初学者而言，先做成功一个作品，比高期望值却困难重重甚至无法完成更重要。

我们来用 3D 设计软件做一个方盒，然后，可以用它来制作一个爱心音乐盒，让音乐盒能够根据按键选择播放音乐和显示各种图形。也可以制作一个数字超声波测距仪，通过液晶显示屏（LCD）显示出来。

要实现爱心音乐盒制作这个目标，我们需要考虑必要的硬件：Arduino UNO（也可以用兼容的模块替代）、8×8 点阵 LED 显示屏、蜂鸣器、按钮、开关、面包板（本项目中使用面包板，如果要做成坚固耐用品，需要用到扩展板和焊接，如有条件，可以在本项目完成的基础上进行改进）、电池和连接线等。

我们在设计音乐盒的外壳和结构时，必须考虑到让所有这些元器件都能够被包在其中，还要考虑如何固定以及对外接口界面等问题。如果做出来后才发现显示屏界面和电源开关被封装在外壳里面了，可能就要面临返工重做的问题，因此前期的设计非常重要。

考虑到是首个 3D 设计作品，我们先尽量简单。最简单的办法，就是先做一个方盒子，把这些东西根据使用需要装进去或嵌在盒子上，并调试成功。

7.3.1 方形盒的设计

一个方形盒，可以分成两个部分进行设计，即盒子主体和顶盖两个部分。

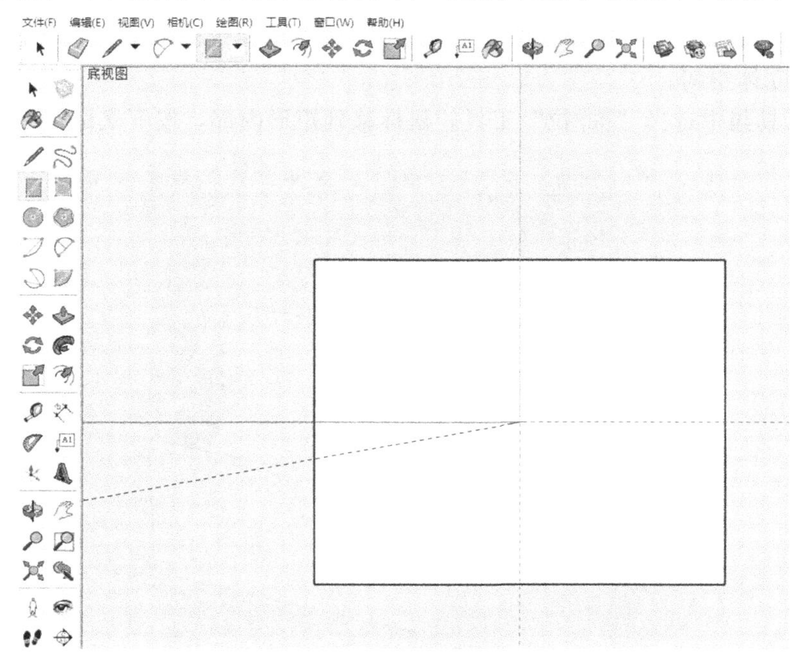

图 7-7 SketchUp 上绘制矩形

(1) 绘制方形盒的外壳主体

① 先画一个 80mm×65mm 的矩形，如图 7-7 所示。

a. 在菜单栏选择“相机—标准视图—底视图”。

b. 用鼠标点击大工具集中的“矩形”并将鼠标移动到坐标原点位置，看到原点处出现一个小圆圈。

c. 按下键盘“Ctrl”键并释放，鼠标在原点处显示的小矩形变成以原点为中心，按下鼠标左键并释放，向外移动鼠标。

d. 输入“80，65”，在右下角“尺寸”框中可以看到输入的数据，注意 80 与 65 之间的逗号必须是英文标点符号，回车。完成以原点为中心、尺寸为 80mm×65mm 矩形的绘制。

② 绘制音乐盒底板，厚 3mm，如图 7-8 所示。

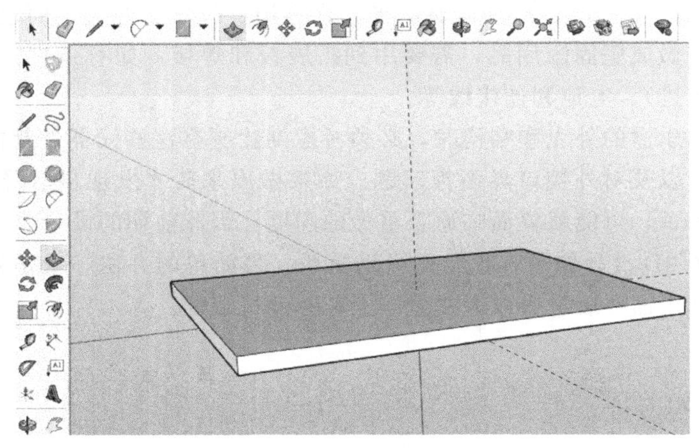

图 7-8 音乐盒的底板

a. 鼠标放在矩形区域（编辑区中任意位置），按下鼠标中间的滚轮不放，向上推鼠标，视图空间变成立体空间。

b. 在大工具集中选择“推/拉”工具，鼠标移到矩形内部，按下鼠标左键向上推。

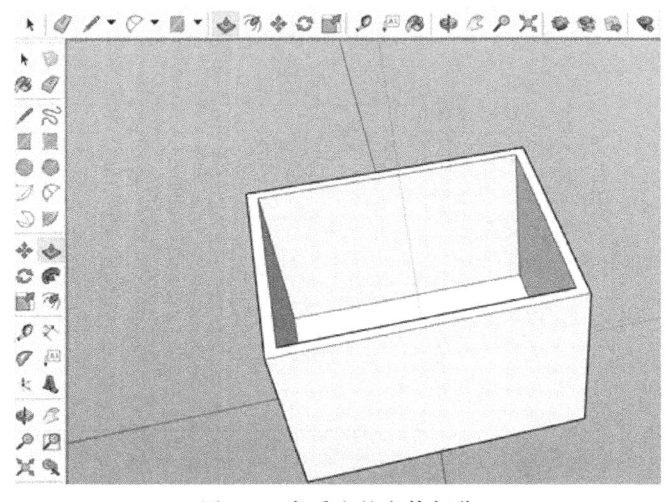

图 7-9 音乐盒的主体部分

c. 放下鼠标，在屏幕右下角“尺寸”输入 3，回车，一个长方形盒子的底面板就画好了。如图 7-8 所示。

③ 绘制侧面壁，厚 3mm，并完成主体部分如图 7-9 所示。

a. 选择“偏移”工具，将鼠标移到矩形面内，待矩形面被选中，向外移动鼠标，在屏幕右下角尺寸输入“3”，回车，在原矩形内增加了一个四边都向内缩进了 3mm 的新矩形。如图 7-10 所示。

b. 对内外矩形之间的部分“推/拉”，尺寸为 50mm。完成后，如图 7-9 所示。

图 7-10　音乐盒的底板产生一个内偏移

④ 构建音乐盒主体部分的组件

a. 在图 7-9 上的盒体任意位置，连击鼠标左键 3 次，选中整个盒体（包括所有的线和面），如图 7-11 所示。

b. 在盒体任意位置，按下鼠标右键或在菜单栏选中“工具—创建组件”，弹出窗口，如图 7-12 所示。在定义中为组件准备一个有意义的名字，在描述中写入关于该组件的主要

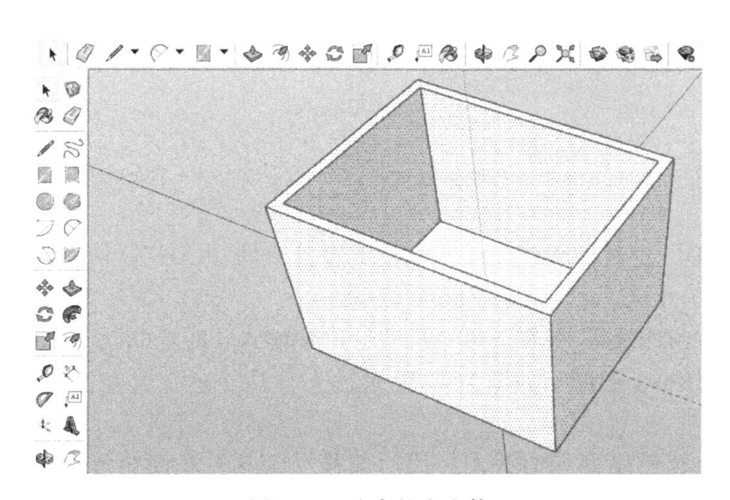

图 7-11　选中整个盒体

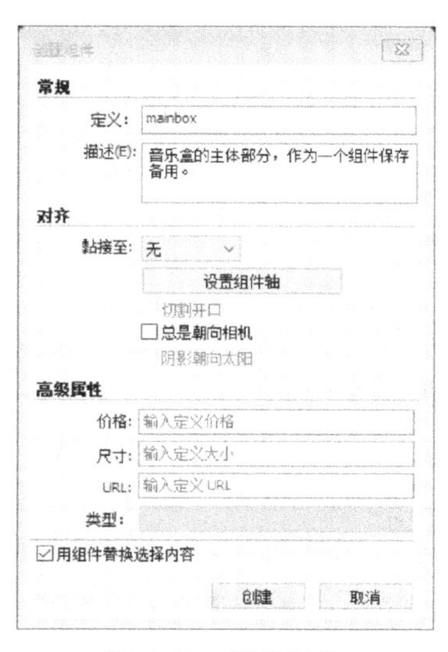

图 7-12　创建组件

功能及使用注意事项等，以便再次使用时提供相关信息。

c. 将组件 mainbox 沿着蓝轴拖放到下方。

(2) 绘制音乐盒的顶盖

顶盖设计时，需要考虑在装盖时如何与主体部分结合，能够与主体部分形成一个整体，而不是一个不协调的分离体。

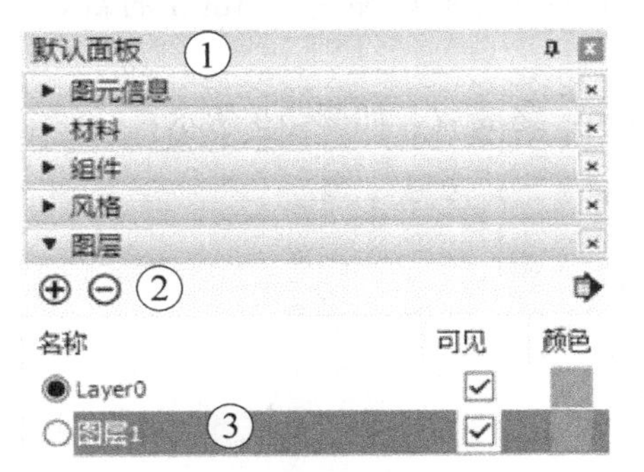

图 7-13　添加图层

① 添加图层

a. 在 SketchUp 右侧的“默认面板”，见图 7-13 中位置①，找到图层。

b. 在图层属性中，点击“⊕”，见图 7-13 中位置②，实现图层 1（见图 7-13 中位置③）的添加。

② 在图层 1 中设计盒盖

a. 选中图层 1，见图 7-14 中位置①，在原点处绘制 80mm×65mm 矩形（以原点为中心，见图 7-14 中位置②）。

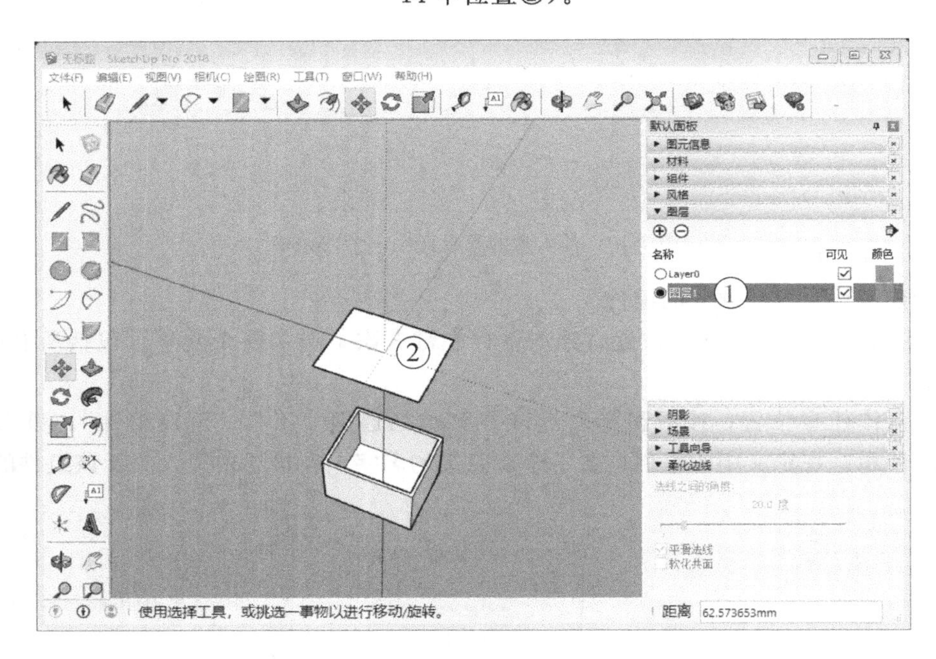

图 7-14　以原点为中心绘制矩形

• 在左侧大工具集中选择“矩形”工具，移到原点处，按下键盘上的“Ctrl”，切换到以原点为中心绘制矩形。

• 按下鼠标左键并释放，向外移动鼠标，在右下角“尺寸”位置输入“80，65”。

b. 对矩形用“推/拉”工具推成 3mm 壁厚，如图 7-15 所示。

c. 绘制盖牙，如图 7-16 所示。

• 按下鼠标滚轮，移动鼠标，将顶盖底面朝向我们，用“偏移”工具对底面矩形内偏移 4mm。

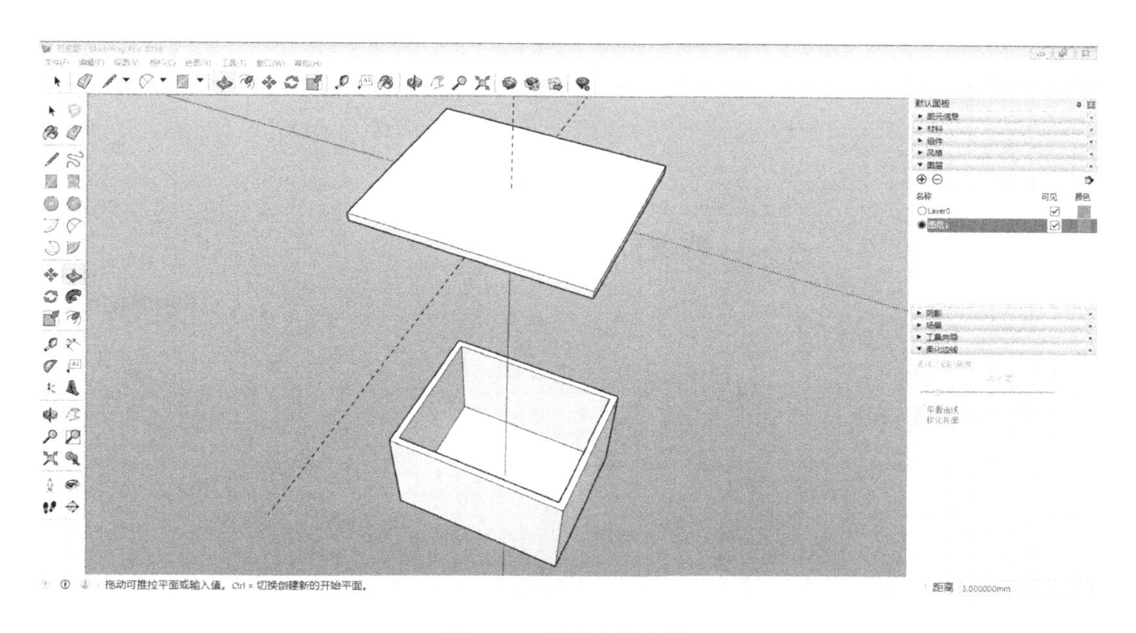

图 7-15　顶盖主体壁厚

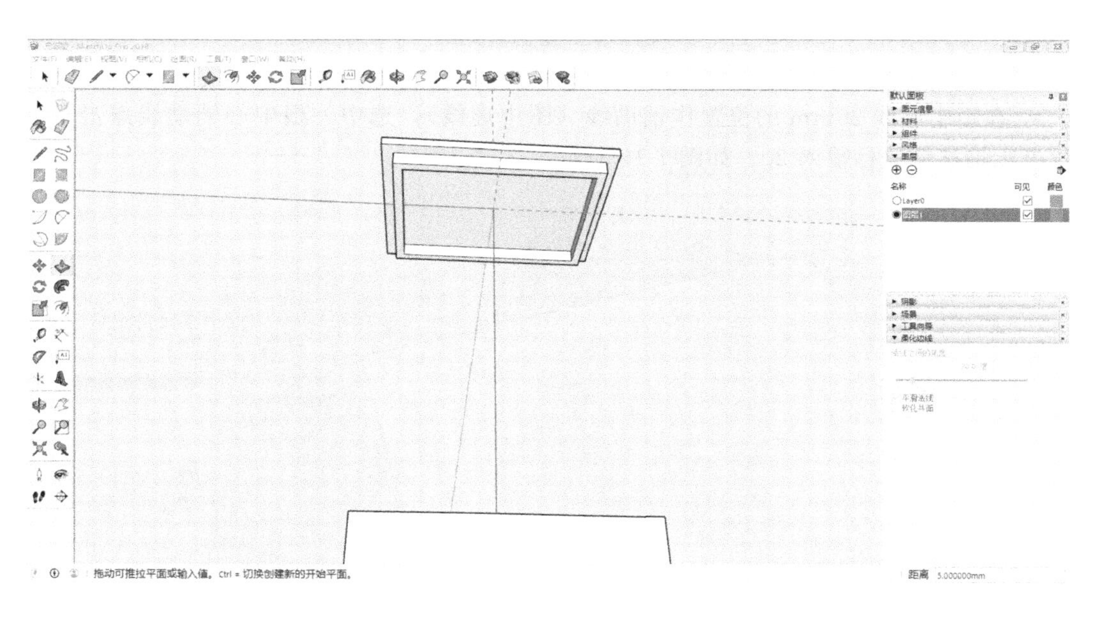

图 7-16　绘制盖牙

• 对新产生的矩形用“偏移”工具内偏移 3mm。用“推/拉”工具对两个新矩形之间的部分拉伸 5mm，如图 7-16 所示。

d. 绘制把手。如果没有把手，这个顶盖一旦盖上，再要打开就比较困难了。

• 翻转视图，让顶盖顶面朝向我们。

• 用“卷尺”工具画辅助线。选中“卷尺”工具，鼠标移到矩形的一边中间附近沿线移动，如果在线上出现中点提示，按下鼠标左键并释放，移动鼠标到相邻边中间位置找到中点点击鼠标，画出一根中线辅助线（图中虚线），用同样方法绘制与这个辅助线垂直的辅助线，如图 7-17 所示。

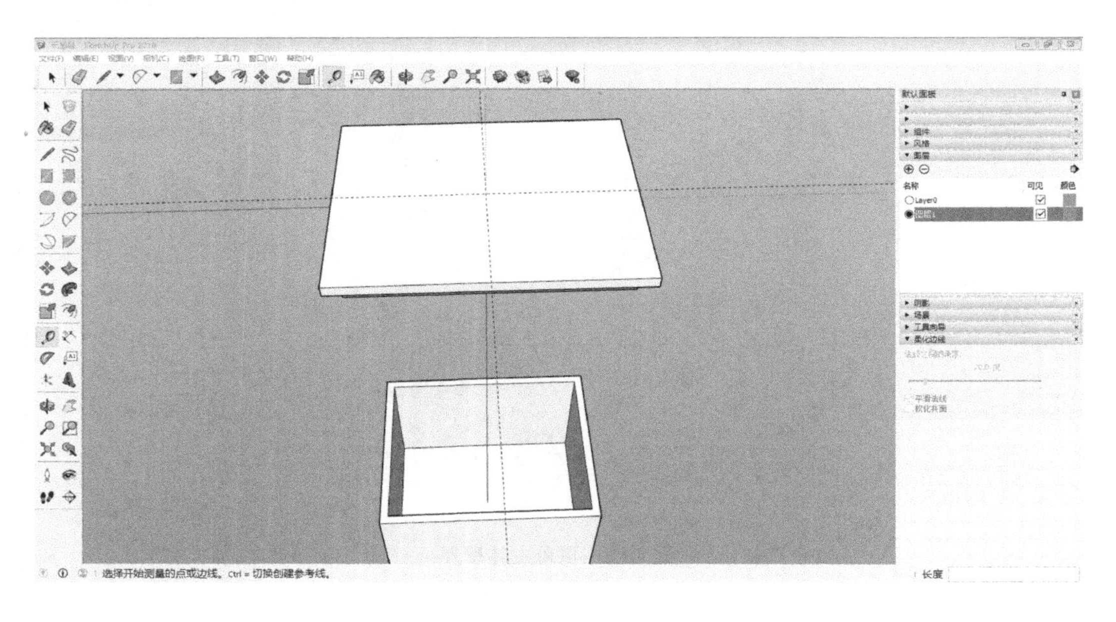

图 7-17　绘制辅助线

• 在距中心线 20mm 的位置作辅助线（图中虚线），选中一根中心辅助线点击，沿着红色坐标轴移动鼠标输入 20，如图 7-18 所示。

图 7-18　绘制偏离中心辅助线 20mm 的辅助线

• 在距离中心 20mm 的参考点绘制 2 个半径 10mm 的圆，如图 7-19 所示。

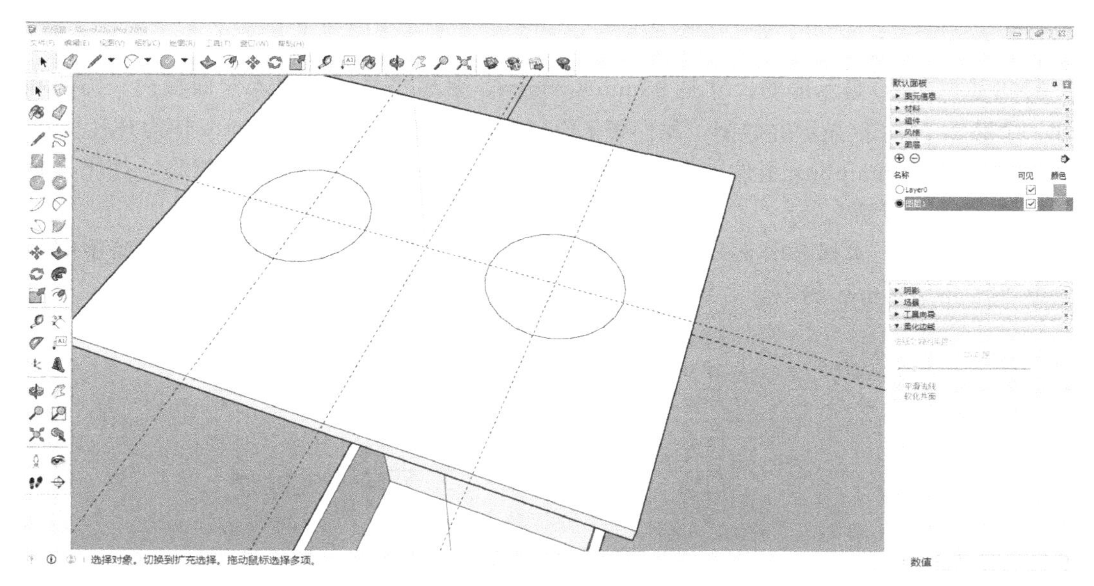

图 7-19　绘制 2 个半径 10mm 的圆

• 用“推/拉”工具下推，键盘输入“3”，挖出半径 10mm 的圆洞，如图 7-20 所示。

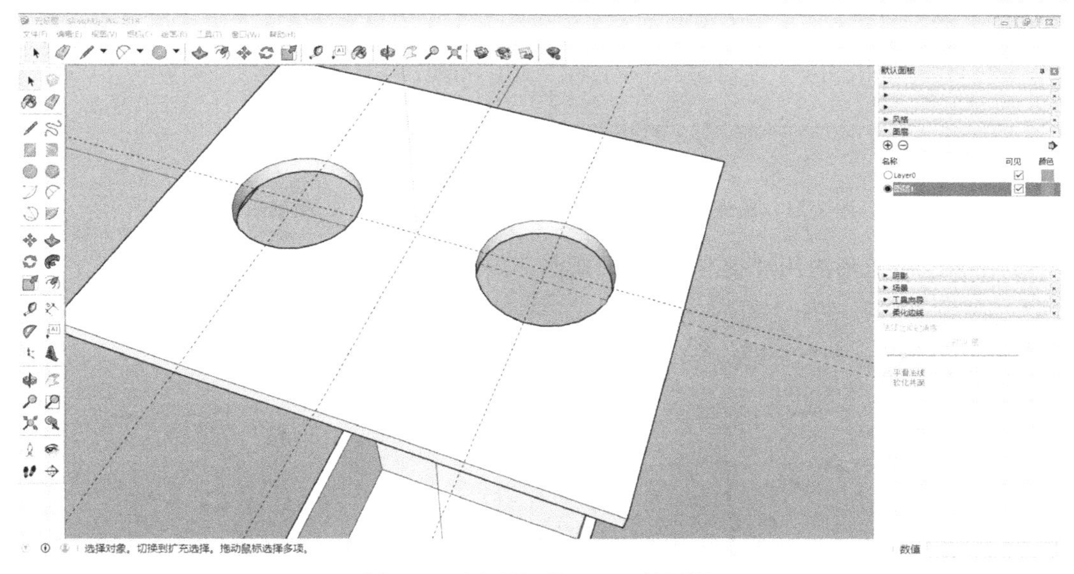

图 7-20　用“推/拉”工具挖圆洞

7.3.2　爱心音乐盒的制作

上面刚刚做了一个盒子，但如何安置 8×8 点阵 LED 显示屏、Arduino、蜂鸣器、电池等呢？

根据常识，我们需要将 8×8 点阵 LED 显示屏显露出来，与盒外表面平齐；蜂鸣器发声部分也要显露出来，否则声音就会闷在里面。在外壳设计时，还要考虑如何更换电池或给电池充电等问题。

(1) 给 8×8 点阵 LED 显示屏开窗

8×8 点阵 LED 显示屏的尺寸是 38mm×38mm，要想将显示屏嵌入盒面板内，需要在盒面开一个略大于 LED 显示屏的洞。我们将 LED 显示屏的外尺寸边长加 1mm 作为开孔尺寸。

① 准备编辑 mainbox 组件。先要炸开 mainbox 组件，选中 mainbox 组件，按下鼠标右键，选择“炸开模型”。

② 绘制矩形。选择 80mm×65mm 的面，用“卷尺”工具作辅助线，在该面中间的位置绘制 39mm×39mm 的矩形，如图 7-21 所示。

图 7-21　给爱心音乐盒的 LED 显示屏开孔准备——绘制矩形

③ 在新绘制矩形内用“推/拉”工具掏空，如图 7-22 所示。

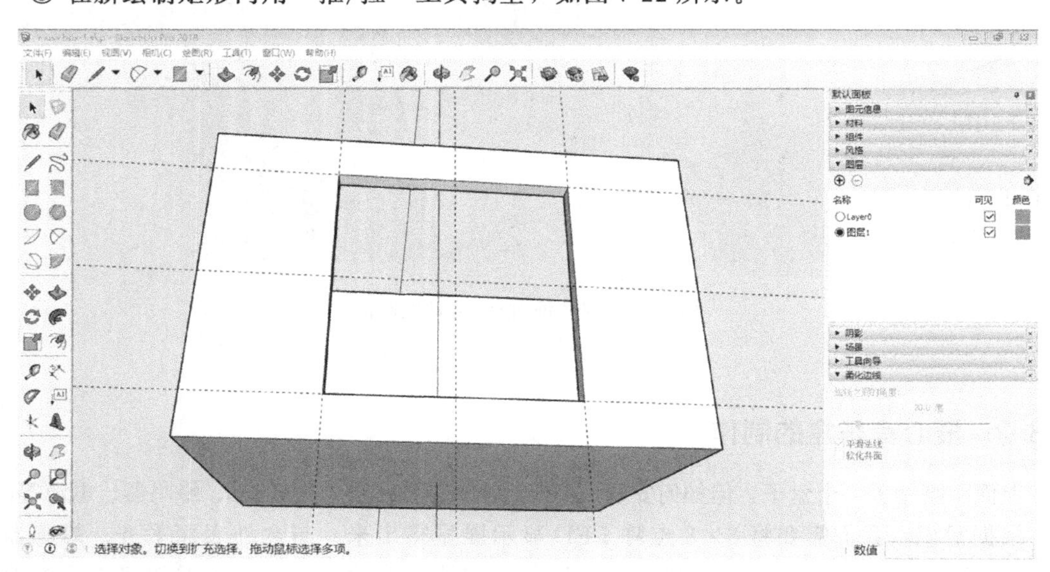

图 7-22　给爱心音乐盒的 LED 显示屏开孔准备——用“推/拉”挖坑

这样，8×8 点阵 LED 显示屏安装位就设计完成。

(2) 设计蜂鸣器安装位

蜂鸣器的发声器部分是一个直径为 12mm 的圆柱体。因此，需要在盒外壳挖一个直径为 14mm 的圆坑，嵌入蜂鸣器。考虑将蜂鸣器与 8×8 点阵 LED 显示屏安装在同一个表面。

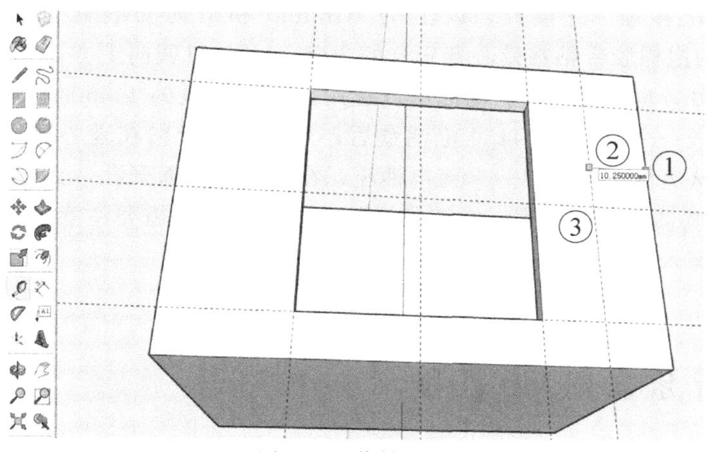

图 7-23 作辅助线

① 作辅助线，以确定蜂鸣器的安装圆心位置，如图 7-23 所示。使用“卷尺”工具，在右侧边线任意位置（如图 7-23 中位置①）点击，然后沿着红线方向向左移动（如图 7-23 中位置②），键盘输入“10.25”，回车确定辅助线。

② 以图 7-23 中位置③处的交叉点为圆心绘制半径为 7mm 的圆。

③ 用“推/拉”工具，选中新绘制的圆，下拉，键盘输入“3”，回车确认，完成蜂鸣器安装孔的绘制。如图 7-24 所示。

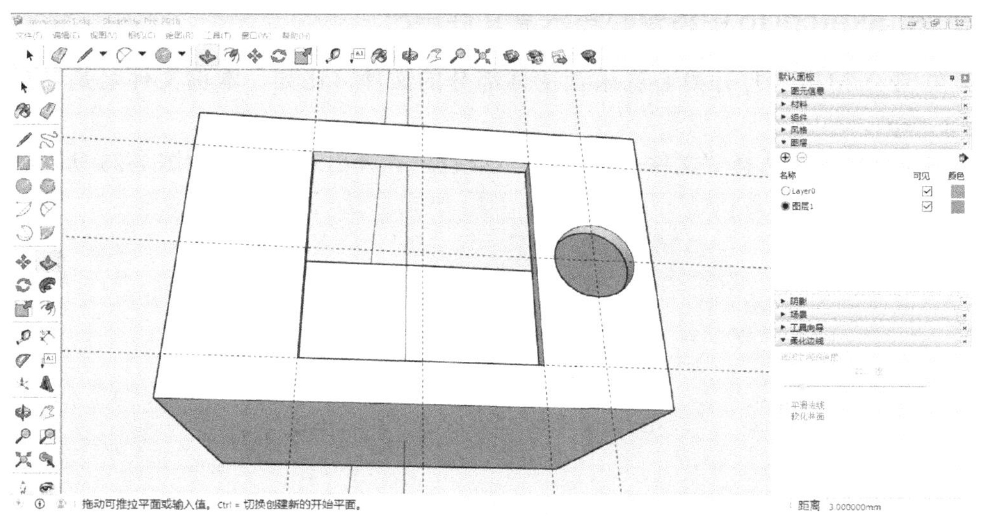

图 7-24 蜂鸣器安装位

(3) 为 Arduino 的 USB（Type B）开孔

注意：开孔尺寸要略高于 Type B 的外形尺寸（比如，每边多加 1mm），以确保能够正常安装。

(4) 为爱心音乐盒的电池设计安装位

电池可以安装在底部，一方面可以降低重心位置，另一方面可以方便电池更换管理。即使电池漏液，也不会流到系统的其它部分，提升了系统的安全性。

如果您是首次接触 3D 设计，以上的 Arduino 和电池安装孔位暂时也可以不做。Arduino 板可以用泡棉胶带粘在爱心音乐盒的内壁，USB 口朝向上方，如果需要更新程序，只要打开顶盖即可，也非常方便。电池可以选用两节可充电的 14450 锂电池（3.7V，充满电后 4.2V），装进一个两节的 14450 电池盒后，用泡棉胶带粘在爱心音乐盒的底部。为了方便充电，可以从电池盒上引出一个充电插座，在音乐盒侧面开孔，方法请参照 8×8 点阵 LED 显示屏或蜂鸣器的开孔步骤。在产品设计时，还有很多需要注意的地方，我们在后续的内容中会逐步深入。

7.4 爱心音乐盒的 3D 打印

7.3 节，我们设计了一个简易的爱心音乐盒 3D 模型，但这个文件还不能直接用来打印。在爱心音乐盒的 3D 模型文件中，包含了音乐盒的主体和顶盖两个部分。在进入下一步前，我们需要将每个部分保存为一个独立的文件，以便切片处理。打开音乐盒文件 musicbox-1.skp，将音乐盒的主体部分另存为 musicbox-main.skp（将除了主体部分的其它部分删除后保存即可）。打开音乐盒文件 musicbox-1.skp，将音乐盒的顶盖部分另存为 musicbox-cap.skp（将除了顶盖部分的其它部分删除后保存即可）。

7.4.1 从 SketchUp 中将爱心音乐盒文件导出

① 在 SketchUp 中打开爱心音乐盒主体部分的文件（比如，本例文件名是 musicbox-mainbox.skp）。

② 在菜单栏依次选择“文件—导出—三维模型”，弹出对话框，如图 7-25 所示。

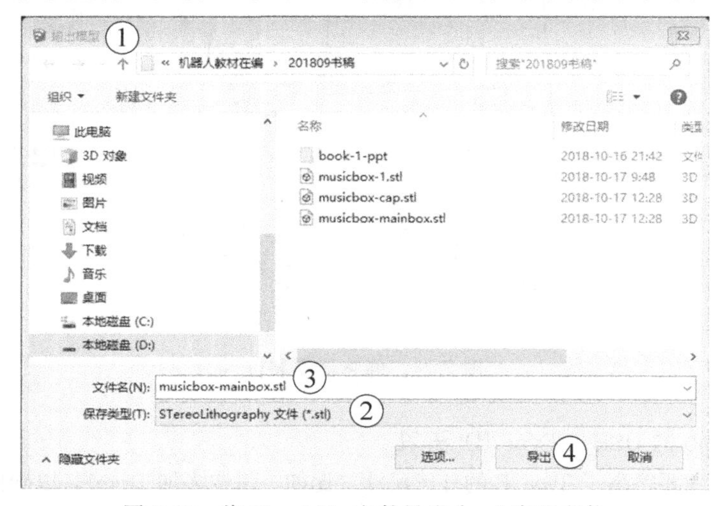

图 7-25　将 SketchUp 文件导出为 stl 类型文件

对图 7-25 说明如下：

位置①：在此处确认是“输出模型”。

位置②：保存类型，请选择“STereoLithography 文件（*.stl）”。STL 用三角网格来表现 3D CAD 模型，是目前最多快速原型系统使用的标准文件类型。

位置③：文件名，只要位置②选择正确，软件会自动为文件添加文件扩展名 stl。

位置④：设置完成后，点击“导出”，生成 stl 类型文件（文件名 musicbox-mainbox.stl）。

③ 在 SketchUp 中打开爱心音乐盒顶盖的文件（比如，本例文件名是 musicbox-cap.skp）。用同样方法，导出 stl 类型的文件（文件名 musicbox-cap.stl）。

7.4.2 用切片软件将 stl 文件生成切片文件

目前的 3D 打印机多是采用分层打印的，因此，在打印前必须告知打印机需要打印的当前层以及该层需要打印的内容，每一层就是一片。STL 格式的网状 3D 模型只有经过切片后，生成基于片层信息的代码，才能被 3D 打印机识别和处理。

开源切片软件中，cura（3D 打印机厂商 Ultimaker 公司开发）支持市场上很多已有的 3D 打印机。由于其开源及自定义设置功能，即使自己制作的个性化 3D 打印机，也可以使用 cura 进行切片，很多知名品牌 3D 打印机的切片软件都是基于 cura 二次开发形成的。

首先，需要下载 cura 最新版本，并按照提示安装软件，注意在列表中选择您使用的 3D 打印机型号，如果没有请先跳过。然后，打开软件 cura，如图 7-26 所示。在图中①的位置，点击“Preferences—Configure cura……”，弹出 Preferences 窗口，依次选择“General—Interface—Language——简体中文”，关闭窗口，关闭软件，并重新启动后，软件界面就变成中文的了。

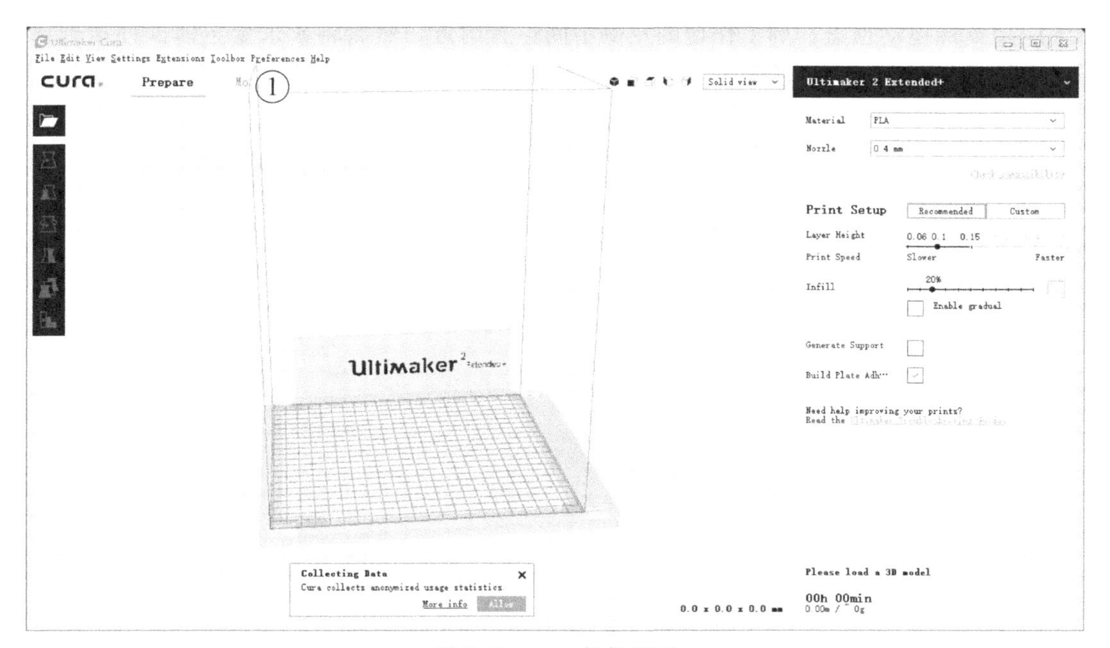

图 7-26 cura 软件界面

(1) 加载需要切片的文件

在 cura 中，允许用户同时载入多个 stl 格式文件到工作台，并支持对各个文件的模块独立移动和旋转等操作。

在菜单栏“文件—打开文件”，找到文件“musicbox-mainbox. stl”并确认打开，同样方法打开“musicbox-cap. stl”，如图 7-27 所示。

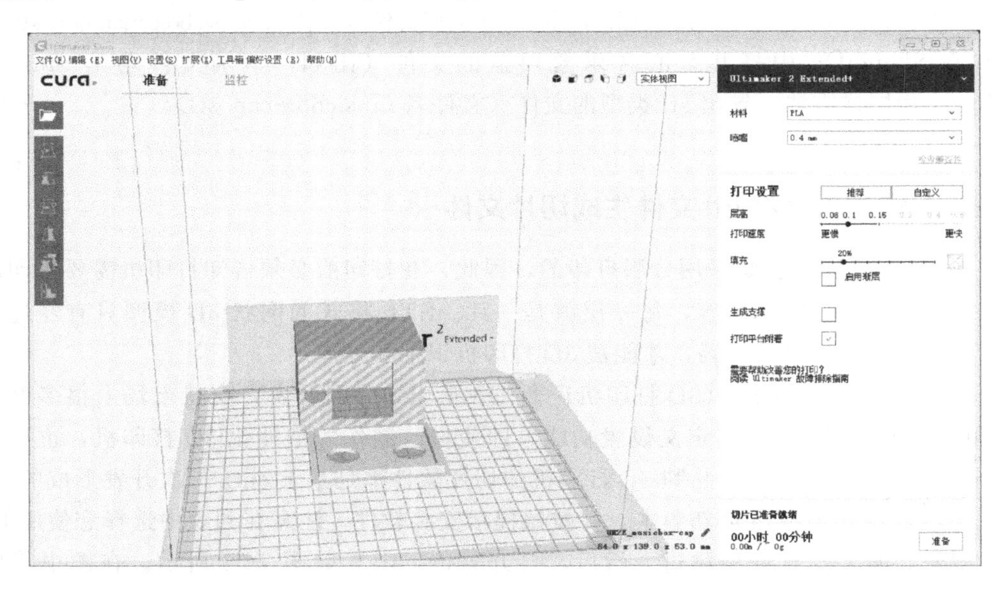

图 7-27　加载需要切片的文件

(2) 将需要切片的文件移动到合适的位置摆放好

① 用鼠标拖动顶盖，到工作台的左侧中间位置附近，然后将音乐盒主体部件拖到顶盖右侧并排放置，如图 7-28 所示。

图 7-28　重新摆放要切片的模块

说明： 由于音乐盒主体部分底板朝上，下方为空，在切片时需要增加很多支撑（底板悬在空中），才能保证底板正常成型。这样不但会大幅延长打印时间，增加对打印材料的消耗，还会给后期去除支撑材料带来很大麻烦。

② 让音乐盒主体部件旋转，使底板落在打印平台上。用缩放工具，将视图缩放到如图 7-28 所示。选中“旋转”工具，用鼠标沿着绿色圆弧线方向向下拖动，音乐盒模型就会跟着自左向右旋转，如图 7-29 所示。继续旋转直到底面大部分都朝向打印平台表面，释放鼠标，这时，模块会自动落到打印平台面上，对两个模块位置稍做调整，如图 7-30 所示。

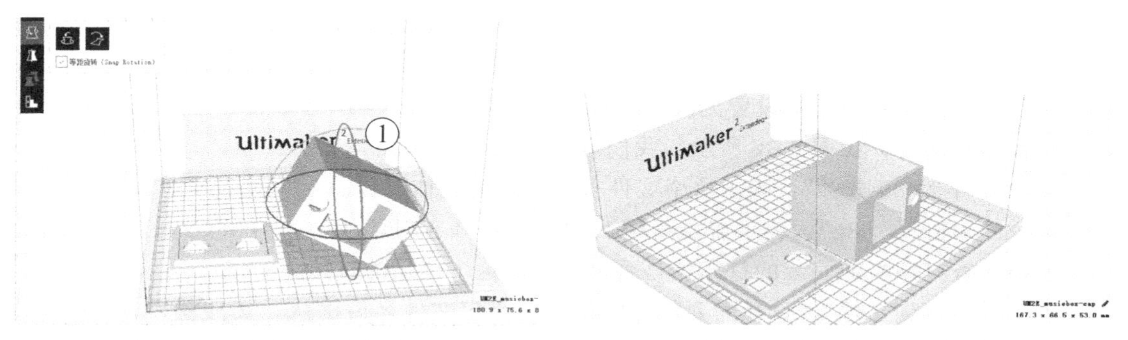

图 7-29　旋转音乐盒主体模块　　　　图 7-30　模块空间定位就绪

③ 检查 3D 打印机及打印材料等的设置是否正确或合适，见图 7-31。

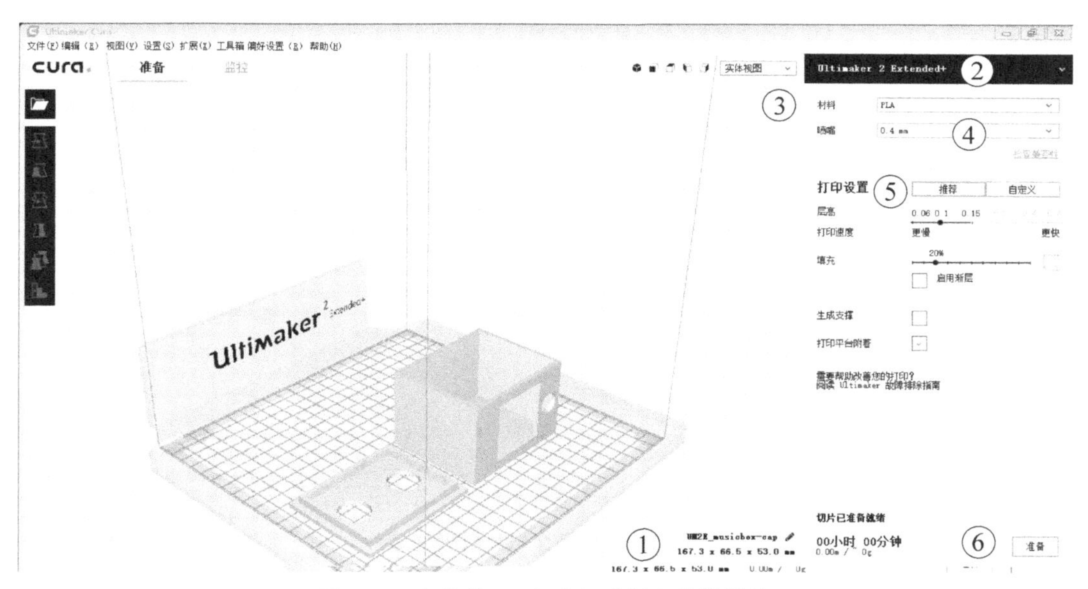

图 7-31　切片前 3D 打印机选择和参数设置

对图 7-31 中标注说明如下：

位置①：检查需要 3D 打印的模型尺寸是否正确。这里显示的是 167.3mm×66.5mm×53.0mm，符合我们的设计要求。注意这里的尺寸是待打印的模块所占空间的尺寸，不是单个实物作品的尺寸。

位置②：检查 3D 打印机型号是否与您用的一致，不同的 3D 打印机参数差异可能很大。本次使用的是 Ultimaker 2 Extended ＋，请确认您用的是什么型号。

位置③：打印材料有很多种，比如聚乳酸（PLA）、丙烯腈-丁二烯-苯乙烯树脂（ABS 树脂）、氯化聚乙烯（CPE）和尼龙（nylon）等，最常用的是 PLA，这里要做的是一个音乐盒外壳，用 PLA 就可以了。注意，在 3D 打印机准备打印前要确认您用于打印的材料是否为 PLA，如果不是，打印可能由于打印材料的温度等参数设置不当而不能正常进行，甚至可能损伤打印机。

位置④：喷嘴的口径，默认是 0.4mm，我们现在要打印的音乐盒，不追求高的精细度，因此可以选择更大口径的，本次使用的 3D 打印机最大口径是 0.8mm，因此这里选择 0.8mm。

位置⑤：打印设置。初次打印，还没有什么感受，因此这里就选择推荐设置即可，待您拿到打印作品，再进行比对研究，有了一定的体验后，再考虑更合适的设置。

位置⑥：以上各项检查设置无误后，点击“准备”，进入下一步。

④保存到文件，如图 7-32 所示。我们看到在 cura 右下角，显示：

a. “07 小时 39 分钟”：表示这个文件打印需要的预估时长。

b. “11.16m/~88g”：表示需要消耗 11.16m 的 PLA 打印丝，大约 88g。注意，您在打印之前要检查打印机上安装的打印丝是否足够完成这个作品的打印。

点击“保存到文件”，选择需要保存的位置和指定文件名后确认，文件就以 gcode 的格式保存，可以复制到 SD 卡，直接拿到您的 3D 打印机进行打印。

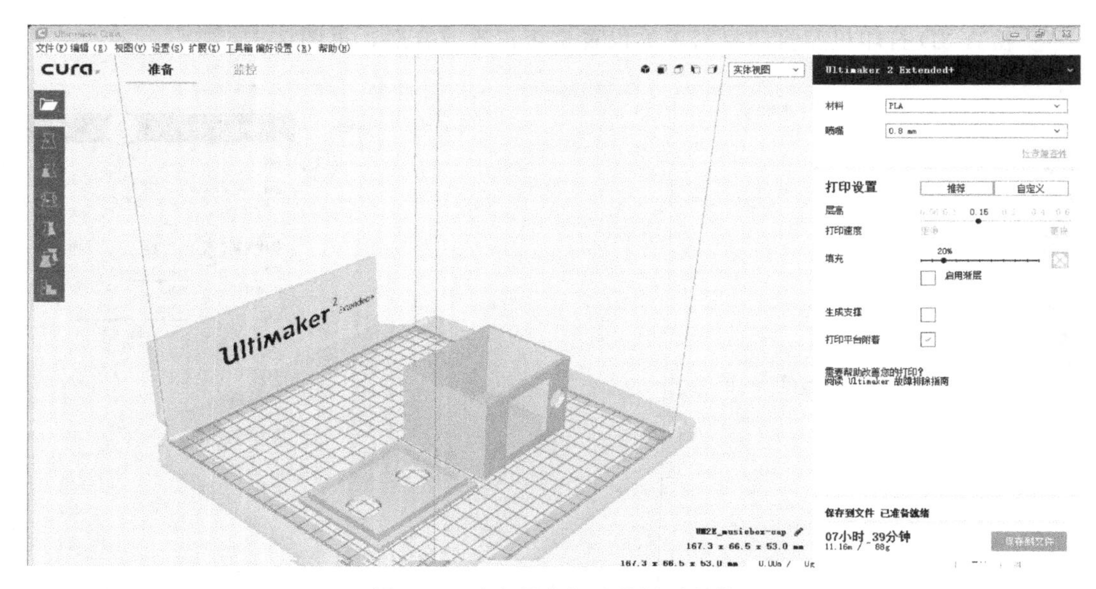

图 7-32 准备保存切片数据到文件

7.5 本章小结

机器人的造型让所有的电子零部件和动力装置有了一个家，本章通过一个简单音乐盒的设计，让我们了解了用什么工具和方法，一步步为机器人造型。本章只是让读者体验到，除了纯粹的手工制作之外，还可以借助先进的科技工具——原本只有在专业实验室里的少数人才能有机会接触和使用的3D打印设备，进行专业的设计与制造，只要有想法，就有实现的可能。

通过本章的学习，相信您只要稍加努力，用SketchUp绘制如图7-33所示的BigEye（大眼）机器人外壳，就一定能够实现。

图7-33 SketchUp绘制BigEye（大眼）机器人外壳

第8章 机器人需要怎样的电源系统

目前，我们使用电子计算机及其周边设计制作机器人，其运行所需的能量是电能。因此，必须有稳定的电源，机器人才能可靠运行。

8.1 机器人的电源系统

机器人的用电设备比较复杂，如图 8-1 所示，可能会包含（不同功能需求的机器人配置会有差异）总电源、传感器、主控制器、扬声器、继电器、显示器、直流电机和舵机等。

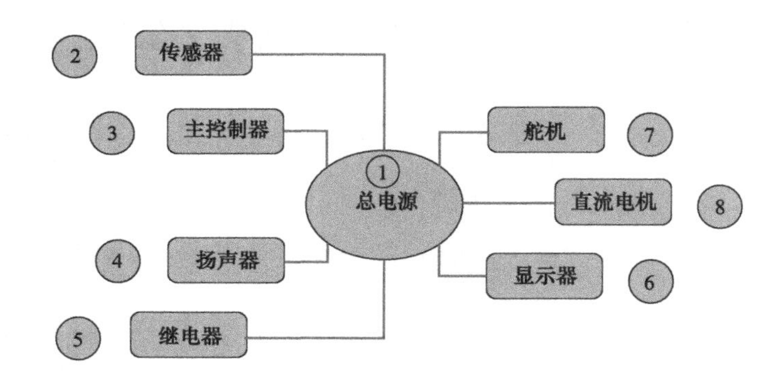

图 8-1　机器人的用电设备

对于本书各项目中涉及的机器人模块供电和用电情况如表 8-1 所示。通过本表，我们对机器人各个部分的供电和用电情况有总体的认识。

表 8-1　机器人模块供电和用电情况

序号	名称	电压	说明
①	总电源	8.4V	一般使用单片 4.2V(充满电)两节或多节锂电池串联供电。在为具体的机器人选择锂电池时,还要考虑放电电流等

续表

序号	名称	电压	说明
②	传感器	5V/3.3V	不同的传感器所需供电电压会有区别，因此在机器人电路设计时要留意，以免出现不能正常工作甚至烧坏传感器的情况。传感器一般所需电流较小，因此，本书中介绍和用到的传感器基本上都可以直接从Arduino板取电。但如果您自己设计一个多传感器的机器人时，多个传感器以及LED、蜂鸣器等一起的耗电量可能超过Arduino控制板的供电能力，建议采用专门的供电电路(从总电源通过稳压模块获取电能)
③	主控制器	5V(USB) 7～12V DC (外接电源)	本书中的主控制器选用的是Arduino，板内供电电压是5V，但由于Arduino板自带稳压模块，因此通过外部供电(非USB取电)时，外接电源电压必须在7～12V DC之间，否则Arduino可能会损坏。如果机器人使用电子电气部件较多，机器人启动或移动时冲击电流较大，建议由专门的电池(辅助电源)给主控制器供电
④	扬声器	5V	本书中使用蜂鸣器，无需专门供电，可以通过Arduino的输入输出引脚直接驱动。如果使用声音模块，需要使用外接电源，供电电压为直流5V
⑤	继电器	5V	继电器有多种，本书中的项目如果需要使用继电器，一般选直流5V供电即可，建议由总电源通过稳压模块直接供电，而非从Arduino控制板取电
⑥	显示器	5V	本书中介绍和使用了LED、七段数码管、点阵LED和LCD，其供电电压为5V，如果Arduino外接设备取电较少，可以考虑从Arduino直接取电，建议通过稳压模块从总电源取电
⑦	舵机	5V	本书中以及我们日常大量的小机器人电子制作中，都是使用5V直流供电的舵机，由于舵机在运行时常常需要带动负载，比如带动摄像头转动，需要较大的耗电量，建议通过稳压电源从总电源直接取电
⑧	直流电机	直流6V、12V 或更高电压	直流电机一般用于驱动机器人移动，所以一般是移动机器人所有部件中耗电量最大的，因此供电需要由电机驱动直接从总电源(或动力电源)取电。由于带载较大，在启动瞬间会有较大的冲击电流

我们一般只提供一个电源为所有设备进行供电，但为了满足以上诸多设备的不同用电需求，我们需要对电源进行分配，比如电机驱动部分直接连接到总电源，而主控制器及传感器等低电压的设备需要对总电源的电池降压处理后才能使用。为了明晰各自的供电关系，我们设计了如图8-2所示的机器人一般供电方案。

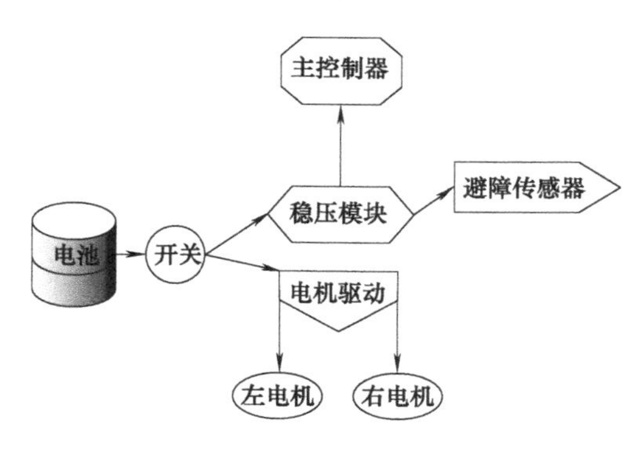

图8-2　机器人的一般供电方案

8.2 锂电池

锂电池是使用锂作为主要原料的电池。按照锂在电池中的不同形态，可以分为两类：锂金属电池和锂离子电池。锂离子电池并不含有金属态的锂，是可以充电的。锂金属电池使用锂金属作为负极材料，早在1912年就有人提出并开始研究。而锂离子电池则在半个多世纪后的20世纪70年代被提出并开始研究。但由于锂金属的化学特性非常活泼，使得锂金属的加工、存储、使用等有极其苛刻的环境要求。因此，目前还只有少数国家的少数公司有能力生产锂金属电池。

(1) 锂离子电池

① 锂离子电池的充电。充电前，务必确认充电器上标注的充电电压是否与锂离子电池标称的充电电压一致（图8-3）。对于多组电池串联而成的电池组（图8-4）建议使用智能平衡充电器，以确保电池正常充电。

图8-3 锂（离子）聚合物电池

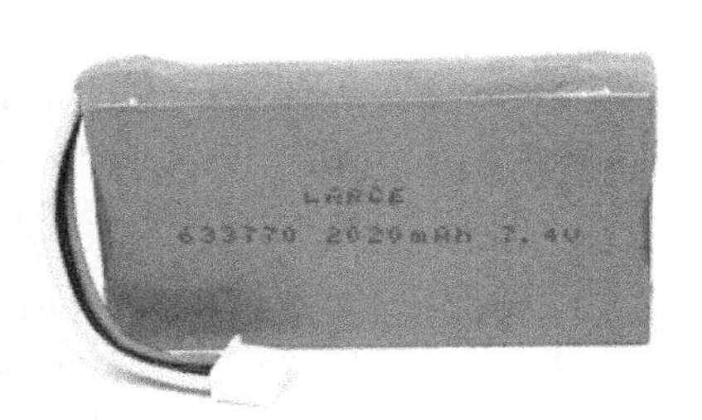

图8-4 锂离子电池组

② 锂离子电池的放电一般可以分成三种情况：

a. 正常放电。电池正常使用的过程，就是电池放电的过程。

b. 人为放电。不要人为手工放电，因为你很难把握放电电流大小以及放电深度。目前锂离子电池保护系统中一般都有充放电次数和电量检测装置，一般每经历约30个充电周期，就会自动进行一次深放电和深充电，以便获得对电池状态的准确评估。

c. 自然放电。锂离子电池即使不用，空置情况下也会自行放电，尽管放电率不是很高。其在20℃环境下，可以存放180天左右。这种情况下，一般经过充电，容量大部分是可以恢复的。但是，如果电池电压在3.6V以下长期保存，由于自放电，会导致电池过放电而破坏电池内部结构，导致锂离子的活性物质分解破坏，一旦破坏就很难还原。因此：

• 如果暂时不用，需要较长时间保存时，请将锂离子电池充电或放电到3.8～3.9V（锂离子电池的最佳储存电压为3.85V左右）为佳，不宜充满电。

• 长期保存时，建议每3～6个月检查一次电池电压，并及时充电到3.85V左右继续存放。

• 锂离子电池即使不使用也会自然衰老，请注意合理选购、储备和使用。

锂离子电池放电注意事项：

a. 放电电流不能超过电池标称的额定电流。过大的放电电流会使电池内部发热，导致电池的永久性损伤甚至电池爆炸。目前市场上的品牌手机内部都有过流保护，但我们在设计和制作机器人的时候，需要设计者自己考虑，不要因忽略而留下隐患。

b. 不能过放电。锂离子电池之所以能够再充电实现内部储存电能，是因为其可逆的化学反应能力。

通常情况下，锂离子电池过放电将会使内压升高，正负极活性物质的可逆性受到破坏，即使充电也只能获得部分恢复，容量也会有明显衰减。

c. 过充过放，锂离子电池的损耗都会加大。较为理想的充放电方式是浅充浅放，以维护锂离子电池良好的工作状态，延长使用寿命。

图 8-5　各种锂原电池

(2) 关于一次性锂电池

某些情况下，我们还常常要用到锂原电池（图 8-5），注意锂原电池与锂离子电池内在成分不一样，锂原电池外壳未标注可以充电或者注明禁止充电时，请勿充电，以免引起爆炸危险。

8.3　稳压模块

正如本章第 1 节所讲到的，一个较复杂的机器人含有多个传感器，还有 LED、蜂鸣器等，如果都从 Arduino 控制板取电，势必导致 Arduino 控制板无法承受过大的负载，而随时可能因稳压芯片过热而损坏。因此，需要为这些设备提供专门的电源。但本书中介绍的小型机器人一般只有一个电源，供电电压一般为 7.4V（充满电为 8.4V）或 11.1V（充满电 12.8V）。

我们通过前面的介绍，大致可以知道，本书中用到的传感器供电电压是直流 5V，LED 及 LCD 显示模块的电源也是直流 5V，需要对总电源——锂电池组（直流 7.4V 或 11.1V）的输出进行降压，并稳定在直流 5V 的状态，才能确保这些设备的正常运行。

图 8-6　电压转换模块

如图 8-6 所示的电压转换模块（输出直流 5V 和 3.3V），基本可以满足本书介绍的配件制作各种机器人的基本需要。

图 8-6 说明：

① 电源输入端：可以接入 7～12V 范围内的直流电。尽量不要超出这个范围，过低会得不到所需的 5V 稳定电压，过高会烧坏电压转换模块。

② 输出稳定的直流 5V 电压：误差为±0.05V，整个模块最大输出电流 800mA。

③ 输出稳定的直流 3.3V 电压：误差为±0.05V。

④ 模块开关：电路连接正常情况下，按下这

个按键即可正常向外供电。

⑤ LED灯：电源指示灯，一般为红色。

8.4 电源保护与监控

在8.2节锂电池部分，我们提到，如果锂离子电池的电压低于3.6V（有效优质电池阈值电压可达2.7V，但建议不要冒这个险）还继续使用，将可能导致电池永久性损伤甚至报废。因此，必须采取一定的措施来防止这类情况的发生。

一种比较简单的办法是使用直流电压数显模块，如图8-7所示。这种模块物美价廉，易获得，使用也非常便利。

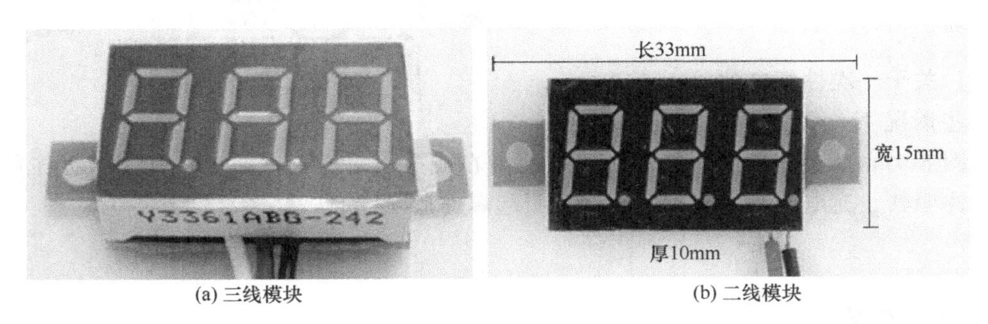

(a) 三线模块　　(b) 二线模块

图8-7　直流电压数显模块

(1) 如何选购

不同厂家的直流电压数显模块都能显示一定范围内的直流电压或交流电压，我们制作机器人使用的是直流电，而且选用电源电压一般不超过30V或低于5V。因此，在选择直流电压数显模块时，请注意选择检测范围介于3～30V的为宜，如果选择更宽检测范围的模块，可能需要花费更多的钱。在前期设计阶段，必须做好充分的调研，以便选择合适的模块。

(2) 如何使用

目前市场上，一般有二线和三线两种出线的直流电压数显模块，如图8-7所示。

三线模块使用方法如图8-8所示。如果是二线模块，将图8-8右下角的模块供电略去即可。

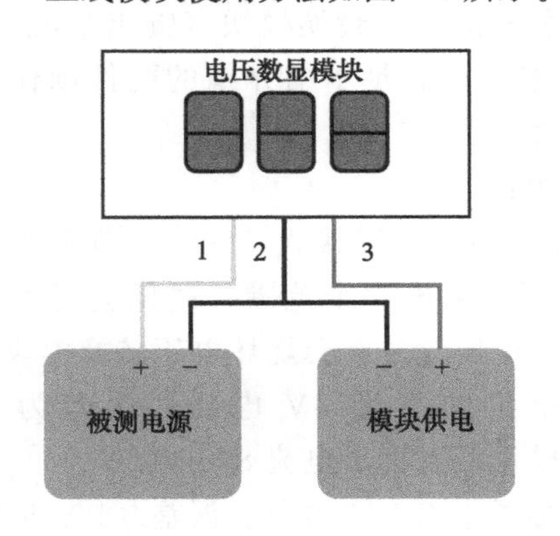

图8-8　三线电压数显模块的接线方法

图8-8说明：

① 黄线1连接被测电源的正极，黑线2连接被测电源的负极，如果是二线模块只需要这两根线（黄色线会被红色线3取代）。

② 模块供电是专为电压检测数显模块供电的，目前市面上提供的数显模块的模块供电的电压范围与被测电源电压的允许范围基本相同，因此可以将黄线与红线短接，无需专门的模块供电。

尽管目前市场上提供的电压检测数显模块有防反接保护，但为了防止意外发生，还是要注意在连线前，必须再次检查确认所测电源的正负端口及电压变化范围。

8.5 为机器人设计供电系统

正如本章第 1 节关于机器人的电源系统中介绍到的，机器人的用电设备纷繁复杂，各自都有较苛刻的供电要求，稍不留神，系统就可能出现不稳定甚至导致灾难性后果。尤其是初学者，常常为如何给复杂的模块供电犯难。

8.5.1 机器人总电源的设计

目前的机器人一般采用锂电池供电。本书中提到的桌面助理机器人及自主移动机器人，因为机器人小巧，对运行速度等也没有特别要求，耗电也比较少，因此选用市面上流行的 18650 锂电池 2～3 节（本章第 1 节提到 8.4V 电源，采用的是两节 18650 锂电池），容量大小会影响机器人运行的时间长短，设计者根据应用需要选择即可。

第 9 章的桌面助理机器人的电路功耗小，用 USB 线从电脑取电即可正常运行，因此可以用一根 USB 线通过 5V 电源适配器从 220V 交流电插座取电。也可以用两节 18650 锂电池串联作为电源（充满电情况下，可以达到 8.4V），这样便于移动，充一次电可以用数月。

第 10 章的自主移动机器人供电要考虑大功耗的电机，因此不能像桌面助理机器人那样通过 USB 取电，必须采用专门的电源。可以用 2～3 节 18650 锂电池串联作为电源，这样便于移动，充一次电可以用数十分钟，视电池容量大小而定。

8.5.2 机器人主控制器模块的供电

本书中选用的主控制器是 Arduino UNO 或 Arduino Nano，这种控制器耗电少，供电也很方便，可以直接用外接电源端口从锂电池取电（主控制器的电源供电电压必须在直流 7～12V 之间，否则无法正常工作，甚至烧坏主控制器）。也可以通过稳压模块将电源电压降低并稳定在 5V 左右（波动范围不超过±0.5V），输出给 Arduino 控制器。

如果电机启停消耗电能相对于电池容量较大，可能会在电机启停期间导致电源电压大幅度下降，影响 Arduino 控制器的工作稳定性。

8.5.3 机器人传感器模块的供电

本书中用到的传感器模块耗电都比较小，因此对供电没有特殊要求。但是，要注意不同的传感器供电电压会有所不同，在设计和使用中要留意供电的电压匹配，比如有些传感器的供电电压只能是 3.3V，而有些需要 5V，如果不慎用 5V 给 3.3V 工作电压的传感器供电，可能会导致传感器无法正常工作或烧坏传感器。

在制作传感器供电相关部分电路前，请务必认真阅读书中相关内容，明确参数指标后，写出安装制作文档，检查无误后，再严格按照文档中的步骤制作。

8.5.4 机器人驱动模块的供电

机器人的电机驱动模块为机器人的驱动电机提供程序控制及电源供电保证。电机驱动模块供电端直接连接到电源两端（注意正负极不要弄错）。

电机的转动就是由电机驱动模块提供电能的，电机驱动模块可以根据 CPU 发出的指令，向电机输送 0～±8.4V 或 0～±12V 的不间断电能，从而控制电机以不同的速度或方向转动，驱动机器人产生预期的移动效果。

8.6 本章小结

电源是机器人的生命之源，不同的机器人对于电源有不同的要求，不同的电子部件对电源电压的要求也有区别。本章结合本书所学习的内容，对机器人的电源供电系统，锂电池、稳压模块及电源保护与监控应用技术和使用的模块进行了介绍，这些内容是本书前面章节器件设计与制作机器人的重要组成部分，也是机器人设计能否顺利成功的基本保障。

第9章 桌面助理机器人的设计

有很多人常常需要伏案工作或学习，由于长时间的照明不当（光线不足或过强）、长时间固定视物姿势、长期近距离阅读或写作等不良因素的影响，导致视力下降。尽管可以通过佩戴眼镜进行视力矫正，但如果不能改善工作环境和个人行为姿势，视力还会继续下降。长期固定的坐姿或身姿，导致身体特定部位过度疲劳，甚至还会带来颈椎或腰椎增生导致的剧痛，影响工作和生活。

我们希望用前面刚刚学习到的知识和技能，设计一个陪伴机器人，放在工作或学习的桌子上，陪伴我们一起学习和工作。这个机器人能够感知视野环境光的亮度变化，并贴心地为我们调制出适合的光照；也能在我们需要休息放松的时候变身为一个歌者，为我们演奏一首悦耳的曲子；或者变身为一个游戏机，让我们玩一个轻松的小游戏，陪伴我们一起度过快乐的休闲时光。

桌面助理机器人

9.1 总体设计

机器人是较复杂的机电一体化产品。尽管本项目考虑到初学者的情况，对机器人的要求尽量简化，但其设计仍应遵循机电一体化设计的原则，才能少走弯路完成设计目标。

从产品的角度分析，一台机器设计的好坏，固然与每个零部件和软件模块的设计有关，但对整机的性能起决定性影响的却是总体设计。在设计过程中，如果缺乏对整机通盘考虑，即使各部件或模块的设计是良好的，集成到一起以后也不一定获得良好的结果。因此在设计时，必须首先考虑总体设计，从整机的性能出发，对各部件提出要求，正确制定各环节的相互联系和性能要求，使各环节的先进性、可靠性、经济性达到和谐统一，使各部件能相互协调，使桌面助理机器人能满足技术任务书提出的要求 。

关于机器人的设计过程，本章大致可以根据需要分成以下两个部分：

① 在总体设计部分，通过需求分析，确定对系统的综合要求，并借助一些工具和方法，分析系统的数据要求，构建和导出系统的逻辑模型，弄清楚机器人系统必须能够“做什么”。

② 把“做什么”的逻辑模型变换为“怎么做”的物理模型。同时，要把设计结果反映

到“机器人设计规格说明书”文档中。

本项目的桌面助理机器人设计，从产品设计的角度需要包括电路设计、程序设计、骨架结构设计和外观设计等。

9.1.1 机器人的总体认知和功能框图

我们要做的机器人无论最终功能有多强大，但最基本的还是感知、决策、行动以及通信等，如图 9-1 所示，然后在此基础上不断拓展和深化。

机器人的感知是为了协助其在复杂的环境下自主作业，同时也保护自身的安全。正如第 6 章所述，对于一个特定环境下（书房或办公室）人类活动助理，需要知道当前是否有人在该环境下，人在该环境下的活动状态如何，该环境的光照、温度等情况如何，机器人自身的状况如何，等等，机器人都需要获知，然后才能根据这些信息进行判断和决策，然后付诸行动。

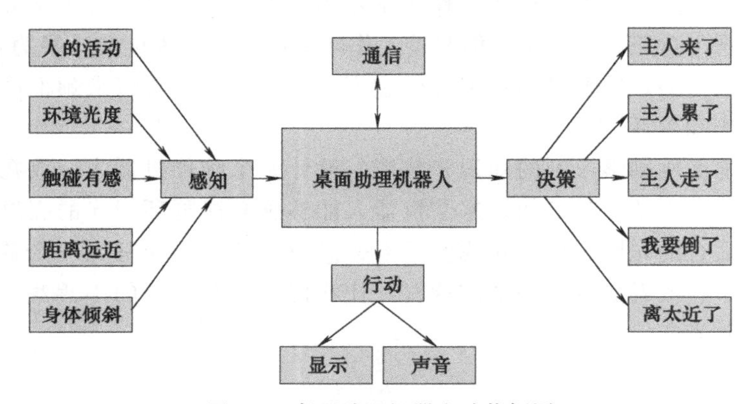

图 9-1 桌面助理机器人功能框图

光有这些功能还不够，我们最终需要的是一个真正能够做事的机器人。因此，我们还要考虑机器人不同的传感器应该安装在机器人身上的什么部位，如何对决策结果进行表达等。

对于初学者而言，要做成一个产品或系统，需要考虑的东西确实很多，但此时对工程和技术还知之甚少，严格按照工程规范进行分析、设计和制作，显然困难重重。学习的过程，可以像滚雪球一样，量力而行，重要的是不断向前滚动，滚完一圈，再重新开始，尽管过程不断重复，但自己却一步步强大起来。

我们从最基本的自动改变光照强度开始，到可以具备感知环境光强弱的能力，并借助这种能力实现自主调光，确保该环境光照保持在某个强度以上。而后再引入对人的识别，从而达到有人在时加入照明辅助系统，一旦人离开就关灯，以达到省电目的。这样，在原来基础上不断加入新的功能和设计，一步步让机器人变得更为智能和实用化。

9.1.2 桌面助理机器人的任务

(1) 功能设计

① 机器人自带桌面照明补光系统，并能够接收程序控制；

② 判断周围有没有人活动，如果没有人活动就自动发出关灯请示；

③ 能够感知到其附近环境光的强弱程度，如果强度不够，将自动开灯补偿；

④ 能够根据不同的场合和需要发出声音，甚至可以演奏乐曲；

⑤ 可以与用户进行简单的游戏交互，让用户在休息的时候，可以进行娱乐和简单技能训练。

(2) 设计思路

作为桌面机器人，要能够立在桌上，表明不仅仅是电路和程序实现，还需要一个骨架结构，既能够承载机器人的各个电子部件，也能够承载自上而下的照明控制，以及让传感器有合适的检测方位。这部分的设计在后续章节中进行。

我们要实现桌面助理机器人的功能，需要相匹配的元器件。

① 能够感知到附近环境光的强弱程度，需要有一个光敏传感器来捕获环境光。

② 自身具有发光装置，用于改善环境光照度。需要有一个光源，此处我们用 LED 替代，实际应用设计中，需要考虑到灯具的选择和灯的供电等。

③ 可调光照度，需要使用到 PWM，在设计电路连接时，必须选择支持 PWM 的 I/O 端口。

④能够声光报警，还需要有蜂鸣器和相应的控制程序。

⑤能够演奏乐曲，需要通过软件实现，并存储到 Arduino 控制板上。

⑥ 机器人能够识别有没有人在其“视野”范围内活动，需要用到人体红外热释电传感器。

将桌面助理机器人电路元器件清单总结如表 9-1 所示。

表 9-1　桌面助理机器人电路元器件清单

序号	名称	规格	数量	备注
1	光敏传感器		1	
2	Arduino	UNO	1	可以用 Arduino UNO 兼容的小尺寸模块替代
3	杜邦线	公对公	3	调试用
4	面包板	170 孔	1	调试用，可以用万用电路板(需要焊接)
5	LED	5mm/3mm	2	1 个用于调光，1 个用于警示
6	蜂鸣器	无源	1	
7	人体红外传感器		1	
8	超声波传感器		1	
9	电阻	1/4W 色环电阻	220Ω 2 个， 4.7kΩ 1 个	

所有以上这些功能，我们通过滚雪球的开发方法，从一个较简单的机器人开始，通过一步步演变，逐渐增强机器人的功能。机器人变得越来越复杂的同时，也变得越来越智能和实用化。

9.2 桌面助理照明机器人的设计

我们要设计的照明机器人，无需人工干预，能够通过程序自动调光。桌面助理照明机器人，定位是机器人摆放在桌面上，为用户在桌面上的学习和工作提供辅助照明的服务。

9.2.1 硬件设计

总体设计考虑：

① 可以选用高亮 LED 作为光源，如果选用的 LED 额定电流超过 30mA，需要使用独立电源供电。可以考虑直接从电源通过稳压模块获得稳定的供电。

② 拟采用 Arduino UNO 控制板作为机器人的主控，既可满足当前项目的需求，也可满足本章桌面助理机器人的终极设计目标的需求。

③ 调光可通过 Arduino 控制板 PWM 控制算法实现。为了降低难度，本处选用小功率 LED，直接通过 Arduino 板上 5V 供电和控制调光。

④ 为了便携，采用独立电池供电，可以选用 14450 型（五号电池大小）3.7V 锂电池 2 节，充满电后电压 8.4V。满足当前机器人及后续扩展功能模块的供电需求。

桌面助理照明机器人电路端口分配表如表 9-2 所示，电路连接图如图 9-2 所示。

表 9-2　桌面助理照明机器人电路端口分配表

Arduino UNO	配件引脚	其它连接
11(PWM)	LED	通过 220Ω 电阻接地

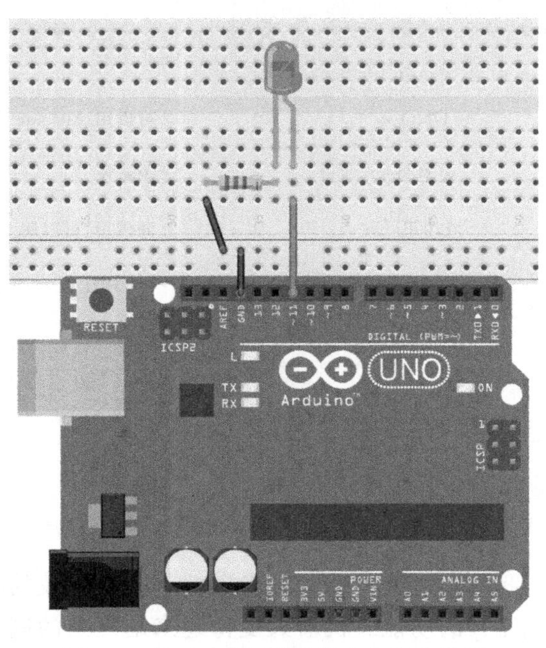

图 9-2　桌面助理照明机器人电路连接图

9.2.2 程序设计

本项目要求通过程序控制 LED 实现亮度可以调节。在第 3 章中，我们已经学习并制作了呼吸灯，它可以在程序控制下，自动从不亮慢慢变到最亮，然后再从亮慢慢变暗。这个项目中，我们期望机器人最终可以根据外部环境的变化，指定 LED 的亮度。因此，我们考虑引入一个随机函数，以生成一个随机数，控制 LED 发出指定亮度的光。

知识拓展

如何获得理想的随机数

如果 Arduino 的模拟管脚未有设备连接（悬空），该端口将充斥着不确定的模拟噪声，每次运行程序时，函数 analogRead(0)从该端口读取到的数值都是不确定的。 正因为如此，用悬空的模拟管脚来做随机种子，可获取到更加理想的随机数。

本项目中，Arduino UNO 控制器只有一个外部设备，因此，项目由两个文件组成。

(1) 主程序文件“901-LED-PWM. ino”剖析

这是桌面助理机器人的原型，本项目主要实现照明灯的亮度控制。

```
901-LED-PWM
1 /*
2  * 项目名称：桌面助理照明机器人I
3  * 功能：
4  *     生成随机数，控制LED的亮度
5  *     author：mzc
6  *     date：2018.10.26
7  */
```

本项目由两个程序文件组成，当前处于激活状态的是主程序文件。

```
9 void setup() {
10   Init_Light(); //LED辅助桌面照明灯初始化设置
11   randomSeed(analogRead(0)); //初始化随机数生成器
12 }
```

第 10 行：对 Arduino UNO 控制器分配给辅助照明 LED 端口初始化，此端口必须支持 PWM 输出。

第 11 行：通过函数 randomSeed（）来初始化随机数生成器。

```
14 void loop() {
15   int randNum = random(256);
16   LED_PWM(randNum);//外部指定亮度
17   delay(500);//指定亮度维持的时间
18 }
```

第 15 行：生成一个［0，255］范围内的随机数。注意最大值不是 256，而是 255。

第 16 行：用取得的随机数作为 LED 的亮度值（0～255）。这个设计为后续功能拓展奠定基础，如果我们能够获取到当前环境光强度数据，并找到其与亮度调节值之间的对应关系，即可用这个调节值作为 LED 的亮度控制值，替换当前的随机值。

第 17 行：让 LED 点亮并维持该亮度 500ms（0.5s）。

(2) LED 驱动程序文件“LED _ drv. ino”剖析

这里的 LED 需要连接到 Arduino UNO 控制器的数字端口，且必须支持 PWM 输出。

```
LED_drv
1 /*
2  * name：可调光LED驱动
3  *  1.可调光LED端口（PWM）设置
4  *  2.可调光LED端口初始化
5  *  3.根据指定值发光
6  * author：mzc
7  * date：2018.10.26
8  */
9  //Arduino为辅助桌面照明LED的端口分配
10 #define LEDpwm 11
```

第 10 行：指定 Arduino UNO 控制器的数字口 11 用于控制本项目中的辅助照明 LED。如果所选的端口引脚不支持 PWM，将无法实现调光控制。

```
12 //桌面照明LED硬件初始化设置
13 void Init_Light(){
14  pinMode(LEDpwm, OUTPUT);
15 }
```

对 Arduino UNO 控制器分配给辅助照明 LED 的端口进行初始化，设置为输出模式即可。

```
17 /*
18  *  功能：让LED发出所给数值的亮度
19  *  参数：degree
20  *     取值范围：0~255
21  *     含义：0—熄灭，255—最亮
22  */
23 void LED_PWM(byte degree){
24   //LED的亮度由外部控制
25   analogWrite(LEDpwm, degree);  //LED端口输出PWM信号
26 }
```

让 LED 发出由程序指定的值对应的亮度。

9.2.3 结构设计

根据第 7 章关于机器人造型设计的相关知识和经验，我们可以毫不费力地为桌面助理照明机器人设计一个框架和外形。如果只是基于本项目上述的设计，这个框架和外形可以自由发挥的空间非常大，因为它的限制非常少。但即使简单的框架和外形，要想做好，也不容易。

① 考虑到主要功能是辅助桌面照明，所以用于辅助照明的 LED 安装的高度和位置都有一定的限制，比如，需要从上方斜向下照射，以保证可以有效作用于用户在桌面上的视野范围。因此，LED 的高度不低于 10cm，且光线要斜射向桌面工作区。

② 需要为 Arduino 控制器找一个稳定、不受干扰的“窝”。不受干扰，就是要：

a. 远离可能产生高频噪声的电子干扰源，比如旋转的直流电机（换向电刷可能打火产

生电子干扰），本项目中机器人静止不动，不用电机，因此可以忽略。

b. 要远离热源，比如电池、电源稳压模块、电机驱动模块等在运行时，因为功耗大而过热，高温会影响 Arduino 控制器的稳定性，甚至损坏电路。

c. Arduino 控制器是本项目中机器人的控制中心，所有的传感器、输出模块都要连接到控制器的端口，只有保证可靠的连接，模块才能正常工作，Arduino 控制器才能获得正确的数据，发出的指令才可能得到有效执行。所以，Arduino 控制器的周围要留有足够的空间，以容纳各模块的连接。

d. 机器人在使用中，需要维护，也可能需要进行软件升级等，因此，在为 Arduino 选“窝”时还要考虑 Arduino 的 USB 接口可以方便地从机器人外部插拔数据线。

③ 电池的安装：

a. 如果选择使用一次性电池，需要考虑电池更换的便利性。人性化的设计，用户不一定感觉到有多好，但反人性化的设计一定会招来用户的不满。

b. 如果选择可以长期使用的可充电电池，需要考虑充电接口的设计。充电接口要方便用户在需要充电时插拔充电器插头。

c. 还要考虑电池的周边散热问题，确保电池有一个通风透气的环境，还要考虑不易受到用户不慎导致的泼水等因素。

④ 美观。在保证满足必要的设计细节外，还要对外观进行美化和创新。

以上是我们在设计机器人结构时需要考虑的问题，但对于初学者，要想马上就能够做到还是有不少困难的。学习、认知和技能成长都是一个循序渐进的过程，不可过于苛求自己去做当前力所难及的事情。因此基于当前的实际情况，选择自己能够做好的和少量有挑战但能够做到的，刻意留下一些“遗憾”，反而会激励我们在探索的路上走得更远，取得更大的成功。

9.3 自适应调光机器人的设计

能够感知环境光，并根据环境光的变化自主调整光照强度，以维持区域环境始终良好的光照度。上一节的桌面助理照明机器人作为我们的智能桌面助理机器人的原型，在此基础上，加入环境光检测传感器，然后通过程序让机器人可以在无人干预的情况下自主保持室内的光照和光亮度。

(1) 项目任务

设计并制作一个桌面机器人，能够感知环境光的强弱，并据此对所在环境的光照和光亮度进行自动补偿。

(2) 项目分析

项目开发必须紧紧围绕用户的需求，把握用户的真实意图，才能做出满足用户要求的产品。本项目的任务是做出一个桌面机器人，为伏案学习和工作的人提供一些贴心的服务。因此，它是基于室内环境的，照明辅助也可以局限于桌面的学习和工作区域，这样界定后，我们的作品结构布局和硬件选择等都有了一定的范围，有利于选型。

从硬件电路实现上，我们只需添加一个光敏传感器，以获得周边环境光的强弱度。从程序实现上，可以植入第 6 章中的光敏传感器驱动程序文件，根据本项目的设计要求，修改所分配的通信端口，然后在主控程序中调用相关函数即可。

9.3.1 硬件设计

我们已经做出的机器人可以根据外部指令发出指定强度的光，在此基础上，加入环境光感知传感器，不断监测环境光的变化，并将监测数据经过处理后用于控制辅助照明 LED 的亮度。桌面自适应调光机器人电路端口分配表如表 9-3 所示。

表 9-3 桌面自适应调光机器人电路端口分配表

序号	Arduino UNO	配件引脚	其它连接
1	11(PWM)	LED	通过 220Ω 电阻接地
2	A0	光敏传感器	A0 通过 4.7kΩ 电阻接+5V

可以对照自动调光电路连线图（图 9-3）和原理图（图 9-4）准备材料和搭建电路。该电路中需要用到两个电阻，一个是 LED 的限流电阻，阻值可以在 100～600Ω 范围内选取，本处选用了 220Ω 电阻；另一个是光敏电阻的上拉电阻，根据光敏电阻的阻值随环境光亮度变化的特性，选用了 4.7kΩ 的电阻。线路搭建中，需要注意发光二极管的单向导电性，极性不要接反。

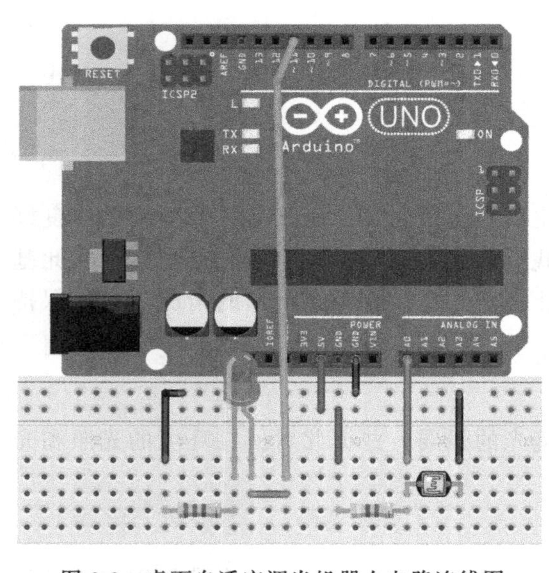

图 9-3 桌面自适应调光机器人电路连线图

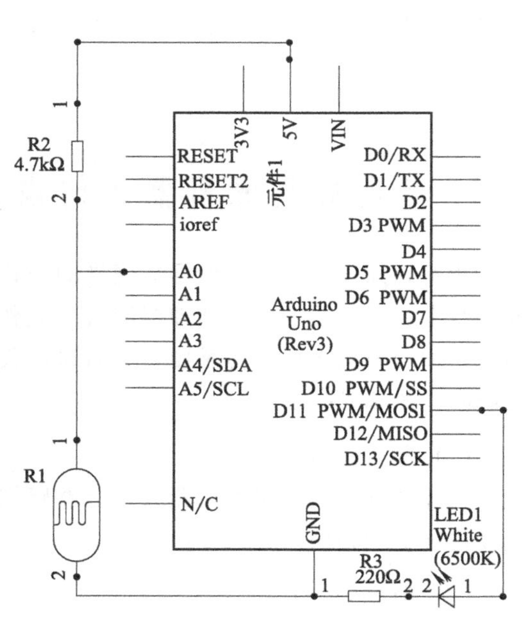

图 9-4 桌面自适应调光机器人电路原理图

这个电路图中并没有画出供电电源，需要做出一个独立的作品时，可以选用两节 14450 或 18650 型 3.7V 的锂电池串联，通过插头插入 Arduino UNO 的外部电源插孔内，为

Arduino UNO 供电。也可以用一个输出电压在 6～10V 之间的稳压电源，通过 Arduino UNO 的外部电源插孔为系统供电。注意供电电压不要低于 6V 和超过 12V，否则不仅系统不能运行，还可能造成电路设备烧坏。

9.3.2 软件设计

程序设计思考：用 LED 对环境光进行补偿，只有在环境光为正常或低于正常亮度情况下，可以通过 LED 灯光进行增强，但如果环境光超过正常值，LED 将无法进行补偿，但这个时候可以向用户示警，比如让 LED 快速闪烁，以引起用户的注意，从而达到其作为健康助手的目的。

(1) 主程序文件“903-autoLight. ino”剖析

```
903-autoLight  LDR_drv  LED_drv
1 /*
2  * 项目名称：具有警示功能的自动调光机器人
3  * 功能：LED灯接收光敏传感器的读值，超亮警示
4  *  author：mzc
5  *  date：2018.11.26
6  */
```

本项目还包含两个驱动文件，分别是光敏电阻“LDR _ drv. ino”和 LED“LED _ drv. ino”驱动程序。

主控程序主要包含两个部分，第一个部分是对 Arduino 的各个要用到的端口进行初始化设置，如果有用到串口通信等，也需要在这个部分进行初始化设置，以激活通信连接。

```
8 void setup() {
9   Init_Light(); //LED辅助桌面照明灯初始化设置
10  Init_LDR(); //声光报警模块初始化设置
11 }
```

Arduino UNO 控制器分别对两个接入的设备端口进行初始化设置。

```
13 void loop() {
14   //如果环境光太强，机器人无法调控，报警
15   if(Val_LDR()<200){ //200为参考值，实际值请根据实际选取
16     LED_On();  //辅助照明灯闪烁警示环境光过亮
17     delay(200);
18     LED_Off();
19     delay(200);
20   }else{
21     LED_PWM(Val_LDR()); //  正常状态用光敏传感器读值作为亮度
22   }
23 }
```

根据光敏电阻的光照反应特性以及本项目电路设计分析，环境光越强，Val _ LDR 值就越小。因此，我们需要进行适当的实验，以寻找到正常环境光情况下 LDR 的值，即第 15 行的参考值，不同的用户环境可能对这个值有不同的要求，在改进设计中可以考虑给一个默认值，并让这个值可以被用户自主设置。

第 15～19 行：如果环境光过强，LED 闪烁，以引起用户注意。

第 21 行：如果环境光处于正常或偏暗情况下，通过 LED 补偿。此处用光敏传感器的值作为一个示范，读者可以根据自己的想法进行数据处理和控制。

(2) 环境光感知传感器驱动程序剖析

```
LDR_drv
1 /*
2  * 光敏电阻驱动与操作
3  *  感知环境光的强弱
4  * author: mzc
5  * date: 2018.11.6
6  */
```

光敏传感器驱动与操作相关的程序文件，独立于其它程序，因此具有很强的可移植性。在移植到新项目时，唯一可能需要修改的是新项目中主控制器分配到的端口号。

```
7  #define LDR A0
8  void Init_LDR(){
9    //模拟传感器只需分配端口，端口工作模式唯一
10 }
```

Arduino UNO 主控制器的端口分配，和端口初始化设置。对于模拟端口，由于其功能的单一性，因此无需进行再次指定。本处 Init _ LDR 为空函数，是为了程序逻辑的完整性，良好的程序风格，将为复杂项目的成功开发和维护奠定良好的基础。

```
11 /*
12  * 环境光读值
13  * 返回值：0~1023
14  */
15 int Val_LDR(){
16   return(analogRead(LDR));
17 }
```

Arduino UNO 的模拟端口有一个 AD 转换器，将从引脚读到的模拟信号转换为数字值。因此，直接用函数读取数据即可。

(3) LED 驱动与操作程序文件剖析

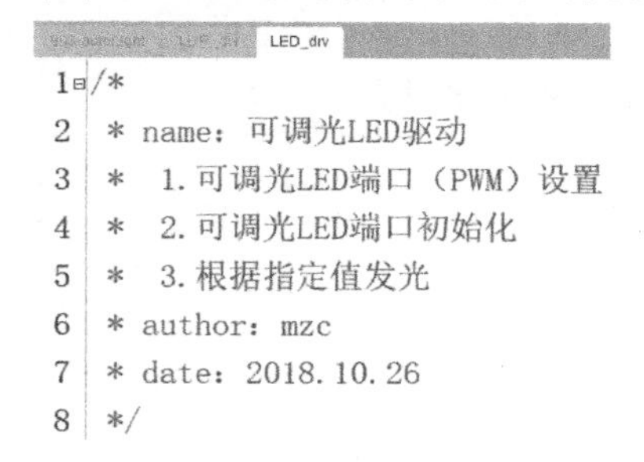

```
LED_drv
1 /*
2  * name: 可调光LED驱动
3  *  1.可调光LED端口（PWM）设置
4  *  2.可调光LED端口初始化
5  *  3.根据指定值发光
6  * author: mzc
7  * date: 2018.10.26
8  */
```

本项目中，LED 需要进行调光，就要用到 PWM 功能，同时控制 LED 闪烁还需要普通的数字状态控制方法，也就是通过 PWM 实现 LED 发光亮度的调节，通过数字状态控制 LED 的亮灭。

```
9  //Arduino为辅助桌面照明LED的端口分配
10 #define LEDpwm 11
11
12 //桌面照明LED硬件初始化设置
13 void Init_Light(){
14   pinMode(LEDpwm, OUTPUT);
15 }
```

为 Arduino UNO 控制辅助照明的 LED 分配端口，并初始化设置端口工作模式。

```
16⊟void LED_On(){  //开灯函数
17    digitalWrite(LEDpwm,HIGH);
18 }
19⊟void LED_Off(){ //关灯函数
20    digitalWrite(LEDpwm,LOW);
21 }
```

LED 的开关灯状态控制方法。

```
22⊟/*
23  *  功能：让LED发出所给数值的亮度
24  *  参数：degree
25  *     取值范围：0~255
26  *     含义：0—熄灭，255—最亮
27  */
28⊟void LED_PWM(byte degree){
29    //LED的亮度由外部控制
30    analogWrite(LEDpwm, degree);  //LED端口输出PWM信号
31 }
```

向支持 PWM 的数字口写数据的方法。用函数 analogWrite 可以完成将特定的数值转换成数字口对应的“模拟”电压输出，从而实现对渐变过程的控制。

9.3.3 结构设计

在 9.2 节桌面助理照明机器人的结构基础上，为光敏传感器寻找一个安装位置，需要考虑到能够对环境光的准确采集，尽量避免干扰，同时也要尽量避免受机器人自身辅助照明灯光的影响。

如果没有条件使用 3D 打印机进行 3D 制作，同样可以使用 3D 软件先进行 3D 建模和仿真，然后用手边可以利用的材料构建自适应调光机器人的模型，并进行现场环境下的测试和调试。

9.4 具有警示功能的自主照明助理机器人设计

上一节中，我们设计的自适应调光机器人，其自适应是有条件的，即环境光处于正常情况及以下，如果环境光本身过强，这个机器人将无能为力。我们采取的办法是让辅助照明的 LED 闪烁，以警示正在伏案学习或工作的人，但由于环境光本身就很强，LED 的闪烁未必能够产生有效的提示作用，因此，我们可以考虑加入声光警示功能。

根据前面的知识，由于加入了声音装置，我们甚至可以用它开发轻松休闲的功能，比如演奏一个曲子，让伏案的脑力劳动者得以放松身心。

设计任务：设计一个桌面机器人，在具备 9.3 节机器人功能的基础上，能够实现声光报警功能。

9.4.1 硬件设计

在已经实现的可以自主进行调光的机器人基础上，加入声光报警模块，然后通过程序

控制，即可让机器人具有警示功能。具有警示功能的自主照明机器人电路端口分配情况如表 9-4 所示。

表 9-4　具有警示功能的自主照明机器人电路端口分配情况

序号	Arduino UNO	配件引脚	其它连接
1	13	LED(警示灯)	通过 220Ω 电阻接地
2	10	蜂鸣器	负极接地(GND)
3	11(PWM)	LED(辅助照明)	通过 220Ω 电阻接地
4	A0	光敏传感器	A0 通过 4.7kΩ 电阻接+5V

因为警示灯是 Arduino UNO 主控板自带的，在电路连接时可以省略，其它部分的电路连接如图 9-5 所示。尽管电路中又加入一个蜂鸣器，但整个系统的耗电量仍然较小，在实验测试时可以用 USB 数据线通过电脑端口取得，并可以正常运行，因此，本电路中未考虑独立电源的设计。

如果要做成独立机器人，可以选用 7.4V（充满电为 8.4V）的锂电池供电。另外，面包板常常用于电路的快速连接和测试，并不适合做成一个可以携带或常常需要移动的产品或系统，因此需要考虑用焊接的办法实现更坚实可靠的电路。若有兴趣，可以参考相关资料并尝试做出来，这里暂不列出。通过图 9-5 和图 9-6，我们可以理解其电路连接的方法，并照此搭建出实际的系统。

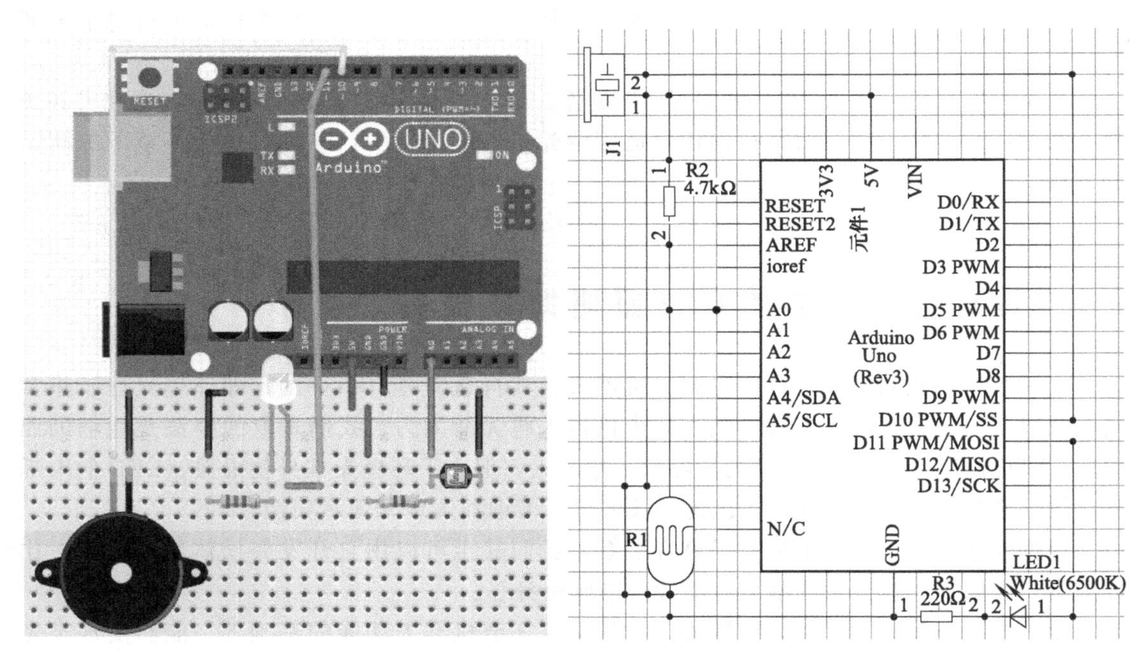

图 9-5　具有警示功能的自主照明机器人电路连接图　　图 9-6　具有警示功能的自主照明机器人电路原理图

图 9-6 的原理图中，J1 为蜂鸣器，R1 为光敏电阻（传感器），LED1 为辅助照明 LED。连接到 Arduino UNO 的数字口 13 的 LED 属于 Arduino UNO 主控板内在的部分，所以在此电路原理图上并没有单独显示出来。

9.4.2 软件设计

本项目包含一个主程序文件和三个外设驱动程序文件（蜂鸣器、光敏传感器和 LED）。

(1) 主程序文件“904-AutowAlarm. ino”剖析

```
904-AutowAlarm  Buzzer_drv  LDR_drv  LED_drv
1 /*
2  * 项目名称：具有警示功能的调光机器人
3  * 功能：LED灯接收光敏传感器的读值，超亮警示
4  * author：mzc
5  * date：2018.10.26
6  */
```

本程序用 Arduino UNO 读取光敏传感器的值，然后对该值进行判断并根据判断结果作相应处理。

```
8 void setup() {
9    Init_LDR(); //光敏传感器端口初始化
10   Init_LED(); //LED辅助桌面照明灯端口初始化设置
11   Init_Buzzer(); //声光报警模块端口初始化设置
12 }
```

对 Arduino 分配给蜂鸣器（第 11 行）、光敏传感器（第 9 行）和 LED（第 10 行）各个外设的端口进行初始化设置。

```
14 void loop() {
15   //如果环境光太强，机器人无法调控，报警
16   if(Val_LDR()<200){ //200为参考值，实际值请根据实际选取
17     LED_Off();  //辅助照明关闭
18     Alarm();    //声光报警
19   }else{
20     Mute(); //  正常状态静音
21   }
22   LED_PWM(Val_LDR());//用光敏传感器的值作为亮度值
23 }
```

第 16～18 行：如果环境光过强，比如返回值小于 200，就关闭补光 LED 辅助照明，并发出声光报警，以提醒伏案忙碌的人注意休息。

第 20 行：正常状态下，警报器关闭。

第 22 行：正常状态下，用从光敏传感器读的值作为辅助光补偿的控制参数。

(2) 声光报警器驱动程序文件“Buzzer _ drv. ino”剖析

声光报警器在前面章节中已经介绍过，这里可以将相关代码直接移植过来，只需修改 Arduino 所分配的端口号。为了便于管理，此处将 LED 与蜂鸣器组合成一个模块，将声光报警功能整合在一个函数中。

```
904-AutowAlarm  Buzzer_drv  LDR_drv  LED_drv
1 /*
2  * 声光报警器驱动程序
3  *    1. 声光设备硬件初始化设置
4  *    2. 模拟警笛声，并同步灯光闪烁
5  *    3. 静音功能
6  * author:mzc
7  * date:2018.10.25
8  */
9 //Arduino UNO给LED和Buzzer分配的端口：
10 #define LED    13
11 #define Buzzer 10
```

分别为 LED 和蜂鸣器分配 Arduino 端口。

```
13 //端口初始化
14 void Init_Buzzer(){
15   pinMode(LED, OUTPUT);
16   pinMode(Buzzer, OUTPUT);
17 }
```

分别对 LED 和蜂鸣器进行初始化，封装成一个函数。

```
19 /*声光报警模块
20  * 功能：模拟警笛，并让LED快速闪烁
21  * 注意：函数中有延时，实时性要求高的情况慎用！
22  */
23 void Alarm(){
24   int cnt;
25   for(int Hz=200;Hz<=800;Hz++){      //频率从200Hz 增到800Hz
26     cnt++;
27     if(cnt == 40){
28       cnt = 0;
29       digitalWrite(LED,~analogRead(LED)); //LED状态翻转
30     }
31     tone(Buzzer,Hz);                  //向蜂鸣器输出频率
32     delay(5);                         //该频率维持5ms
33   }
```

声光报警功能的实现方法。发出警笛声前半段（升频），同时，LED 闪烁。

第 25 行：以步长 1 升频。

第 26～30 行：每隔 0.2s，LED 亮灭翻转一次。

第 31～32 行：让警笛声在该频率处维持 5ms（0.005s）。

```
34   delay(1000);                   //最高频率下维持1000ms(1s)
35   for(int Hz=800;Hz>=200;Hz--) {
36     cnt++;
37     if(cnt == 40){
38       cnt = 0;
39       digitalWrite(LED,~analogRead(LED)); //LED状态翻转
40     }
```

第 34 行：在最高频率 800Hz 处维持 1000ms（1s）。

第 35 行：进入到降频阶段，并同步进行 LED 闪烁。

```
41     tone(Buzzer,Hz);
42     delay(5);
43   }
44 }
```

第 41～42 行：发出相应频率的声音，每个值维持 5ms（0.005s）的时长。

```
45 //静音函数：关闭蜂鸣器
46 void Mute(){
47   noTone(Buzzer);
48   digitalWrite(LED,LOW);
49 }
```

第 46 行：静音函数，关闭蜂鸣器。

第 47 行：关闭 LED。

光敏传感器和辅助照明 LED 驱动程序直接移植此前的项目，端口不变，因此无需做任何更改即可用于本项目，直接将文件复制到本项目文件夹中即可，此处不再赘述。

9.4.3 结构设计

警示功能的蜂鸣器需要将发声口安装在机器人外表面，并需要考虑安装的位置和方位，以达到使用效果和符合用户的使用习惯。

警示用的LED，由于在软硬件设计中使用的Arduino UNO的数字口13，电路中并未单独画出来，在安装时，需要考虑如何安置Arduino UNO控制板，以便其13口内建的LED灯发出的光亮可以清晰传到机器人体外，并让用户容易辨识到。如果这样做的难度比较大，也可以考虑在Arduino UNO控制板的13口外接一个LED，串联一个200Ω电阻后接地。这样，LED的安装位置就可以灵活把握了。

9.4.4 项目运行与调试

按照图9-5和图9-6准备项目硬件材料，并搭建电路。搭建完毕后，务必认真检查连线是否正确。尤其是5V电源的每个连接点是否正确，以确保设备安全。

按照9.4.2部分的软件设计步骤，完成主控程序文件“904-AutowAlarm. ino”，警报器模块驱动程序文件“Buzzer _ drv. ino”、光敏传感器驱动程序文件“LDR _ drv. ino”和辅助照明LED驱动程序文件“LED _ drv. ino”的编辑，并确保这四个文件在同一个项目文件夹中。用USB数据线连接Arduino UNO控制板和电脑，然后进行编译和上传。

改变光敏传感器周边环境光的强度，观察辅助照明LED灯的亮度变化情况。如果是在实境调试，可以测试一下当前桌面工作台区域经过补光后的光照度是否符合标准。如果不符合标准，需要进行相应的调试，包括程序中补光参数的有效范围的确定和修改、辅助照明LED的安装位置和方向等，直到工作区域内的光照度在环境光有效范围内变化时仍能符合标准为止。

如果环境光过强，辅助照明LED熄灭，并同时发出声光警报，在鸣响警笛的同时，警示LED灯不断闪烁。

9.5 人类活动助手机器人的设计

能够感知是否有人在附近活动，从而决策是否采取相应的助理行动。

我们总希望机器人能够为我们做更多的事情，尤其是我们自身做起来不方便或有困难的事情。比如，作为一个桌面助理机器人，在我们伏案学习或工作的时候，它可以为改善我们的环境条件甚至为健康提供帮助；我们还希望它能够在其它时间里也能够为我们效劳，比如，我们不在家或者夜里睡觉时，尽管它不能够看家护院，但是可以守在窗边，有人闯入的时候，机器人能够及时发现，并发出声光警示甚至做出更进一步的处置。

9.5.1 硬件设计

人类活动助手机器人继承自具有警示功能的自主照明机器人，并在此基础上加入红外热释电传感器（PIR 传感器），从而具备检测有效范围内的人类活动并感知的功能。人类活动助手机器人电路端口分配如表 9-5 所示。

表 9-5 人类活动助手机器人电路端口分配表

序号	Arduino UNO	配件引脚	其它连接
1	13	LED(警示灯)	通过 220Ω 电阻接地
2	10	蜂鸣器	负极接地(GND)
3	11(PWM)	LED(辅助照明)	通过 220Ω 电阻接地
4	A0	光敏传感器	A0 通过 4.7kΩ 电阻接+5V
5	12	PIR 传感器	VCC 连接到 Arduino 的 5V GND 连接到 Arduino 的 GND

如图 9-7 所示，PIR 传感器模块有三个引脚。它与 Arduino UNO 的数字口 12 引脚电路连接。VCC 与 GND 分别连接到系统的 VCC（5V，DC）和 GND 区域引脚中。人类活动助手机器人电路原理图如图 9-8 所示。

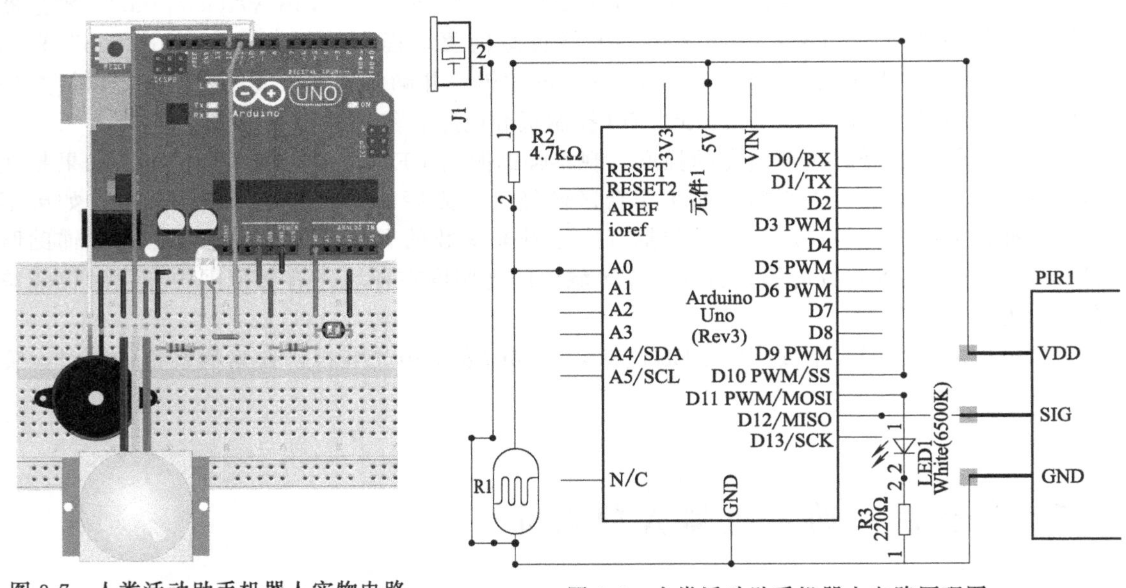

图 9-7 人类活动助手机器人实物电路

图 9-8 人类活动助手机器人电路原理图

9.5.2 软件设计

这个项目中涉及多个传感器信息融合处理的问题，必须理清其中的时序和逻辑关系，才能做出准确的判断，并做出相应的决策。

这个项目有五个程序文件，其中，一个是主程序文件“905-PIRobot. ino”，四个是驱动程序文件，分别是警报装置驱动程序文件“Alarm _ drv. ino”、光敏传感器文件“LDR _ drv. ino”、辅助光电源文件“LED _ drv. ino”和“PIR _ drv. ino”。

(1) 主程序文件“905-PIRobot. ino”代码剖析

```
1 /*
2  * 项目名称：人类活动助手机器人
3  * 功能：无人活动时，关闭辅助照明及其它传感器和输出
4  * author: mzc
5  * date: 2018.10.26
6  */

8 void setup() {
9   Init_LED(); //初始化LED辅助照明端口
10  Init_LDR(); //初始化光强传感器端口
11  Init_Alarm(); //初始化声光报警模块端口
12  Init_PIR();   //初始化红外热释电传感器端口
13 }
```

对 Arduino 的四个外部模块分别进行初始化设置，做好测试准备。

```
15 void loop() {
16   if(Val_PIR()){
17     //如果环境光太强，机器人无法调控，报警
18     if(Val_LDR()<200){ //200为参考值，实际值请根据实际选取
19       LED_Off();  //辅助照明关闭
20       Alarm();   //声光报警
21     }else{
22         LED_PWM(Val_LDR());//用光敏传感器读值作为亮度
23         Mute(); //  正常状态静音
24     }
25   }else{
26     //没有检测到人类活动，系统只留PIR运行，其它传感器和输出都关闭
27     LED_Off();  //辅助照明关闭
28   }
29 }
```

这段程序首先判断有没有人在该区域内活动，以决定要不要启动辅助照明系统。如果没有人在活动，就关闭辅助照明系统；如果有人活动，就进入辅助照明控制系统，检测环境光是否过强。如果过强，则关闭辅助照明，发出声光报警。否则，用光敏传感器的值作为控制参数，控制辅助照明灯的亮度。

(2) 人类活动感知（红外热释电传感器）模块驱动程序文件“PIR _ drv. ino”剖析

```
1 /*
2  * 红外热释电传感器驱动
3  * 功能：
4  *  1.传感器端口分配
5  *  2.传感器初始化模块
6  *  3.传感器读数模块
7  *  author: mzc
8  *  date: 2018.10.26
9  */
10 //Arduino为PIR传感器的端口分配
11 #define PIR_pin 12
```

将 Arduino UNO 控制器数字口 12 分配给 PIR 传感器。

```
12 //端口初始化
13 void Init_PIR(){
14  pinMode(PIR_pin, INPUT);
15 }
```

将分配给 PIR 传感器端口进行初始化

```
16 /*
17 *  函数名：Val_PIR
18 *  功能：检测是否有人在有效区内活动
19 * 返回值：
20 *     True (1) ：有人活动
21 *     False (0) ：未检出人类活动
22 */
23 bool Val_PIR(){
24   bool val;
25   val = digitalRead(PIR_pin);
26   return(val);
27 }
```

直接将从PIR传感器读取的值返回给函数Val _ PIR。

另外，这个驱动程序文件直接从上一节项目中复制并加入同一个文件夹中即可。

9.5.3 结构设计与调试

结构设计时需要注意PIR传感器的安装位置需要考虑有效检测区域，以及可能受干扰的区域，PIR传感器安装不当会出现人在其它区域活动却被检测到，导致系统误操作。这些需要在测试方案中予以安排，才可能在调试中得到有效解决。

主程序代码文件“905-PIRobot.ino”的代码运行中可能会遇到系统频繁启停的现象，这是因为PIR检测是频繁进行的，如果出现这种现象，可以考虑添加延时，让PIR传感器每隔一段时间检测一次，这样系统不至于过分敏感，还可以节省系统开销，延长电池使用寿命。

9.6 人类习惯感知机器人的设计

智能化是当今的热点，智能不仅能够给我们带来更多的便利，还能为我们塑造良好的行为习惯提供帮助。机器人能够借助传感器，感知人类的简单行为，并通过算法猜测其工作和学习习惯，然后采取相应的措施提醒和帮助用户改变不良习惯。

9.6.1 硬件设计

桌面助理机器人可以通过检测坐在桌边的用户身体状态在一个时间段内保持的状况，做出相应的评估。比如，用户坐在桌边持续较长时间（比如30min）基本保持不动，就认为他的行为可能影响健康，从而向用户做出适当的提醒，以便成功干扰用户换一种身体姿势，以活动筋骨，改善血液循环。

可以使用超声波传感器，对准桌边的用户进行距离检测，如果持续时间超过设定时长，就发出声光警示，以唤起用户的注意。人类习惯感知机器人电路端口分配如表9-6所示。

表 9-6 人类习惯感知机器人电路端口分配表

序号	Arduino UNO	配件引脚	其它连接
1	13	LED(警示灯)	通过 220Ω 电阻接地
2	10	蜂鸣器	负极接地(GND)
3	11(PWM)	LED(辅助照明)	通过 220Ω 电阻接地
4	A0	光敏传感器	A0 通过 4.7kΩ 电阻接+5V
5	12	PIR 传感器	VCC 连接到 Arduino 的 5V GND 连接到 Arduino 的 GND
6	9	超声波 Echo	用 PWM 控制 Echo
7	8	超声波 Trig	VCC—+5V,GND—GND

9.6.2 软件设计

本项目的机器人需要用到多个传感器进行检测，涉及多传感器信息融合的问题，程序算法稍微有些复杂。但由于采用了模块化管理和分级呈现，程序具有较好的可读性，即使没有程序流程图等辅助，我们也可以轻松把握。

本项目包含六个文件，其中主程序代码文件“906-SmartDskRobot.ino”负责系统定时器和各设备端口的初始化设置，另外五个均为设备驱动程序源代码文件。

本项目程序算法有一定的复杂性，我们可以通过程序流程图（图 9-9）来分析和理解程序的设计思路以及控制过程。

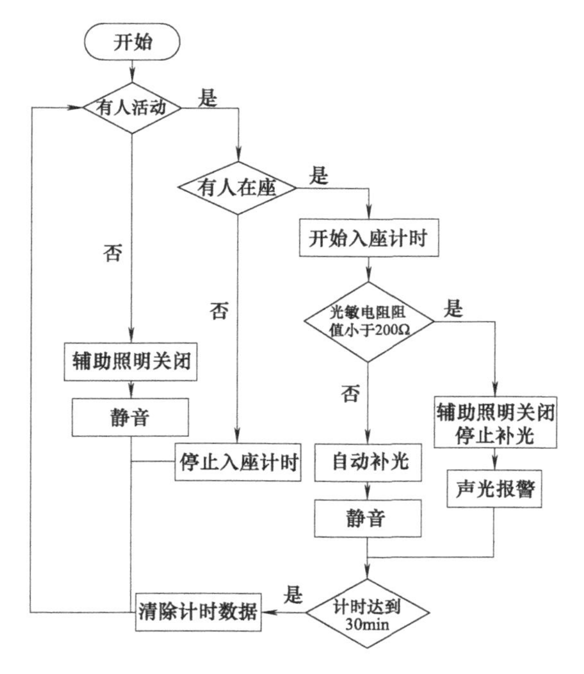

图 9-9 人类习惯感知机器人程序流程图

(1) 主程序代码文件“906-SmartDskRobot. ino”剖析

906-SmartDskRobot　Alarm_drv　LDR_drv　LED_drv　PIR_drv　Sonar_drv

```
1  /*
2  * 名称：人类习惯感知机器人
3  * 功能：
4  *  有人活动？
5  *     有：检测座位是否有人？
6  *        有：开始入座计时，光过亮？
7  *           是：停补光，声光报警；
8  *           否：静音，正常补光。
9  *        无：停止计时
10 *   无：静音，停补光 *
11 * author：mzc
12 * date：2018. 10. 26
13 */
```

为便于读者理解，本程序的头部对机器人的监控流程进行了描述。

```
14 #include <MsTimer2.h>
```

本项目中需要使用系统定时器，该定时器一旦启动，即可在无需 CPU 干预的情况下，自动进行计时或计数，因此，它的运行不占用 CPU 资源。只有当定时器定时或计数到最大值后出现溢出时，才会通知 CPU 采取指定的行动，一旦该行动执行完毕，程序会自动回到原来中断的代码并接着往下运行。

```
15 void setup() {
16   Init_LED(); //初始化LED辅助照明端口
17   Init_LDR(); //初始化光强传感器端口
18   Init_Alarm(); //初始化声光报警模块端口
19   Init_PIR();    //初始化人体活动传感器端口
20   Init_Sonar();//初始化距离检测端口
21   MsTimer2::set(1800000,Alarm);//设置定时器，30min周期
22 }
```

第 16～20 行：对 Arduino UNO 主控制器模块分配给各个外部设备的端口进行初始化设置。

第 21 行：使用系统的定时器 MsTimer2，并设置：

第一个参数：定时周期，单位是 ms，这里设置为 30min。也就是说，定时器一旦启动就开始自动计时或计数，如果中途没有被中止，一直定时或计数到这个设置值，就会通知 CPU 停止当前程序的执行，并转向第二个参数所指向的函数运行。

第二个参数：是一个指向函数的指针，这里 Alarm 是警报器模块驱动程序“Alarm _ drv. ino”中的声光报警函数 Alarm。一旦指针指向该函数，CPU 就开始运行函数中的指令，直到结束。

主循环程序用于即时监控工作区内人的活动情况，并根据检测的数据进行判别，做出相应的抉择，从而通过具有基本智能的监控，实现人类助理的某些功能。

主循环程序通过 CPU 的三级监控和一个定时器的使用，将需要监控和服务的对象层层锁定，最终确认后才真正启动保护系统运行，为用户提供环境光监管和健康管理。

```
24⊟void loop() {
25⊟  if(Val_PIR()){  //有人活动
26⊟    if(distance()<30){  //在座
27        MsTimer2::start();  //开始入座计时
28⊟       if(Val_LDR()<200){  //光过亮?
29          LED_Off();  //辅助照明关闭，停止补光
30          Alarm();    //声光报警
31        }else{     //正常控制状态
32          LED_PWM(Val_LDR());//自动补光
33          Mute(); //静音
34        }
35      }else{  //座位无人
36        MsTimer2::stop();  //停止入座计时
37      }
38    }else{  //房间无人
39      LED_Off();  //辅助照明关闭
40      Mute(); //静音
41    }
42  }
```

第 27 行：启动系统定时器 MsTimer2，开始计时计数。定时器独立运行，在计数到指定的值之前，不会干扰 CPU 的运行，也无需 CPU 的干预。

第 36 行：停止系统定时器 MsTimer2，计时计数器清零，这意味着定时器的初始值变为 0，但在 setup 函数中对定时器的初始化设置信息不受影响，定时值仍然为 30min 或 1800000ms，定时器计数到该值时就通知 CPU 停止当前程序的执行，转向执行 Alarm 函数。在没有接到启动指令前，定时器处于待命状态。

(2) 超声波测距传感器的驱动程序文件剖析

该模块在前面章节已经介绍过，本处再次做出描述，并对相关注释进行优化，内容表达更接近人们的日常思路，以增加程序的可读性和便于团队项目的开发。

```
908-SmartDskRobot | Alarm_drv | LDR_drv | LED_drv | PIR_drv | Sonar_drv
1⊟/*
2  * 超声波测距传感器驱动程序
3  *  1. 在setup中必须用Init_Sonar()进行初始化设置
4  *  2. 用distance()读取超声波测距传感器当前距离
5  *  3. 该传感器读值有效范围：3~400cm
6  *  author: MZC
7  *  date: 2018.10.25
8  */

9  //指定Arduino UNO分配给超声波测距传感器的端口：
10 #define echopin 9  //回波（PWM信号）接收
11 #define trigpin 8  // 超声波发送端
12
13 //Arduino分配给超声波测距传感器的端口初始化设置
14⊟void Init_Sonar(){
15   pinMode(echopin, INPUT); //设定Echo为输入模式
16   pinMode(trigpin, OUTPUT);//设定Trig为输出模式
17 }
```

第 9～10 行：配置 Arduino UNO 控制板上的端口。

第 15～16 行：分别对 Arduino UNO 控制板上分配给超声波模块的 Trig 和 Echo 引脚的端口指定工作模式。

```
18⊟/*
19   * 名称：distance()，距离函数（超声波）
20   * 返回值：float
21   *        有效范围：3~400
22   *        单位：cm
23   */
24⊟float distance(){
25     /*软件生成脉冲，施加在超声波探头T上产生42kHz超声波**/
26     digitalWrite(trigpin,LOW);
27     delayMicroseconds(2);
28     digitalWrite(trigpin,HIGH);
29     delayMicroseconds(10); //发一个10 μs高脉冲触发TrigPin
30     digitalWrite(trigpin,LOW);
31     /**************计算距离并返回值*********************/
32     return(pulseIn(echopin,HIGH)/58.0);//返回距离，单位是cm
33   }
```

函数distance可以直接返回检测到的距离值，单位是cm。一定要注意，检测的有效范围控制在3～400cm之间，超出这个区间结果不可预期，只有可靠的信息才可能加工推断出有效的决策。

9.6.3 结构设计

随着系统功能的增强，对机器人结构的要求也越来越高。虽然复杂，但也不是无章可循，本书从头开始，一路走来，循序渐进学做的过程也正是我们处理复杂系统的一般步骤。

本节的项目，需要根据主程序中的层级从顶层有没有人活动开始，一级级深入进行调试，寻找传感器合适的安装位置和方向的有效区域，并思考如何搭建支撑确保传感器在运行中始终稳固可靠检测，提供有效的数据，同时免受干扰。

下面通过笔者一个零基础学生在学习本书所讲内容并制作完成桌面机器人后写的总结，来说明机器人结构设计的过程及方法，以给大家提供思路和参考。

桌面机器人结构设计与制作总结

此次项目，我们开始通过SketchUp设计整体外壳，并打算通过3D打印制作外壳。但是由于项目时间有限，没有足够的时间制作外壳，于是我们在老师的指导下转换思路，由原来的3D打印转为收集周围材料进行制作。

(1) 整体布局

首先，我们进行了整体布局沟通，并进行设计，最终确定概念图。然后我们逐一对头部、身部进行测量，精确到厘米。最后，我们进行分工，我负责概念设计及制作任务。

(2) 确认材料

关于材料，我在实验室中找到了一个纸盒，我觉得这是做外壳的不二之选，因为，我的设计是一个方方正正的物体。而纸盒刚好满足设计要求，因为这个纸盒方便裁剪及改造其形状，并且有一定的厚度不会轻易变形。

(3) 制作前的准备

通过对后续元器件的分析及安装位置的考虑，我们分别对各部分进行数据分析，然后逐一绘制草图。同时也考虑到后续我们这个项目的可扩展性，在制作过程中考虑了一些日后可能实现功能的零部件的安装。

(4) 制作过程

① 手臂。两只手臂是由3D打印制作完成的，在手臂的设计过程中，我们考虑把LED灯装在手臂部分，以达成可以旋转手臂实现照明位置改变的目的。同时，又要考虑到线路的安装及隐藏工作。因此在手臂表面设计了一个深孔，并且足以使线路通过深孔从手臂与整体机部连接处进入机体。如图9-10所示。

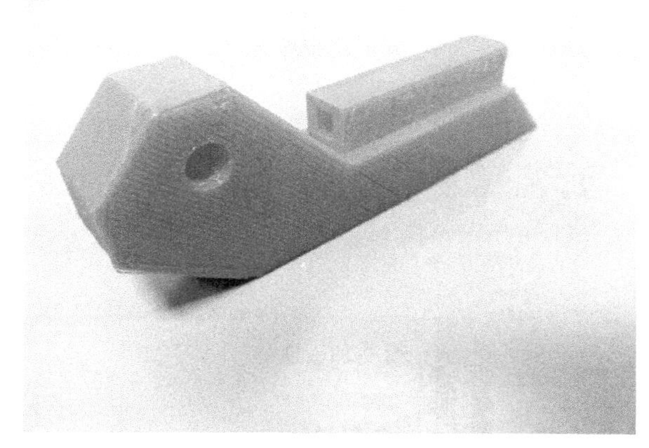

图 9-10 手臂

② 头部。我先制作了一个长方体的五面小纸盒（6cm×3cm×3cm），我们打算在装置上安装声波传感器和光敏传感器，考虑到声波传感器的特殊造型，把它作为机器人的眼睛会比较有喜感。所以在纸盒前部用美工刀切割出两个圆孔，以便把声波传感器伸出来。在纸盒顶部掏出一个小长方形口子，以便使光敏传感器伸出，使其直接与环境光接触，达到最好的效果。如图9-11所示。

图 9-11 头部

③ 身部。身部部分较为简单，整体就是一个 长方体纸盒（6cm×12cm×3cm）；但是考虑到后续元器件的安装，因此采用了门的设计（单面可以打开），并且在表面适当位置挖了足以放下液晶屏和红外热释电传感器的孔，以便这些元器件的安装。如图9-12所示。

④ 底座。考虑到后续桌面机器人可能会拓展移动项目，所以做了一个足以安装相应数量电机空间大小的异形纸盒，并且可以安装电池盒，为机器人整体供电。如图9-13所示。

⑤ 外观美化。最后通过锡箔纸为整体做外壳美化加工（同时要考虑到锡箔纸的导电性

可能会影响，防止电路部分接触到锡箔纸而引起短路，造成故障）。

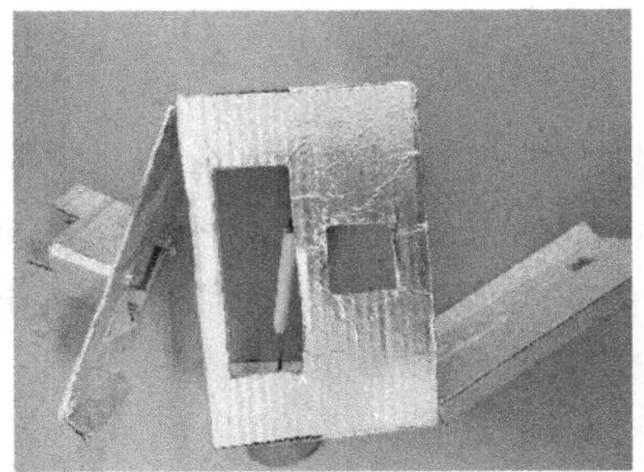

图 9-12　身部

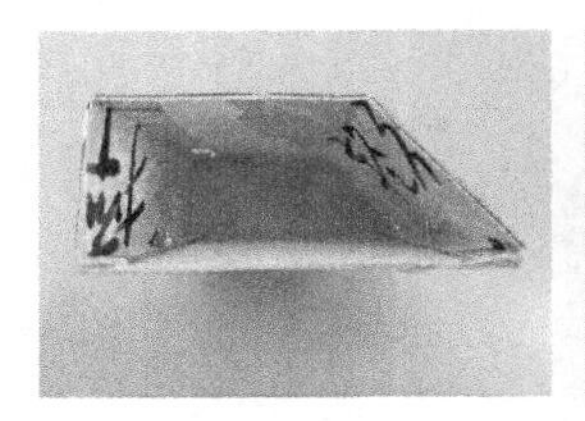

图 9-13　底座

（5）项目总结

桌面机器人整体外壳的制作是一个不大容易的工作，但由于良好的团队合作，顺利完成了这一部分，最终成功地完成了外壳制作。

9.7 本章小结

本章从最基本的调光系统设计开始，以这个系统为基础核心，通过滚雪球的方式，不断迭代开发，直到具有了简单智能。可以识别是否有人在活动，以及人是否在设定的区域学习活动，这种活动是否持续过长时间，光线是否合适等。通过对这些问题进行判断，做出相应的决策，并付诸相应的行动，从而实现桌面助理机器人的设计。

本章的方法同样适用于其它类似系统的开发，从总体设计开始，一步步形成系统架构和实现各个部分的功能。不急于求成，反而能够高效快速推进项目，并减少返工所引起的资源浪费。

第10章 自主移动机器人的设计

自主移动机器人的基本特征是能够独立移动并执行任务，也就是说在任务执行过程中，能够根据环境状况采取相应行动，确保任务的完成和自身的安全。

人们尝试了多种方法以实现机器人的移动，比如履带式、轮式和足式等，并总结出这些方式在运行方面的优缺点，如表 10-1 所示。

表 10-1 机器人的移动方式

序号	结构	优点	缺点	适合地形
1	履带式	履带与地接触面积大，较平稳	结构复杂，造价高，速度较慢，反应迟缓	松软、凹凸不平
2	轮式	结构简单，速度快	容易打滑，不平稳	坚硬平坦路面
3	足式	能够跨越障碍	结构复杂，行进速度不高	适应不同地形

目前以基于平坦路面的应用为主，因此轮式机器人最为常见。轮式又分为多种，有独轮式、两轮式、三轮式和四轮式甚至更多轮式。一般平衡车型机器人采用独轮或两轮式，有专门的平衡检测和控制系统。四轮式的，类似汽车的结构，采用双驱或四驱结构。三轮式结构因为平衡性较好、结构简单、控制方便和成本较低等特点，往往是很多人作为移动机器人入门学习的首选。

10.1 总体设计

总体设计是分析用户的需求，设计出需求模型，然后对用户确认过的模型进行详细设计，构建出符合需求的模型。

10.1.1 需求分析

我们期望设计出一个这样的机器人，它能够实现如下基本功能。

① 有独立的结构：机器人像人一样，所有部件都恰当地安装在机身的某一个部位，能够有效地发挥其作用。

② 具有自主移动能力：机器人的主体部分能够在程序控制下，左右、前后自由移动，并且有良好的转向性能。

③ 能够自主避障：遇到前方的障碍物，能够无需人为干预，自行发现并避开障碍物，继续前进。

④ 能够巡线移动：能够根据光电传感器读取的地面信息，随着引导线的方向移动。

自主移动机器人可以做得非常复杂，但我们首先必须确保进展顺利。因为如果一开始就考虑很复杂的系统，由于我们对这个项目的认知水平有限，可能还只是停留在基本的电路和特定功能程序的基础上，对于集成、安装和搭建等还缺少经验，在行进过程中由于考虑不周等因素，往往会带来很多问题。诸多不顺的情况会令人沮丧，而持续低落的情绪可能导致我们放弃。

因此，我们可以考虑从一个最简原型机开始，然后在原型机上增加一些基本功能，开发出二代机，如此往复，像滚雪球一样，不断迭代开发，稳步推进项目，让我们的学习和开发过程持续保有成就感，以及不懈克服困难并坚持发展下去。

在完成上述四项基本功能的基础上，我们还可以进一步拓展新的功能，比如：

- 具有转向提醒功能：机器人在转向时，转向灯闪烁；
- 头部可以左右扫描前方是否有障碍物；
- 可以检测前方是否有人活动。

通过上面的分析，我们对要做一个什么样的机器人有了一定的概念，对怎么样做机器人也有了指导原则。下一步我们来考虑如何构建符合上述基本要求的机器人。

10.1.2 规划自主移动机器人的开发过程

自主移动机器人的主要功能是能够移动，因此如何实现机器人的移动是首要问题，然后才是在单一环境下自主移动。接下来让机器人可以在特定的环境中测试，再到较复杂的环境运行，最后甚至可以到自然环境中接收考验和调试。

基于以上分析，我们可以考虑将这个项目按照以下思路推进。在实际推进过程中，由于我们的认知及环境等条件的各不相同且不断变化，这个路线也需要自行做出适当的调整，但无论如何，这个前期的规划还是非常必要的。

第一步，机器人结构设计：设计并制作一台可以移动的小车。

第二步，设计程序：让机器人小车可以实现基本动作行为，前进和后退、左转和右转、加速和减速等。

第三步，场地基本技能训练：让机器人小车沿着方形和圆形跑道环绕移动一周。

第四步，程序避障：在跑道上设置一个障碍物，让机器人避开障碍物继续完成任务。

第五步，自主避障：为机器人添加一个避障传感器，借助避障传感器在有更复杂障碍物的跑道上执行移动任务。

第六步，巡线移动：为机器人添加地面灰度识别装置，借助灰度传感器实现巡线移动。

……

10.2 制作可按程序运行的机器人小车

根据第 5 章关于如何通过程序控制电机转动的方法，要制作一台可以通过程序控制移动的机器人小车，需要具备微电脑控制器、电机和电机驱动模块，以及让这些部件有效发挥作用的支撑框架。当然，我们是需要机器人小车能够自己独立运行和移动的，因此还需要配置和安装独立的电源供电。

以上是从控制的角度分析的，一个独立的机器人小车还需要考虑结构如何设计。除了让各个电子电气部件有一个合适的安装位置外，还要考虑机器人小车的整体性能，这些考虑必须以需求分析中列出的功能项为依据，兼顾不同功能的实现，找到设计和制作上的平衡区。

10.2.1 机器人小车的结构设计

机器人小车的设计与制作较之于此前的项目会有明显的差异，因为驱动小车前进的减速电机在运行过程中会消耗大量的电能。这有两个含义，一方面就是用之前提过 USB 线从电脑取电的模式根本不适应，因为其所能提供的电量与当前的需求相比，可以说是微不足道的。另一方面，减速电机在驱动机器人移动时，不仅需要一定的电压，还需要很大的电流，才能产生足够的扭矩，从而克服地面的摩擦力离开当前的位置。因此，机器人小车需要配置专门的动力电池，才能确保其可以正常运行。

表 10-2 列出了制作一个可以按程序控制的机器人所需配件清单，可以根据这个清单准备材料。

表 10-2 可以按程序控制的机器人配件清单

序号	配件类型	配件名称	配件数量	说明
1	主控制器	Arduino UNO	1	三大中心：数据汇集，决策指挥，程序存放
2	附件	USB 数据线	1	机器人程序上传和串口监视
3	驱动机构	TT 马达（电机）	2	带减速齿轮箱，3～9V 直流供电
4		万向轮	1	
5		MX 马达驱动板	1	实现马达的正反转，快慢转
6		驱动轮	2	
7	电源	锂电池模块	1	两节 18650 锂电池，7.4V DC
8		稳压模块	1	输入 7～12V DC，输出 5V DC
9		船形开关	1	220V，5A
10	结构件	底盘	若干	硬纸盒或硬纸板、亚克力板等
11		螺钉螺母	若干	
12		铜柱/尼龙柱	若干	
13	辅助材料	数据信号线	若干	
14		电源连接线	若干	

机器人小车的结构制作材料可以取自日常生活中，比如包装手机的硬纸盒，或者金属小方盒等，都可以用来制作机器人的骨架。如图 10-1 所示，就是用手机包装盒做的底盘，制作非常简单，只需在纸盒上相应的位置开几个孔，将相应的部件固定在上面就可以了。用两个 TT 马达（也叫直流减速电机）作为驱动，分别安装在纸盒两侧。TT 马达使用两个长螺钉固定到纸盒壁上，马达轴穿过纸盒，然后插上一个塑料片（呈圆盘状，充当车轮）固定。用一个万向轮作为从动轮，安装在纸盒底部，这样机器人小车的主体结构就大功告成了。

机器人小车

图 10-1　两驱机器人的底盘结构

为了确保足够的动力和持续数小时的供电，需要使用动力锂电池为电机驱动模块（直接给驱动电机）供电。但电池的重量在整个机器人小车上占比不小，要充分考虑整车的重心平衡，所以要特别注意其安装位置和牢固性。用船型开关控制电源通断。用一个船形开关（总开关）将锂电池电源与其它用电设备隔离开来，作为机器人的总电源开关。注意船形开关的安装位置，要方便操作。整个过程中，如果能够兼顾美观，那就是锦上添花了。

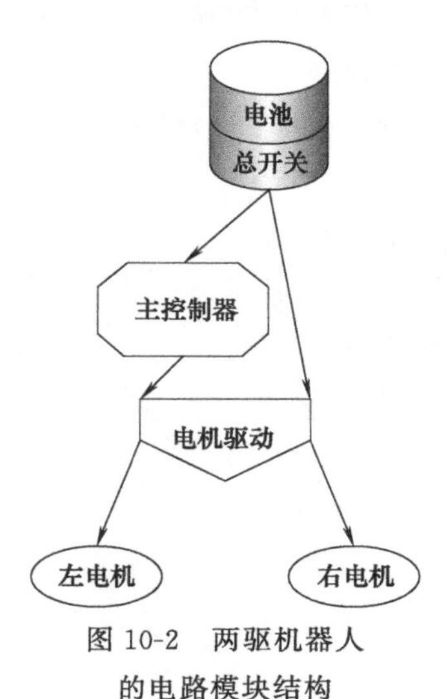

图 10-2　两驱机器人的电路模块结构

10.2.2　硬件设计

硬件材料已在表 10-2 中列出，要将这些材料通过线路连接成一个机器人电路系统，需要考虑整个机器人小车系统的组成原理，我们可以通过一个原理框图来描述，如图 10-2 所示。

(1) 硬件设备选型与 I/O 端口的设置

直流减速电机采用直条减速电机，驱动选用 MX 电机驱动板。

根据第 5 章的介绍，MX 电机驱动板需要占用 4 个 PWM 引脚，拟将 Arduino UNO 的 3，5，6，9 共 4 个 PWM 引脚分配给 MX 驱动板，如表 10-3 所示。

注意：如果 Arduino UNO 分配给 MX 驱动板的 4 个输入端口不支持 PWM，则会导致电机无法调速（只有开关功能）。

表 10-3 自主移动机器人电路 Arduino 端口分配表

序号	Arduino UNO	MX 驱动板引脚	其它连接
1	9	IN1	MX 的 4 个输入均需使用 PWM +——连接电源正极 -——连接电源负极
2	6	IN2	
3	5	IN3	
4	3	IN4	

机器人小车要在不同的环境下独立运行，需要配备独立电源，因此，选用锂电池（比如锂聚合物电池、18650 或 14450 等都可以）供电。控制器是 Arduino UNO，采用外部电源供电时，需要 6～12V 直流供电，可以直接从 8.4V 的锂电池组取电。可用 DC-005 直流电源插头直接插到 Arduino 的 DC-005 插座上，另一端连接到锂电池组的电极即可。MX 电机驱动模块需要 6～10V 直流电压，而且在电机运转时消耗的电能较大，因此需要直接从 8.4V 锂电池电源取电。

为了便于控制，我们还需要为电源添加一个开关。开关闭合，机器人各部分通电，开始运行程序，并根据程序完成各种行为；开关断开，切断机器人各部分电源，停止运行。两驱机器人的电机驱动控制电路连线，如图 10-3 所示。

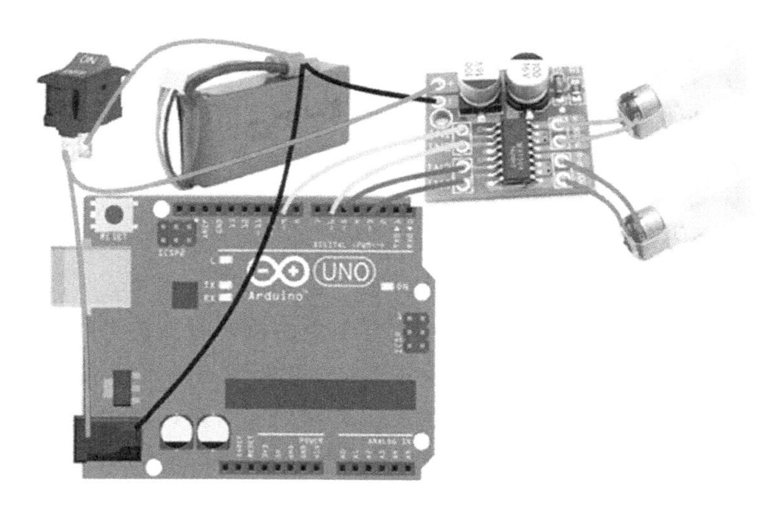

图 10-3 两驱机器人的电机驱动控制电路连线

10.2.3 通过程序控制机器人的移动

就像人类一样，机器人要到达一个新的位置，其最基本的移动行为也同样包括前进、后退、左转、右转等，其它复杂的移动行为都是由这些简单行为组合变化而成。无论是用足行走，还是用轮子旋转，只有具备了这些基本的移动能力，才能实现各种移动任务。

本项目由两个文件组成，分别是主程序文件“101 _ AutoMob. ino 和”MX 马达驱动程序文件“Mx _ drv. ino”。

(1) 主程序文件代码剖析

① 主程序文件信息

```
101_AutoMob  Mx_drv
1 /*
2  * 名称：自主移动机器人控制程序
3  * 功能：沿着方形跑道移动
4  *
5  * Author：Zicheng Ming
6  * Date：2018.10.25
7  */
```

完全由程序控制的移动，任务是沿着一个方形的跑道移动。主控程序负责发出移动控制指令，电机驱动程序负责翻译和执行这些指令。

② Arduino 端口初始化设置

```
9  void setup() {
10   motor_Init();//电机驱动初始化
11 }
```

本项目中 Arduino UNO 主控制器只有一种外部设备，就是电机驱动模块。电机是 Arduino UNO 主控制器通过电机驱动模块间接控制的。在运行前需要对分配给电机驱动模块的各个端口引脚进行初始化，设置相应的运行模式，并做好启动前的准备工作。

③ 主循环程序

```
13 void loop() {
14   //让机器人围绕一个方形跑道移动
15   Move(100,100);//在跑道上全速前进
16   delay(2000);  //直到拐角处
17   Move(50,-50);//右转
18   delay(2000);//直到头朝新跑道方向
19   Move(0,0); //刹车
20 }
```

前进、转向和刹车，每个指令发出，都需要一定的执行时间，时间的长短会影响任务执行的程度和效果，依赖时间控制，需要反复练习，才能更有效更精准地进行控制。当然，电池的电压变化、场地表面摩擦力、环境温度湿度等外部因素，也会对机器人的运行造成一定的影响，如果您在调试中发现异常，建议将这些外部因素纳入分析范畴。

(2) MX 马达驱动程序文件剖析

① MX 马达驱动程序文件信息

```
101_AutoMob  Mx_drv
1 /* 名称：MX电机驱动程序
2  *  MX的VCC直接连接到8.4V 锂电池;
3  *  一个函数实现机器人的各种移动行为控制
4  * Author：Zicheng Ming
5  * Date：2018.12.25
6  */
```

电机驱动程序，负责从 Arduino 接收指令，并将指令翻译成控制电机转动的电流动力。

Arduino UNO 的端口分配。注意：这些端口引脚要支持 PWM，否则就无法控制其速度的连续变化。MX 电机驱动模块支持两路电机控制。

② Arduino 端口设置

```
7 //Arduino为电机驱动板分配端口：
8 #define Motor_leftB  9
9 #define Motor_leftA  6
10 #define Motor_rightB 5
11 #define Motor_rightA 3
```

第 8、9 行：Arduino 通过数字口 9 和 6 控制左侧动力电机的各种行为。

第 10、11 行：Arduino 通过数字口 5 和 3 控制右侧动力电机的各种行为。

③ Arduino 端口初始化设置方法

```
13 //电机驱动的端口初始化
14⊟void motor_Init(){
15   pinMode(Motor_leftA,OUTPUT);
16   pinMode(Motor_leftB,OUTPUT);
17   pinMode(Motor_rightA,OUTPUT);
18   pinMode(Motor_rightB,OUTPUT);
19 }
```

电机驱动模块初始化，模块完全是接收来自 Arduino 的控制指令，没有返回数据信息，因此，Arduino UNO 控制板分配给电机驱动板的所有端口都需将工作模式设置为输出。

④ 移动控制函数的实现

让控制像开车一样方便，可以实现汽车驾驶员的各种驾驶行为，包括加减油门、踩刹车和转方向盘等一系列操作，这实际上要比驾驶员操作更便利，因为程序设计人员只需给两个数值，就可以完成前进、后退、左右转、加减速和刹车等，甚至可以轻松实现如原地转弯等特殊操作。

```
32⊟void Move(int PwrLeft,int PwrRight){
33   //左马达驱动
34⊟  if(PwrLeft>0){              //正转（机器人左前进）
35     analogWrite(Motor_leftA,255);
36     analogWrite(Motor_leftB,PwrLeft*255/100);
37   } else if (PwrLeft==0){    //停转（机器人左刹车）
38     analogWrite(Motor_leftA,0);
39       analogWrite(Motor_leftB,0);
```

PwrLeft 和 PwrRight 分别控制机器人左右两侧的驱动电机，其值大小可以控制电机的转速快慢，其值的正负可以决定电机的正反转向，如果为 0，则表示使用刹车进行强制停转。

第 34～36 行：对于机器人的左侧电机，PwrLeft 的值为正数时，将控制电机正向转动，PwrLeft 值的大小决定电机转速的快慢。

第 37～39 行：对于机器人的左侧电机，PwrLeft 的值为 0 时，将控制电机立即停止转动，带有强制性，类似于驾驶员踩死刹车的效果。

```
40   } else{                  //反转（机器人左后退）
41     analogWrite(Motor_leftB,255);
42     analogWrite(Motor_leftA,-PwrLeft*255/100);
43   }
```

第 40～43 行：对于机器人的左侧电机，PwrLeft 的值小于 0（为负值）时，将控制电机反向转动，“－PwrLeft * 255/100”值的大小决定电机的转速快慢。

```
44    //右马达驱动
45    if(PwrRight>0){              //正转（机器人右前进）
46      analogWrite(Motor_rightA,255);
47      analogWrite(Motor_rightB,PwrRight*255/100);
48    } else if (PwrRight==0){    //停转（机器人右刹车）
49      analogWrite(Motor_rightA,0);
50      analogWrite(Motor_rightB,0);
51    } else{                     //反转（机器人右后退）
52      analogWrite(Motor_rightB,255);
53      analogWrite(Motor_rightA,-PwrRight*255/100);
54    }
55  }
```

右侧电机的控制原理与左侧电机的相同。

PwrLeft 和 PwrRight 的绝对值取值范围都是 0～100，函数 analogWrite（a，b）中参数 b 的取值范围是 0～255，为了实现速度大小的全程控制，需要进行转换，因此，在程序中会出现类似“PwrLeft * 255/100”的运算式。

PwrLeft 和 PwrRight 的值为负数时，解决办法是在该值前加一个负号，变成正值用于控制，否则会控制失效，得不到预期控制效果。当然，也可以用函数 abs 来强制转换：

```
analogWrite(Motor_rightA,abs(PwrRight)*255/100);
```

可以实现同样的效果。

10.3 自主避障机器人的设计

我们的机器人已经可以自己移动，也可以自主完成诸如沿着简单线路移动的任务。但可靠性差，需要反复修改参数，而且如果前方突然出现一个障碍物，挡住道路，机器人无法预知，任务将很难继续有效执行下去。

对于挡路的障碍物，可以考虑为机器人安装一个超声波测距传感器，如果机器人能够通过这个传感器“看见”前方是否有阻挡，就可以根据超声波测距传感器提供的信息，进行决策和行动。

10.3.1 自主避障机器人的硬件设计

我们需在自主移动小车前方安装一个超声波测距传感器，并在 Arduino UNO 控制板上为超声波测距传感器分配端口。

(1) 电源设计

自主移动小车阶段已经为机器人确定了电源，还需要对电源进行更多设计吗？

在第 6 章，我们是从 Arduino UNO 控制板为超声波测距传感器取得 5V 供电，在没有其它负载接入的情况下，正常运行是没有问题的。但在本项目中，考虑到机器人迭代开发过程中，不断有新的传感器等耗电设备加入，由于 Arduino 向外提供 5V DC 供电的电流有限，就可能导致 5V 电源提供的电能无法满足需要。因此，我们需要考虑从总电源通过降压稳压模块获得足够功率的 5V 供电，确保机器人系统运行的稳定性。根据本项目机器人设计的目标，选择第 8 章第 3 节介绍的稳压模块，可以满足本项目的需求。自主避障机器人的电源供电原理框图如图 10-4 所示。

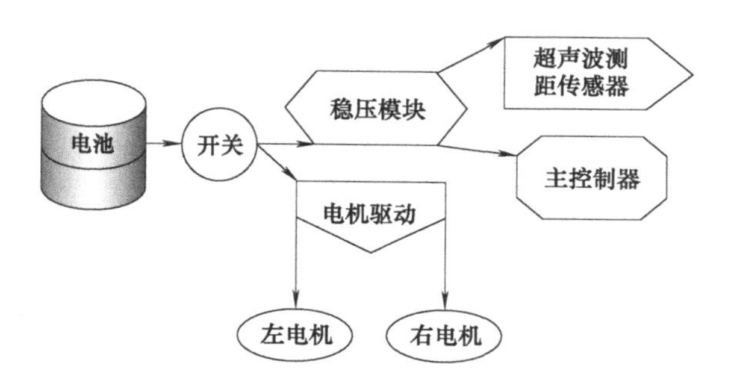

图 10-4　自主避障机器人的电源供电原理框图

(2) 电路连接

将图 10-1 中的 Arduino UNO 数字引脚 10 和 12，分别连接到超声波测距传感器的 Echo 和 Trig 引脚，将超声波测距传感器的电源 VCC 连接到电源转换模块的+5V，将超声波测距传感器的 GND 连接到电源转换模块的 GND。自主避障机器人电路 Arduino 端口分配表，见表 10-4。

表 10-4　自主避障机器人电路 Arduino 端口分配表

序号	Arduino	设备名称	引脚	其它连接
1	10	超声波测距传感器	Echo	VCC——连接到电源转换模块的+5V GND——连接到电源转换模块的 GND
2	12		Trig	
3	9	马达驱动 MX	IN1	MX 的 4 个输入均需使用 PWM +——连接电源正极 -——连接电源负极
4	6		IN2	
5	5		IN3	
6	3		IN4	

注意：请务必将 Arduino UNO 的 GND 与电源转换模块的 GND 连接起来。如果 Arduino UNO 的 GND 与电源转换模块的 GND 没有连接，超声波测距传感器的信号与 Arduino UNO 之间将无法形成回路，导致 Arduino UNO 可能无法准确读取传感器的值。

10.3.2 自主避障机器人程序设计

自主避障机器人首先要能够自主移动，朝着设定的目标进发。当然，前路不可能一直顺畅，挡路障碍是常见的麻烦，机器人只有能够识别到前方的障碍物，才有可能避免碰撞，并做出行动决策。本程序的意图是让机器人小车沿着一个方形的跑道前进，在方形跑道外侧 25cm 左右的地方设置表面平坦的墙壁，挡住机器人的去路。我们将通过程序让它提前避开，转向下一条跑道（方形跑道的第二条边），如此往复。

这个项目程序由三个文件组成，主程序代码文件“102-Bypass. ino”和两个驱动程序代码文件（马达驱动程序代码文件“Mx _ drv. ino”和测距传感器驱动程序代码文件“Sonar _ drv. ino”）。

(1) 主程序代码文件“102-Bypass. ino”剖析

① 自主避障机器人主程序信息

102-Bypass | Mx_drv | Sonar_drv

```
1 /*
2  * 名称：自主避障机器人控制程序
3  * 功能：沿着方形跑道移动
4  *
5  * Author：Zicheng Ming
6  * Date：2018.10.25
7  */
```

② Arduino 端口初始化设置

```
9  void setup() {
10   Init_Motor();//电机驱动初始化
11   Init_Sonar();//超声波传感器初始化
12 }
```

分别对 Arduino UNO 主控制器模块的外设端口进行初始化设置，为运行控制做好准备。

③ 主循环程序

```
14 void loop() {
15   //如果前方没有障碍物，就让机器人向前移动
16   if(distance() > 25){
17     Move(100,100);//在跑道上全速前进
18   }else{     //如果在前方25cm范围内有障碍物
19     Move(50,-50);//右转
20     delay(800); //让机器人有足够时间转到新跑道方向
21   }
22 }
```

机器人小车沿着跑道向前直行，一旦检测到前方 25cm 范围内有障碍物阻挡，就右转，朝向下一个跑道。

(2) MX 电机驱动程序文件“Mx _ drv. ino”剖析

① MX 电机驱动程序文件信息

102-Bypass | Mx_drv | Sonar_drv

```
1 /*
2  * MX电机驱动程序
3  *    1.Arduino UNO控制板端口分配
4  *    2.Arduino UNO分配给MX的端口设置
5  *    3.转动控制函数
6  *  author：mzc
7  *  date：2018.11.3
8  */
```

MX 电机驱动程序文件解决系统运行中的主控制器端口分配、工作模式设置以及如何根据接收到的指令控制电机如何运转。

② Arduino 端口分配

```
 9 /*端口:  MX板— Arduino (PWM) */
10 #define IN1    6
11 #define IN2    9
12 #define IN3    3
13 #define IN4    5
```

为 Arduino UNO 主控制器分配给 MX 马达驱动板的各个控制引脚的端口号，取一个对应于 MX 控制引脚的名字。

```
23 /*
24  * 转动控制
25  * 参数:
26  *  1.PwrLeft:  MotorA油门
27  *  2.PwrRight: MotorB油门
28  *  3.取值范围: -100~100
29  *    -100<=油门值<0:反转
30  *    油门值=0        :刹车
31  *    0<油门值<=100  :正转
32  *    绝对值越大，速度越快
33  */
```

马达转动行为控制函数，调用时，每个马达只需给一个“油门”值，就可以让机器人根据油门信息做出相应的行动。第 29～32 行的注解，告诉我们机器人的具体行动对应参数的意义。

对于机器人左侧驱动电机，参数值满足前进或刹车时，如何实现前进或刹车的控制方法。

对于机器人左侧驱动电机，参数值满足后退条件时，如何实现后退的控制方法。

右侧马达在不同参数范围内，系统如何实现相应的控制方法。

(3) 超声波测距传感器驱动程序文件“Sonar _ drv. ino”的剖析

```
102-Bypass | Mx_drv | Sonar_drv
 1 /*
 2  * HC-SR04超声波测距传感器驱动与操作方法
 3  *  1.超声波测距传感器与Arduino的信号连接
 4  *  2.Arduino分配给超声波测距传感器的端口模式配置
 5  *  3.Arduino对超声波测距传感器的操作和读取值
 6  *  Author: mzc
 7  *  date: 2018.11.10
 8  */
```

为 Arduino UNO 控制器分配给超声波测距传感器的端口号赋予有意义的名字。

```
 9 //Arduino的端口分配
10 #define echopin 6    //回波信号接收
11 #define trigpin 8   // 超声波发生器
```

Arduino 分配给超声波测距传感器的端口工作模式初始化设置。

```
13 //超声波测距传感器的初始化函数
14 void Init_Sonar(){
15   pinMode(echopin,INPUT); //设定Echo为输入模式
16   pinMode(trigpin,OUTPUT);//设定Trig为输出模式
17 }
```

```
18⊟/*
19   * 距离处理函数（超声波）
20   * 功能：检测与前方物体之间的距离
21   * 返回值：浮点数  单位：cm
22   * 返回值有效范围：5~400cm
23   */
24⊟float distance(){
25    /*软件生成脉冲，施加在超声波探头T上产生42kHz超声波**/
26    digitalWrite(trigpin,LOW);
27    delayMicroseconds(2);
28    digitalWrite(trigpin,HIGH);
29    delayMicroseconds(10); //发一个10 μs高脉冲触发TrigPin
30    digitalWrite(trigpin,LOW);
31    /**************计算距离并返回值*********************/
32    return(pulseIn(echopin,HIGH)/58.0);//返回距离，cm
33  }
```

函数 distance 可以直接返回一个与前方障碍物之间距离的数值，单位是 cm，但在使用时要注意，该传感器的工作范围是在 5～400cm 之间，超出此范围将严重失真。

10.3.3 自主避障机器人的结构设计和调试

避障传感器（超声波测距传感器）要安装在机器人的前面，朝前方，当机器人向前移动时，可以随时观察前方指定范围内有无障碍物。如图 10-5 所示，只需在图中所示部位朝外安装避障传感器，注意传感器的超声波收发探头应尽量与地面保持水平，以防朝地或朝天导致无法有效检测信号。

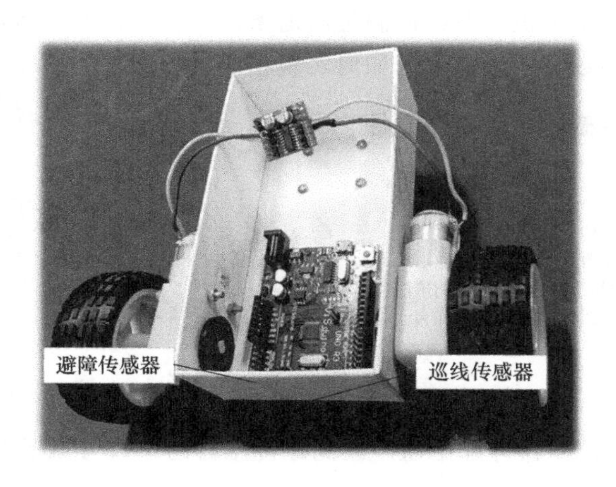

图 10-5　自主避障机器人的传感器位置示意图

按照以上方法完成机器人的搭建和程序编写，并上传到机器人的主控制器 Arduino UNO 中，在实验室平坦的桌面上用板或书本（垂直于桌面）围成一个约 1m 见方的测试跑道。启动机器人在场地上测试，观察机器人能否按照我们程序指令所期望的那样，沿着方形的测试场地内侧始终以标准矩形的路径移动。实测结果一般不如我们想象的那样，往往是走歪了，而且越走越糟。请尝试分析原因，并不断改进。

提示：① 机器人一定是严格执行所给的程序，不会无中生有，这一点务必坚持不怀疑，才能为我们改善机器人的运行状况带来实质性的帮助。

② 很多我们没有考虑到的因素，有时也会起作用。比如，机器人两侧电机性能很难保持完全一致，我们在制作过程中，也很难保证机器人两侧的对称一致性，因此，也就无法保证在给予两侧马达相同控制参数的情况下能够让它们有一致的反应。

③ 环境也是不可忽略的因素。地面的摩擦力对于机器人的移动起着重要作用，如果没有摩擦力，机器人如何移动？如果各处摩擦力不一致结果又会如何？这些问题都需要我们在实测中观察和思考，假想和验证。

④ 上述程序仅仅从方法上给予实现，具体的参数，需要在实际测试得到的实验数据中寻找。

10.4 自主巡线机器人设计

我们已经做成了一个可以自主行动、能够发现和规避障碍物的机器人，如果我们能够让它“看见”地面的状况，比如深色背景下的白线或浅色背景下的黑线，就可以设法让它沿着引导线移动前进，去向指定的地点。

10.4.1 自主巡线机器人的硬件设计

我们可以引入第 6 章第 2 节关于感知物体表面灰度的传感器，来为机器人巡线采集地面引导线的信息。自主巡线机器人 Arduino 端口分配见表 10-5。

表 10-5 自主巡线机器人 Arduino 端口分配表

序号	Arduino	设备名称	引脚	其它连接
1	10	超声波测距传感器	Echo	VCC——连接到电源转换模块的＋5V GND——连接到电源转换模块的 GND
2	12		Trig	
3	9	马达驱动 MX	IN1	MX 的 4 个输入均需使用 PWM ＋——连接电源正极 －——连接电源负极
4	6		IN2	
5	5		IN3	
6	3		IN4	
7	A1	巡线传感器	左	安装在机器人左前方
8	A2		中	安装在机器人前中
9	A3		右	安装在机器人右前方

如图 6-11 所示的 TCRT5000 灰度传感器，我们可以使用其数字输出，也可以使用其模拟输出。本项目中，我们使用其模拟输出。这样选择有两个好处：一方面，可以节约 Arduino UNO 的数字端口（已经用了多个，还有很多模块在加入时只能使用数字端口）；另一方面，用模拟值可以为巡线提供更多信息，让机器人巡线控制算法有更多可选空间。

这里我们使用了 3 个 TCRT5000 灰度传感器，分别安装在机器人前方的左、中和右三个位置，用于检测其正下方地面的灰度值。

10.4.2 自主巡线机器人的程序设计

本项目程序控制机器人小车一直沿着引导线移动。实现方法是使用灰度模拟传感器的读值进行地面灰度值的读取，用左中右三个灰度传感器传回的值，判断机器人头部当前的朝向，然后根据判断结果控制机器人下一步的移动行为。

本项目中涉及四个程序文件，分别是主程序文件“104-Tracking. ino”和三个外部设备驱动程序文件（灰度传感器驱动程序文件“GreySensors _ drv. ino”、马达驱动程序文件“Mx _ drv. ino”和超声波测距传感器驱动程序文件“Sonar _ drv. ino”）。

(1) 主程序文件“104-Tracking. ino”剖析

104-Tracking | GreySensors_drv | Mx_drv | Sonar_drv

```
1 /*
2  * 名称：自主巡线机器人控制程序
3  * 功能：沿着黑白引导线移动
4  *
5  * Author：Zicheng Ming
6  * Date：2018.10.25
7  */
```

本项目是让机器人小车在一个预设的场地——深色背景白色引导线的地面，沿着引导线一直向前移动。

```
 9 void setup() {
10   Init_Motor();//电机驱动端口初始化
11   Init_Sonar();//超声波传感器端口初始化
12   Init_Grey();  //模拟传感器端口初始化
13 }
```

对自主巡线机器人小车各个外设端口进行初始化设置，为系统运作做好准备工作。

```
15 void loop() {
16   //机器人在黑色地面巡白线前进
17   if(Value_Left() > 725){ //左前方传感器在引导线上
18     Move(50,100);//向左前方移动，中心趋向引导线
19   }else if(Value_Mid() > 725){     //如果前中传感器在白线
20     Move(80,80);//直走前进
21   }else if(Value_Right() > 725){
22     Move(100,50);//向右前方移动，中心趋向引导线
23   }
24 }
```

根据不同灰度表面返回的不同值，进行区间判断，以确定传感器当前所处的区域，从而确定机器人小车下一步如何移动。

主循环程序让机器人在黑色地面沿着白色引导线（也可以反色，判断逻辑根据需要改变即可）移动，如果引导线是一条闭合曲线，机器人应做到始终沿着白色引导线移动，直到电池电能耗尽或强制停止。

(2) 灰度传感器驱动程序文件“GreySensors _ drv. ino”剖析

① 灰度传感器驱动程序文件信息

```
104-Tracking  GreySensors_drv  Mx_drv  Sonar_drv
1 /*
2  * 灰度传感器TCRT5000驱动程序
3  * 功能：传感器端口配置及读数处理
4  * author：mzc
5  * date：2018.10.25
6  */
```

本项目采用 TCRT5000 灰度传感器，Arduino UNO 通过模拟输入端口将传感器送来的模拟信号转换为 CPU 能够识别和处理的数值。

② Arduino 端口分配

```
8  //Arduino UNO分配给TCRT传感器的端口：
9  #define G_Left  A1
10 #define G_Mid   A2
11 #define G_Right A3
12
13 //灰度传感器端口初始化
14 void Init_Grey(){
15   //模拟传感器端口初始化
16 }
```

对 Arduino 分配给三个灰度传感器的端口取别名，并进行初始化设置。

③ 读取灰度传感器值的实现方法

```
18 /*
19  * 函数名：Value_Grey
20  * 功能：读取前方灰度传感器的值
21  * 参数：pos（传感器的位置）
22  *  'L':左前方灰度传感器
23  *  'M':中间
24  *  'R':右前方
25  * 返回值： 0~1023
26  */
```

灰度模拟传感器的读值函数，读值范围为 0～1023，是因为 Arduino UNO 的模拟端口内置模数转换器（ADC）采用 10 位分辨率（2^{10}）进行数据量化。

```
27 int Value_Grey(char pos){
28   int val;
29   switch(pos){
30     case 'L':
31       val = analogRead(G_Left);
32       return(val);
```

用户只需用一个函数，通过指定参数就可以分别读取指定传感器的值。

```
33     case 'M':
34       val = analogRead(G_Mid);
35       return(val);
36     case 'R':
37       val = analogRead(G_Right);
38       return(val);
39     default:return(0);
40   }
41 }
```

如果用户指定的参数不在 case 列表内，函数将返回 0 值。

10.4.3 结构设计需要考虑的因素

本项目中使用的灰度传感器探头是 TCRT5000，安装时需注意距离被测表面不能超过 15mm，建议 10mm 左右。这种传感器安装时需要注意的另一点是，发射头和接收头要尽量与被测表面垂直，否则检测的点域可能有偏差，更为糟糕的是偏差可能导致传感器几乎全盲，原因是该传感器本身的有效检测距离不超过 15mm。传感器的安装位置尽量靠近机器人小车前方，否则机器人速度稍大就会因为读数滞后导致失控。因此，本项目的调试可能需要花费较多精力，要保持耐心，并仔细观察和冷静分析失败的原因。初学者可以将机器人巡线速度尽量放慢，这样容易发现问题并巡线成功。慢速成功后，可以逐步加速，直到稳定性变差。在巡线成功的情况下，可以在线路上设置障碍物，加入避障处理功能，并调试找到最佳速度和稳定性的相关参数。

还有一个需要提醒的是，电池的电压会随着使用不断下降，这将导致同一个油门参数在不同电压下机器人移动速度不一样，从而影响机器人巡线的可靠性。如果常常需要修改参数，就说明可能发生这种情况了。

10.5 安防巡逻机器人设计

我们已经做成了一个可以自主行动、能够发现和规避障碍物、还能够根据地面引导线移动的机器人。现在希望它能变得更实用一些，让它沿着引导线自主移动巡逻，一旦“看见”前方有障碍物（异常），立即发出声光警报。

10.5.1 安防巡逻机器人的硬件与结构设计

这个任务中，我们现有的机器人只有声光警报功能无法实现。换言之，我们需要为当前的机器人添加一个蜂鸣器和一个发光二极管，并开发一个声光报警程序。

在实际机器人小车上，Arduino UNO 主控制器数字口 13 还需要外接一个 LED 和 220Ω 电阻串联，LED 安装到机器人表面比较醒目的地方。蜂鸣器发声口安装在超声波传感器正下方朝外，看上去就像一对眼睛下面的一个小嘴巴。电路连接参照表 10-6 的引脚对应关系即可。

表 10-6 安防巡逻机器人 Arduino 端口分配表

序号	Arduino	设备名称	引脚	其它连接
1	10	超声波测距传感器	Echo	VCC——连接到电源转换模块的+5V GND——连接到电源转换模块的 GND
2	12		Trig	
3	9	马达驱动 MX	IN1	MX 的 4 个输入均需使用 PWM +——连接电源正极 -——连接电源负极
4	6		IN2	
5	5		IN3	
6	3		IN4	

续表

序号	Arduino	设备名称	引脚	其它连接
7	A1	巡线传感器	左	安装在机器人左前方
8	A2		中	安装在机器人前中
9	A3		右	安装在机器人右前方
10	13	声光报警器	LED	
11	11		蜂鸣器	

10.5.2 安防巡逻机器人的程序设计

这个项目是在前面自主巡线机器人基础上的迭代开发。因此，尽管程序变得更复杂了，但我们的工作量并不会增加多少，因为在调试过程中很多困难和可能的麻烦在之前的迭代中已经被发掘和解决了。

① 主程序文件信息

```
105-patrol | GreySensors_drv | Ms_drv | Sonar_drv | Alarm_drv
1 /*
2  * 名称：安防巡逻机器人控制程序
3  * 功能：沿着引导线巡逻，发现有物体进入“视野”，报警
4  *
5  * Author: Zicheng Ming
6  * Date: 2018.10.25
7  */
```

本项目代码累计达到210行。但整个项目被按照模块划分成了五个部分，由五个独立文件组成。其中四个是硬件模块的驱动程序，只有需要用到的时候，才会调用相应文件中的函数，所以并不让人感到繁杂。

② 端口初始化设置

```
9  void setup() {
10   Init_Motor();//电机驱动模块端口初始化
11   Init_Sonar();//超声波传感器端口初始化
12   Init_Grey(); //灰度传感器端口初始化
13   Init_Alarm();//声光报警器端口初始化
14 }
```

分别对各个模块端口进行初始化设置，以做好运行前的准备。

③ 主循环程序

```
16 void loop() {
17   //机器人在黑色地面巡白线前进
18   if(Value_Grey('L') > 725){ //左前方传感器在引导线上
19     Move(50,100);//向左前方移动，中心趋向引导线
20   }else if(Value_Grey('M') > 725){    //如果前中传感器在白线
21     Move(80,80);//直走前进
22   }else if(Value_Grey('R') > 725){
23     Move(100,50);//向右前方移动，中心趋向引导线
24   }
25   if(distance() < 30){
26     Move(0,0);//机器人停止移动
```

```
27     Alarm(); //发出声光报警
28   }else{
29     Mute(); //障碍物移除，警报解除
30   }
31 }
```

机器人从巡线移动开始，在巡线过程中遇到障碍物就停下来，并发出声光报警，一直到障碍物被移除为止。如果上一节的自主巡线机器人做得较好，安防巡逻机器人的设计与制作过程要省力很多。要注意的是，新添加的传感器、LED和蜂鸣器等所需电源均取自于稳压模块，而尽量不要直接从Arduino UNO控制板上取，以免影响系统稳定性甚至Arduino UNO主控制器的安全性。

10.6 智能巡线机器人设计

我们的机器人越来越强大了，但还有希望再进步，我们现在希望它变得更智能实用一些。当机器人沿着引导线自主移动巡逻时，一旦环境光发生变化，地面反射光的强度也会发生变化，这就意味着，白色的引导线在弱光下“消失”了，或者深色的地面在强光的作用下变成“白线”了，一旦这种情况发生，机器人就会“六神无主”，完全按照它“内心”的感觉移动，像“醉汉”一样不受控制。

如果机器人能够感知到环境光的变化，并根据变化，找出对巡线传感器的影响关系。然后，只要环境光发生变化，机器人就自动调整巡线传感器判断标准（灰度阈值的大小），就像人类或动物的眼睛，能够根据环境光的强弱变化调整瞳孔的大小，从而在不同的环境光下都能够清楚视物。

10.6.1 智能巡线机器人的硬件设计

虽然只是增加了一个光敏传感器，但是机器人的环境适应能力却可能得到增强。前提是我们要找到环境光与灰度传感器之间的对应关系，这些工作需要通过反复测试获得试验数据后才可能得到。

光敏传感器的电路连接并不复杂，参照表10-7的引脚对应关系即可。但光敏传感器的安装位置比较考究，必须要满足巡线传感器在对地表面进行检测时，环境光对其的影响。

表10-7 智能巡线机器人Arduino端口分配表

序号	Arduino	设备名称	引脚	其它连接
1	10	超声波测距传感器	Echo	VCC——连接到电源转换模块的+5V GND——连接到电源转换模块的GND
2	12		Trig	
3	9	马达驱动MX	IN1	MX的4个输入均须使用PWM +——连接电源正极 -——连接电源负极
4	6		IN2	
5	5		IN3	
6	3		IN4	

续表

序号	Arduino	设备名称	引脚	其它连接
7	A1	巡线传感器	左	安装在机器人左前方
8	A2		中	安装在机器人前中
9	A3		右	安装在机器人右前方
10	13	声光报警器	LED	通过 220Ω 电阻串联后接地
11	11		蜂鸣器	蜂鸣器另一端接地
12	A0	光敏传感器	LDR	光敏传感器另一端接地

10.6.2 智能巡线机器人的软件设计

智能巡线机器人是在安防巡逻机器人基础上增加了对环境光的感知。由于有了环境光强弱的信息，我们可以让机器人根据环境光的强弱，对应修改灰度传感器判断黑白区域的阈值大小，从而能够实现对环境光变幻不定的适应。当然，这个项目要做好，需要我们反复试验，寻找到光敏传感器的值与巡线传感器对地面灰度阈值之间的关系，以便有效控制。

下面给出程序控制的方法，具体的数据需要实测。一开始可以先用一个预估的数据，不断逼近。

这个项目尽管只是增加了一个传感器，但是在问题的解决上却变得复杂不少。正如前面提到的，环境光强度与巡线传感器的阈值之间的关系到底如何，我们还不得而知。因此我们需要采取适当的措施，以处理好这些问题。

智能巡线机器人程序流程图如图 10-6 所示。

本项目包含 6 个程序文件。五个外设驱动程序文件，在之前的项目中都已经使用过，本项目中内容处理 Arduino 分配的端口可能因为冲突有少量调整外，其它内容无需修改，就可以在本项目中直接使用。这正是模块化带来的便利。

① 主程序文件信息

```
106-smart  Alarm_drv  GreySensors_drv  LDR_drv  Mx_drv  Sonar_drv
1 /*
2  * 名称：智能巡线机器人控制程序
3  * 功能：
4  *     根据环境光的变化，自动调整巡线阈值，适应不同环境下巡线
5  * Author: Zicheng Ming
6  * Date: 2018.10.25
7  */
```

这个项目之所以智能，是因为机器人能够根据环境光的强弱变化，自动修改巡线传感器黑白区域之间的阈值。

② 数据管理

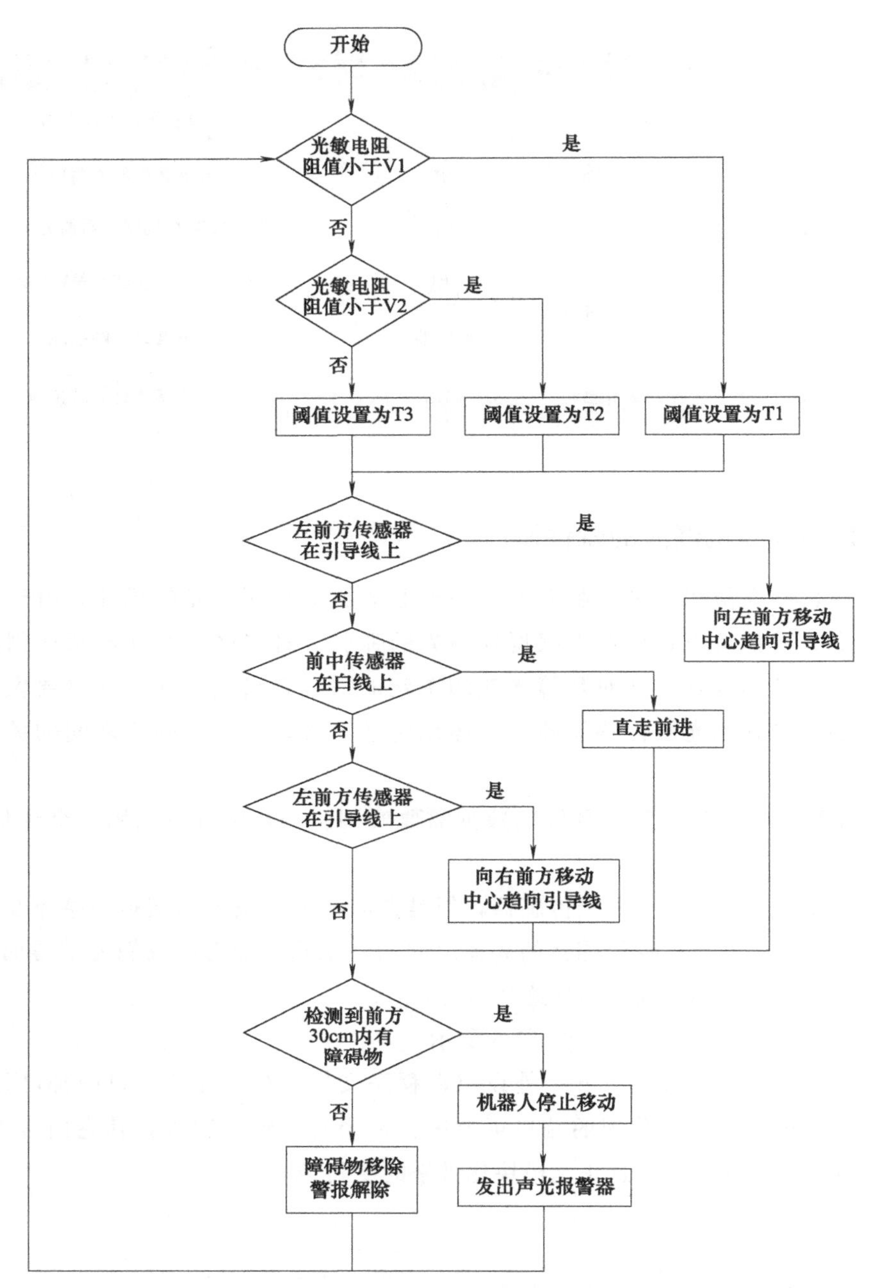

图 10-6 智能巡线机器人程序流程图

```
8  //将光敏电阻检测到的环境光值分为3段或更多
9  #define V1 1 //V1值需要实际测试后，替换1，下同
10 #define V2 2
11 #define V3 3
12 //不同环境光情况下理想的巡线阈值（请自行实验）
13 #define T1 300 //用实验数据替换300，下同
14 #define T2 500
15 #define T3 700
16 int threshold;
```

这组数据是用比较简单的分段处理方式，解决阈值随着环境光出现漂移时，如何跟踪和随之变化的问题。但这些数据需要我们亲自反复试验才能得出。

③ 端口初始化设置

```
17 void setup() {
18   Init_Motor();//电机驱动端口初始化
19   Init_LDR(); //环境光传感器端口初始化
20   Init_Grey();//巡线传感器端口初始化
21   Init_Sonar();//超声波传感器端口初始化
22   Init_Alarm();//声光报警器端口初始化
23 }
```

对各外设端口进行初始化设置，做好运行前的准备。

④ 主循环程序

```
25 void loop() {
26   if(Val_LDR()<V1){ //如果环境光很强，并超出区间
27     threshold = T1; //阈值设置为T1
28   }else if(Val_LDR()<V2){ //环境光强度介于V1~V2之间
29     threshold = T2; //阈值设置为T2
30   }else{  //环境光强度很弱，并超出区间
31     threshold = T3; //阈值设置为T3
32   }
```

针对环境光的强弱，设置相应的巡线阈值。

```
33   //机器人在黑色地面巡白线前进
34   if(Value_Grey('L') > threshold){ //左前方传感器在引导线上
35     Move(50,100);//向左前方移动，中心趋向引导线
36   }else if(Value_Grey('M') > threshold){     //如果前中传感器在白线
37     Move(80,80);//直走前进
38   }else if(Value_Grey('R') > threshold){//右前方传感器在引导线上
39     Move(100,50);//向右前方移动，中心趋向引导线
40   }
```

这段代码执行巡线功能，通过三个灰度传感器“看”线，实现沿着引导线以“S”形移动。

```
41   if(distance() < 30){ //检测到前方30cm内有障碍物
42     Move(0,0);//机器人停止移动
43     Alarm();  //发出声光报警
44   }else{
45     Mute(); //障碍物移除，警报解除
46   }
47 }
```

障碍物检测，一旦有障碍物出现在前方 30cm 以内，机器人就立即停止移动，并发出声光报警。一旦障碍物移除，警报也立即予以解除。

10.7 本章小结

尽管本章最终的机器人做的比较复杂，但由于本书从一开始就一以贯之采用模块化设计方法，所以即使系统很复杂，但条分缕析，程序仍有相当好的可读性和可移植性。